Fokus Mathematik
Jahrgangsstufe 5

Erarbeitet von Achim Brunnermeier, München
Andreas Herz, Kaufbeuren
Fritz Kammermeyer, Nürnberg
Heinrich Kilian, Würzburg
Hans-Ulrich Rübesamen, Cottbus
Jürgen Sauer, Forchheim
Jürgen Zechel, Bayreuth

unter Mitarbeit der Verlagsredaktion
und Beratung von
Eva Focht-Schmidt, Augsburg
Reiner Schmähling, Rosenheim
Klaus Schuster, Würzburg
Irmgard Wagner, Mühldorf

Cornelsen

Impressum

http://www.cornelsen.de

Redaktion:
Christina Schwalm

Herstellung:
Wolf-Dieter Stark

Technische Zeichnungen:
Universitätsdruckerei H. Stürtz AG, Würzburg

Illustrationen:
Wolfgang Mattern, Bochum;
Ulrich Sengebusch, Geseke;
Sabine Völkers, Berlin;
Werner Wildermuth, Dachau

Satz:
Universitätsdruckerei H. Stürtz AG, Würzburg

1. Auflage
Druck 4 3 2 1
Jahr 06 05 04 03

Alle Drucke dieser Auflage sind inhaltlich unverändert und können im Unterricht nebeneinander verwendet werden.

Druck: CS-Druck CornelsenStürtz, Berlin

ISBN 3-464-54015-4

Bestellnummer 540154

Gedruckt auf säurefreiem Papier, umweltschonend hergestellt aus chlorfrei gebleichten Faserstoffen

Weiterentwicklung der Zahlvorstellungen

Weiterentwicklung der geometrischen Grundvorstellungen

Inhalt

Rechnen mit ganzen Zahlen

Mathematik im Alltag: Größen

Hinweise zur Arbeit mit diesem Buch

Liebe Schülerin, lieber Schüler,

dieses Buch will dich einladen, Mathematik zu lernen anhand von interessanten Situationen, denen du jeden Tag begegnen kannst. Wenn du genau hinschaust, kannst du daran selbst viele Zusammenhänge entdecken und knifflige Fragestellungen aufdecken.

Ecke

Als Einstieg in ein neues Kapitel stellen wir dir auf einer **„Seite mit Ecke"** Rätsel, Geschichten und Projekte vor. Mit diesen Seiten kannst du dich zusammen mit der ganzen Klasse oder mit deinem Banknachbarn beschäftigen. Wenn du magst, kannst du solch ein Thema auch alleine vorbereiten und dann deiner Klasse davon erzählen.

Aufträge

Als Nächstes findest du im Buch **Arbeitsaufträge**, in denen du selbst etwas ausprobieren und herausfinden sollst. In deiner Klasse könnt ihr entweder nur einen Auftrag oder mehrere in Gruppen-, Partner- oder Einzelarbeit gleichzeitig oder nacheinander bearbeiten. Viele Aufträge beschäftigen sich mit Situationen, denen du vielleicht schon begegnet bist. An anderen Stellen gibt es eher mathematische Regeln zu entdecken.

Bearbeitung

In jedem Abschnitt wird ein Arbeitsauftrag sorgfältig ausgeführt. Dabei lernst du neue Begriffe und Zusammenhänge kennen. So gewöhnst du dich allmählich an mathematische Texte. Hier kannst du nachschauen, wenn du etwas wiederholen willst oder wenn du einmal krank warst.

Zusammenfassung

Auf die Bearbeitung eines Arbeitsauftrags folgt in jedem Abschnitt eine **Zusammenfassung**. Dort werden die wichtigen mathematischen Erträge des Abschnitts und ihre Bedeutung für dich herausgestellt und an Beispielen erläutert. Du erhältst dadurch eine Übersicht über die wesentlichen Ergebnisse und ihren Zusammenhang und kannst nachschlagen, wenn du für eine Schulaufgabe lernen willst.

Aufgaben

In jedem Abschnitt gibt es natürlich viele **Aufgaben**, damit du dein neues Wissen einüben kannst und erfährst, wo es dir überall nützt. Es gibt einfache Aufgaben zum Einüben der Rechentechniken („Trainieren"), Anwendungsaufgaben, in denen du Fragen begegnest, die du nun gut beantworten kannst („Anwenden"), und neue Situationen, in denen du das neu Erlernte brauchst, und dazu manches, was du schon länger weißt („Verknüpfen"). Manchmal findest du Aufgaben mit Lösungswörtern: Jede Lösung ergibt einen Buchstaben, zusammen entsteht in dieser Reihenfolge ein Wort.

Zeig, was du kannst!

Am Ende eines jeden Kapitels findest du unter **Zeig, was du kannst** einen Test. Im Anhang des Buches sind die Lösungen mit Punktangaben angegeben, damit du selbst feststellen kannst, ob deine Lösungen richtig sind und du das Wichtigste gut verstanden hast. Für eine Eins in der Schulaufgabe musst du aber noch mehr können, das macht jeder Lehrer etwas anders.

Deine neue Klasse und Schule

Auf diesen Seiten könnt ihr eure neue Klasse und eure neue Schule gemeinsam besser kennen lernen und vielleicht auch dafür sorgen, dass eure Schule etwas über euch erfährt.

Denkt euch dazu Fragen aus wie z. B.:
- Wie viele Mädchen und wie viele Jungen sind in eurer Klasse?
- Von welchen Grundschulen kommt ihr?
- Was gefällt dir an der neuen Schule am besten?
- Wie (mit dem Fahrrad, mit dem Bus, zu Fuß …) kommst du zur Schule?

Erstellt einen Fragebogen und führt dann in eurer Klasse eine Befragung durch.

FRAGEBOGEN

Name: ……………

Alter: ……… Größe: ……… cm

Zahl der Geschwister: ………

Haustier: ……………

Lieblingsmusik: ……………

Lieblingsfach: ……………

Was gefällt dir an der neuen Schule am besten? ……………

……………

Womit kommst du zur Schule?

☐ zu Fuß ☐ Fahrrad ☐ Bus
☐ Zug ☐ Auto ☐ Straßenbahn

Wertet die Ergebnisse eurer Befragung aus und stellt sie anschaulich dar. Damit eure Schule auch euch kennen lernt, könnt ihr ein Plakat erstellen und aushängen. Wenn ihr genauere Informationen zu eurer Schule braucht, so kann euch der Jahresbericht des letzten Schuljahres weiterhelfen.

Die Klasse 5 d

11 Mädchen und 17 Jungen

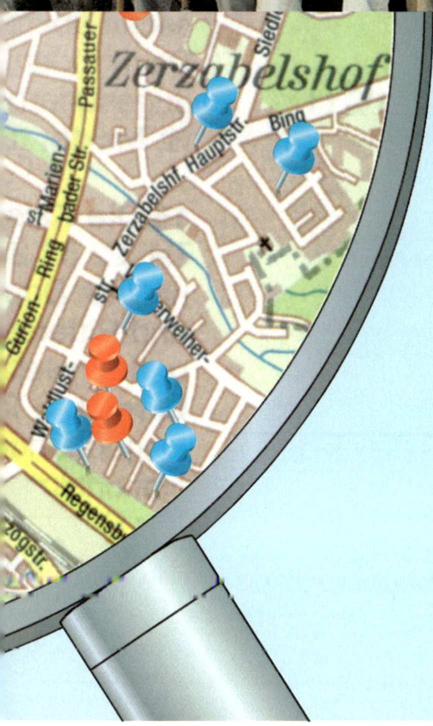

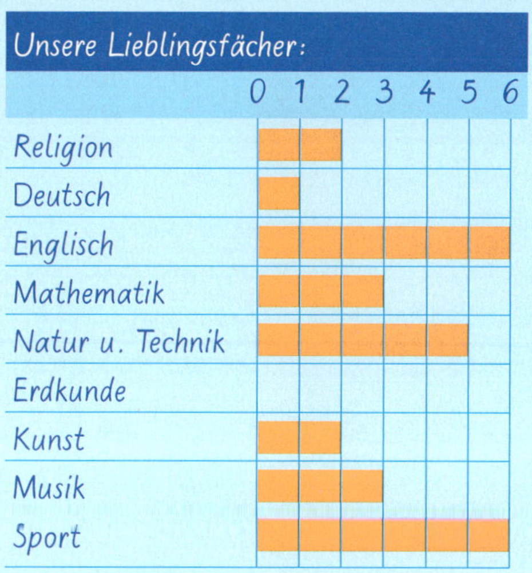

Was uns an der neuen Schule am besten gefällt:	
Bibliothek	!!!
Computerraum	!!!!! !!
Lehrer/-innen	!!!!! !
Pausenhof	!!!
Sportanlagen	!!!!! !!!!

1 Die natürlichen Zahlen

In diesem Kapitel lernst du die natürlichen Zahlen noch besser kennen.
Es wird gezeigt, wie man Zahlen veranschaulichen kann, wie man mit großen Zahlen umgeht und welche Vorteile das Zehnersystem hat.

1.1 Daten

Auftrag 1 **Was junge Leute sich wünschen und besitzen**

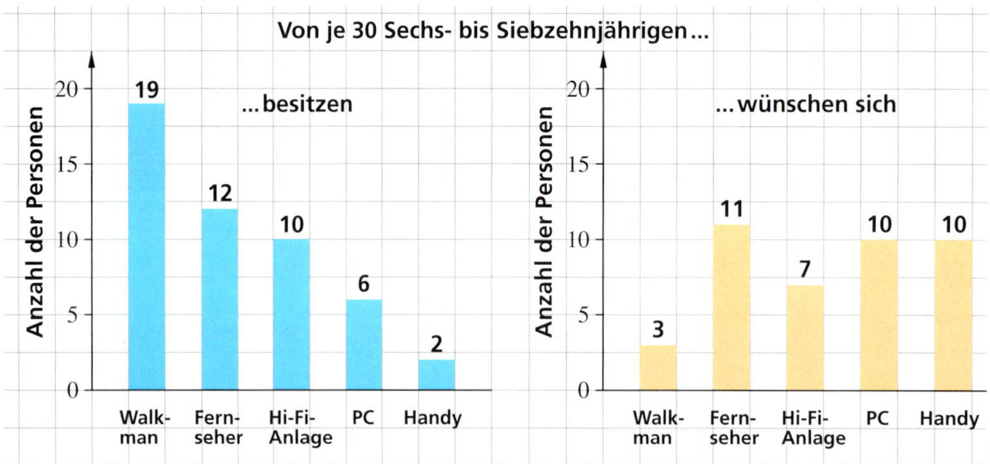

Quelle: KVA/2000

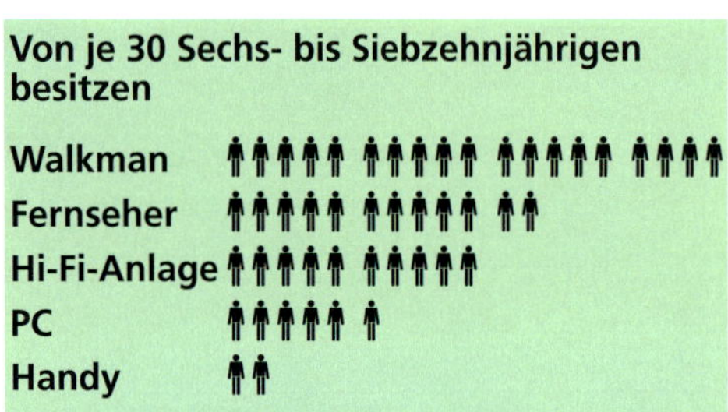

Quelle: KVA/2000

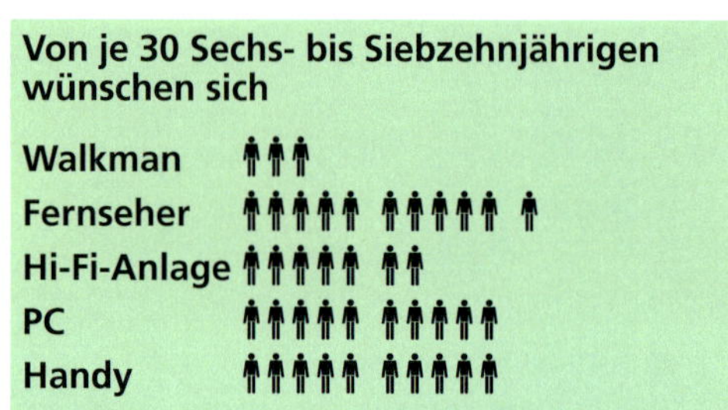

Quelle: KVA/2000

Führt eine ähnliche Umfrage durch und fragt dazu 30 Personen.
Stellt auch eure Ergebnisse anschaulich in Diagrammen mit Säulen und Figuren dar.
Worin unterscheidet sich eure Umfrage von der Umfrage oben aus dem Jahr 2000?

Bevölkerungswachstum auf der Erde

Auftrag 2

Bevölkerung in Millionen

Jahr	1900	1950	2000
Afrika	120	224	800
Asien	940	1402	3684
Australien	6	13	31
Europa	400	547	728
Nordamerika	100	172	306
Südamerika	50	166	518
gesamt	1616	2524	6067

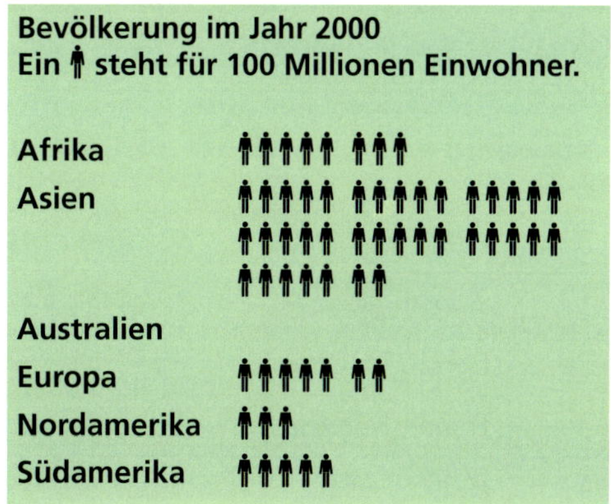

Quelle: Meyers Schlag nach!

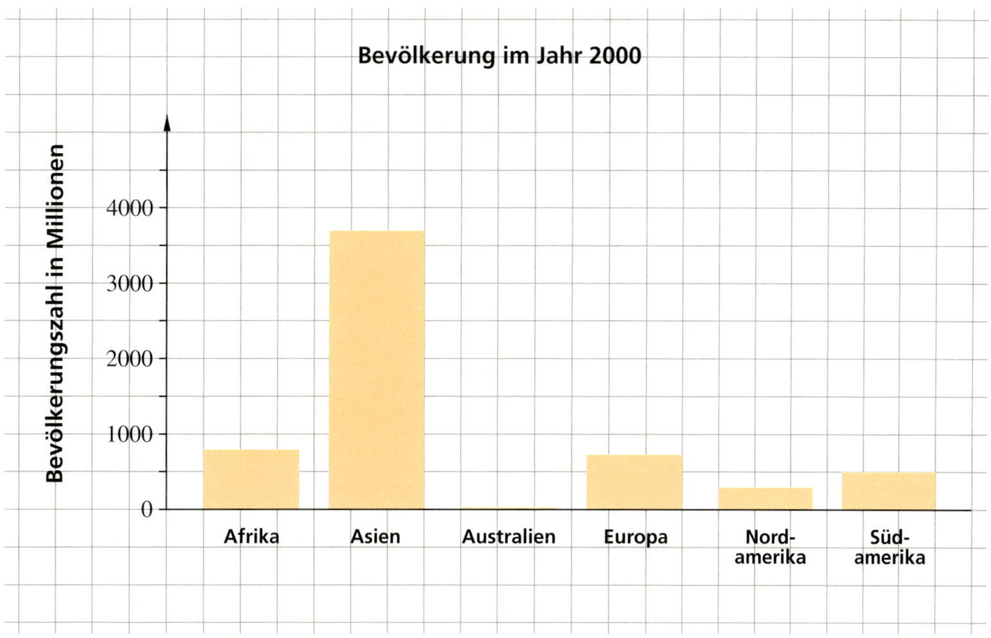

Quelle: Meyers Schlag nach!

Die Verteilung der Weltbevölkerung im Jahr 2000 ist hier in einer Tabelle, als Figurendiagramm und als Säulendiagramm dargestellt.
Zeichnet Diagramme für die Jahre 1900 und 1950.
Vergleicht die Zahlenwerte dieser Seite mit aktuellen Bevölkerungszahlen.
Welche Vor- und Nachteile haben die verschiedenen Diagrammarten?

Auftrag 3 Schülerdaten

Frau Herbst bekommt in diesem Schuljahr zum ersten Mal eine fünfte Klasse. Sie wollte vor dem ersten Schultag schon mehr über „ihre" 5 c erfahren und hat sich deshalb eine Klassenliste geben lassen.

Klasse 5 c **Stand: 10.09.2003** **Klassenlehrer/-in: Herbst**

Nr.	Name	m/w	Bekenntnis	Geburtsdatum	Verkehrsmittel
1	Albert, Adam	m	r.-k.	17.11.1992	zu Fuß
2	Bader, Heinz	m	ev.	13.01.1992	Auto
3	Bauer, Sandra	w	r.-k.	21.12.1993	Bus
4	Becker, Max	m	r.-k.	03.03.1991	Bus
5	Czech, Helga	w	bl.	04.07.1993	Straßenbahn
6	Deinzer, Nadja	w	r.-k.	06.06.1993	Straßenbahn
7	Emmerich, Holger	m	ev.	16.07.1993	zu Fuß
8	Fries, Jürgen	m	ev.	01.03.1992	Auto
9	Ganrich, Jacqueline	w	bl.	24.05.1993	Bus
10	Gegner, Jochen	m	r.-k.	17.04.1992	Bus
11	Hein, Hendrike	w	sonst.	31.01.1992	Straßenbahn
12	Herz, Patrick	m	r.-k.	30.10.1992	Bus
13	Ilk, Tanja	w	ev.	26.10.1993	Bus
14	Jürgens, Anna	w	ev.	13.11.1992	Auto
15	Jürgens, Eva	w	ev.	13.11.1992	Auto
16	Kravcik, Ivan	m	r.-k.	31.12.1990	Bus
17	Leutheuser, Maria	w	ev.	05.02.1993	zu Fuß
18	Maurer, Sabine	w	r.-k.	19.05.1992	Auto
19	Padro, Manuel	m	r.-k.	24.06.1992	Straßenbahn
20	Peters, Simon	m	ev.	03.05.1993	zu Fuß
21	Schwarm, Pia	w	r.-k.	04.08.1992	Bus
22	Türglu, Gamse	w	sonst.	22.12.1992	Straßenbahn
23	Ungar, Kerem	m	sonst.	28.08.1993	Bus
24	Walter, Tanja	w	r.-k.	31.01.1993	Bus
25	Zeiser, Philipp	m	r.-k.	27.12.1991	Auto

r.-k. = römisch-katholisch, ev. = evangelisch, bl. = bekenntnislos, sonst. = sonstige

Hier siehst du, was Frau Herbst zum Bekenntnis (zur Religion) ihrer neuen Schülerinnen und Schüler notiert und gezeichnet hat:

Bekenntnis	Strichliste	Anzahl
römisch-kath.	卌 卌 II	12
evangelisch	卌 III	8
bekenntnislos	II	2
sonstige	III	3

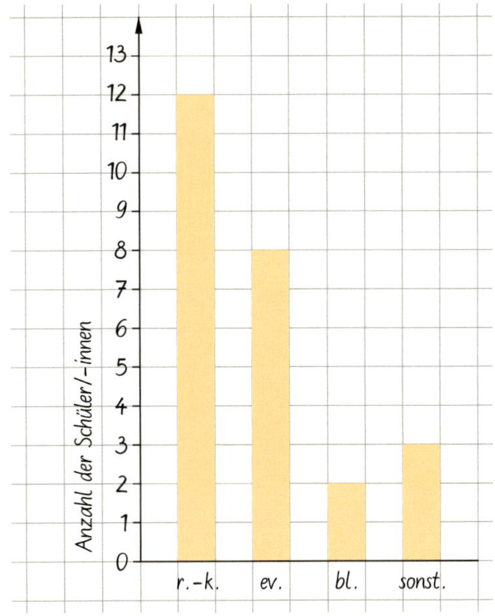

Was hat Frau Herbst noch über ihre neue Klasse erfahren?
Zeichne verschiedene Diagramme für die übrigen Angaben.
Vergleiche die Angaben mit deiner Klasse.

Auftrag 3 **Schülerdaten** **Bearbeitung**

Um sich eine Übersicht über die vielen Angaben zu verschaffen, kann man **Strichlisten** führen und **Diagramme** zeichnen.

Für die Verkehrsmittel kann man in einer Tabelle erfassen, wie viele Schülerinnen und Schüler zu Fuß, mit Auto, Bus oder Straßenbahn zur Schule kommen. Pro Person setzt man in der Tabelle einen Strich, jeder fünfte Strich wird waagrecht gestellt. So erhält man Fünferpäckchen und kann zum Schluss leicht die Anzahl der Striche zählen.

Verkehrsmittel	Strichliste	Anzahl
zu Fuß	||||	4
Auto	卌 |	6
Bus	卌 卌	10
Straßenbahn	卌	5

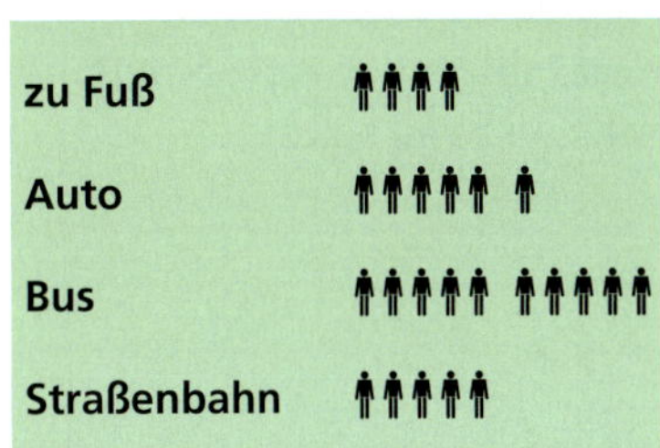

Zeichnet man pro Strich eine Figur, so erhält man ein **Figurendiagramm** (oder auch **Piktogramm**).

Frau Herbst hat ein **Säulendiagramm** für die Bekenntnisse gezeichnet. Die Anzahl der Schülerinnen und Schüler wird durch die Höhe von schmalen Rechtecken dargestellt. Damit man die Höhe der Rechtecke leicht zeichnen und ablesen kann, verwendet man einen nach oben gerichteten Zahlenstrahl. Er muss mindestens so lang sein wie der längste Rechteckstreifen. Bei den **Verkehrsmitteln** sind das 10 Längeneinheiten (LE). Das Diagramm wird nicht zu hoch, wenn man hier als Längeneinheit 5 mm wählt, das heißt, der Abstand zwischen zwei aufeinander folgenden Zahlen beträgt 5 mm (1 Kästchen). Die verschiedenen Verkehrsmittel werden auf einer Achse nach rechts aufgetragen. Für die Fußgänger zeichnet man ein Rechteck ein, das so hoch ist wie die Anzahl der Schülerinnen und Schüler, die zu Fuß kommen usw.

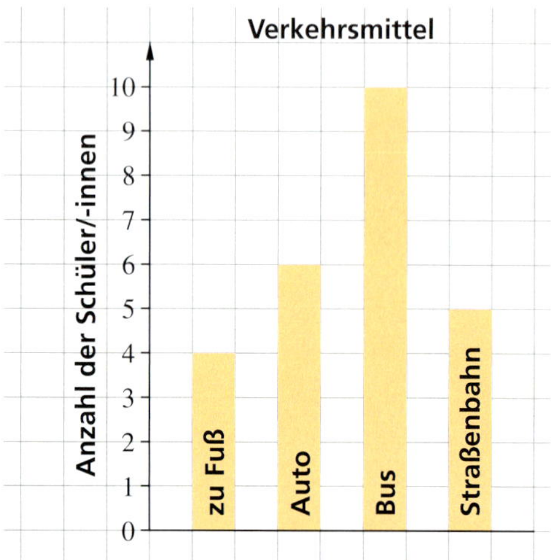

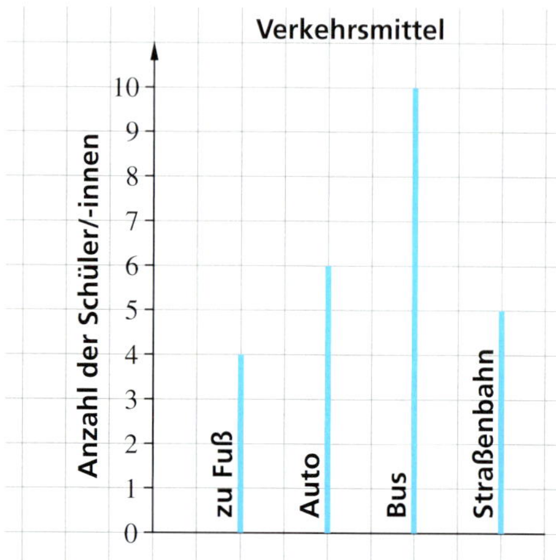

Zeichnet man statt der Rechteckstreifen „Striche“, so entsteht ein **Strichdiagramm**.

Für die **Altersverteilung** soll ein Strichdiagramm gezeichnet werden. Dazu werden verschiedene Geburtsdaten nach dem Alter zusammengefasst. Am 10. 09. 2003 ist die jüngste Schülerin 9 Jahre alt und der älteste Schüler 12 Jahre.
Nun kann man zählen, wie viele Schülerinnen und Schüler an diesem Tag 9, 10, 11 oder sogar schon 12 Jahre alt sind.

Geburtsdatum	Alter	Strichliste	Anzahl
11. 09. 90 – 10. 09. 91	12	||	2
11. 09. 91 – 10. 09. 92	11	卌 |||	8
11. 09. 92 – 10. 09. 93	10	卌 卌 |||	13
11. 09. 93 – 10. 09. 94	9	||	2

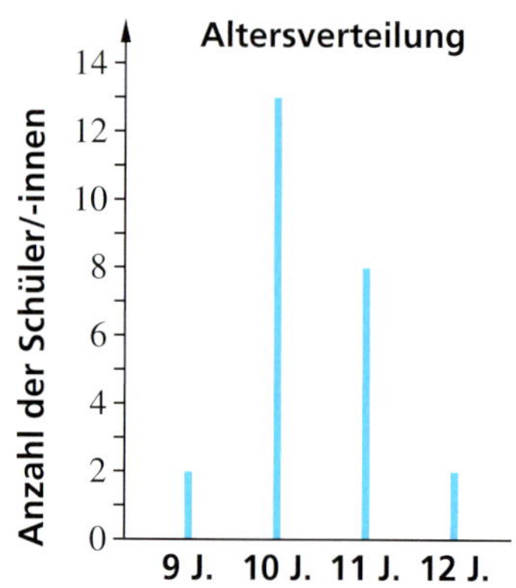

Beim Zahlenstrahl für die Anzahlen sind der Einfachheit halber nur Markierungen für die geraden Zahlen angetragen.

Einen Schritt weitergedacht: Beim Zeichnen von Diagrammen rundet man große Zahlen oft nach der **Rundungsregel**:
Steht nach der Rundungsstelle eine der Ziffern 0, 1, 2, 3 oder 4, wird die Zahl abgerundet; steht nach der Rundungsstelle eine 5, 6, 7, 8 oder 9, so wird die Zahl aufgerundet.

In Figurendiagrammen zeichnet man dann beispielsweise nur eine Figur für 1 Mio. Personen. Für eine Stadt mit 1 560 000 Einwohnern stehen in diesem Fall zwei Figuren, da 1 560 000 ≈ 2 Mio. Aber für 484 000 Einwohner steht keine Figur, denn 484 000 wird abgerundet auf 0 Mio.

Piktogramme haben den Nachteil, dass man erst die Figuren zählen muss, bevor man genaue Aussagen über die einzelnen Zahlenwerte machen kann. In Säulen- und Strichdiagrammen kann man die Werte der dargestellten Daten einfacher ablesen.

Daten

Zusammenfassung

Zur einfachen Erfassung von Daten kann man eine **Strichliste** anfertigen. Treten sehr viele verschiedene Ergebnisse auf (z. B. bei der Körpergröße), so werden oft mehrere als ein Bereich zusammengefasst.

Größe	Strichliste	Anzahl
151 – 160 cm	III	3
141 – 150 cm	𝍸 III	8
131 – 140 cm	𝍸 I	6

Daten können in verschiedenartigen Diagrammen veranschaulicht werden.

Im **Figurendiagramm** wird eine Anzahl durch eine Figur oder ein Bild dargestellt.

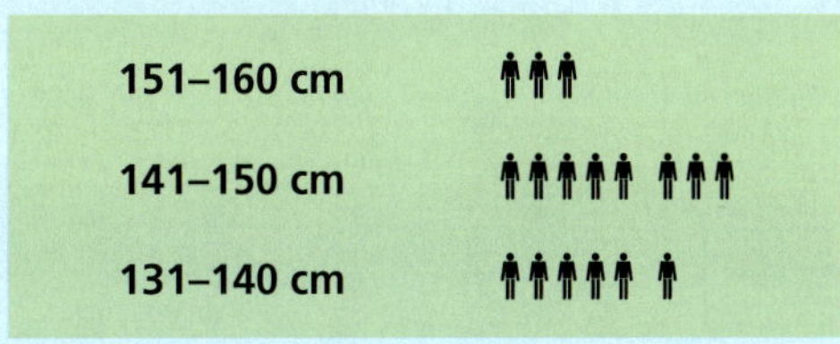

Im **Säulen- und Strichdiagramm** werden die Zahlenwerte an einem Zahlenstrahl angetragen. Um Platz sparend zu arbeiten, wird die Längeneinheit des Zahlenstrahls angepasst.

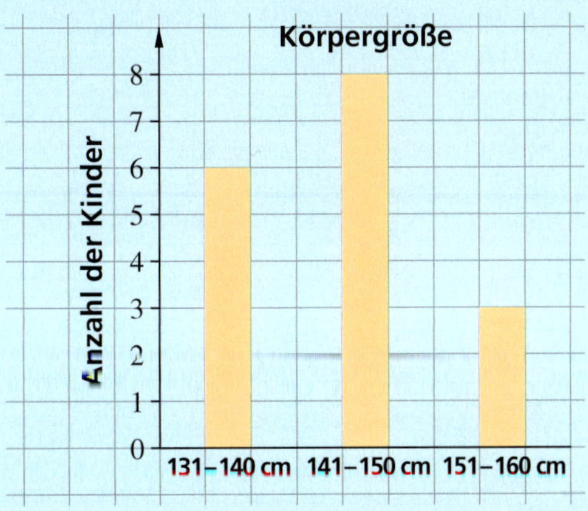

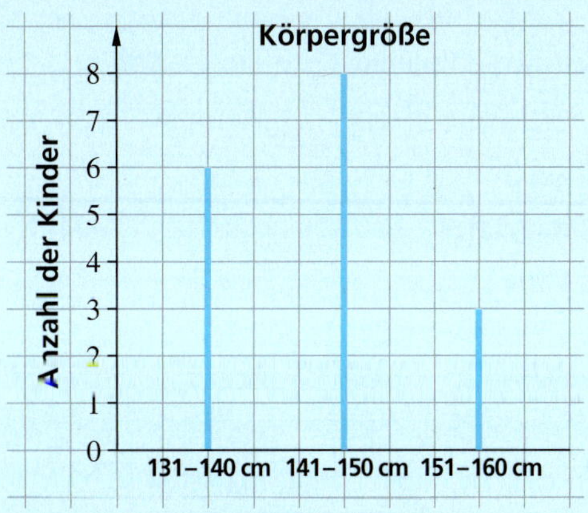

Aufgaben **Trainieren** **Anwenden** **Verknüpfen**

1 Trage die Werte in eine Tabelle ein. Welcher Wert ist der größte, welcher der kleinste?

a) So schwer werden diese Tiere etwa:

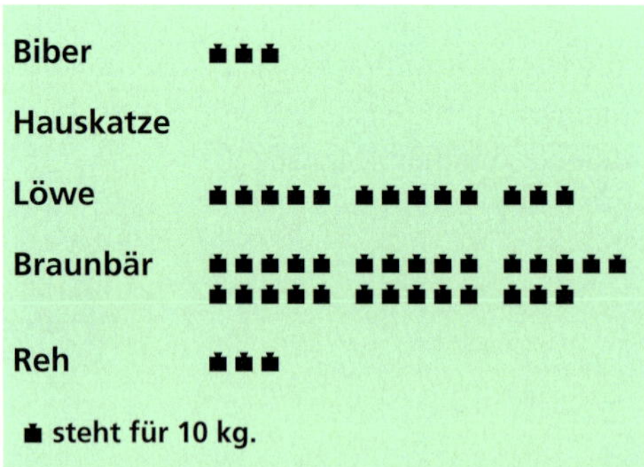

Quelle: Meyers Schlag nach!

b) So groß beziehungsweise lang werden diese Tiere etwa:

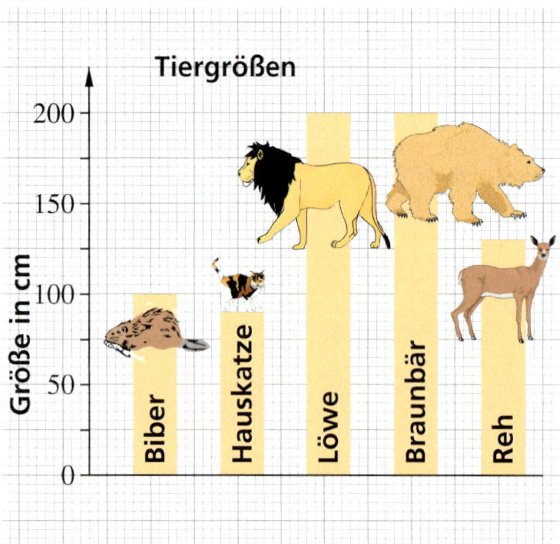

Quelle: Meyers Schlag nach!

c) So alt können diese Tiere werden:

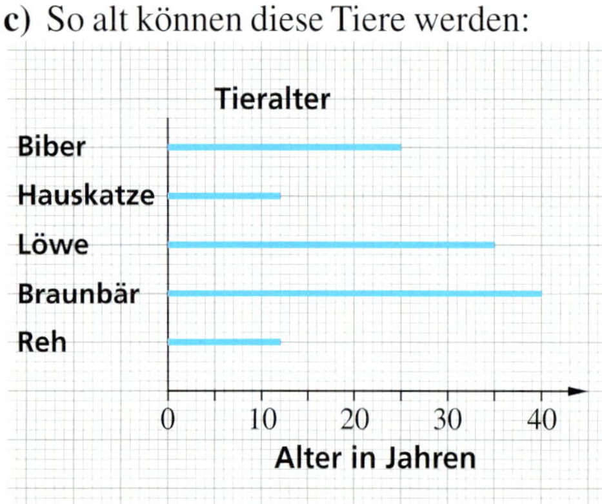

Quelle: Meyers Schlag nach!

2 Zeichne für die Lieblingstiere der Klasse 5 c ein Figurendiagramm. Genannt wurden: 7 × Hund; 3 × Kaninchen, 3 × Katze, 9 × Meerschweinchen, 3 × Pferd.
Es soll ein Smiley für eine Person stehen (kurz: 1 Smiley ≙ 1 Person).

Info

Die Einheit km² (lies: Quadratkilometer) wird zum Messen von Flächengrößen verwendet.

1 km² ist so groß wie ein 1 km langes und 1 km breites Quadrat.

3 Zeichne zwei Strichdiagramme zu den Informationen über die drei Ozeane. Wähle 1 mm für 1 Mio. km² bei den Flächen (1 mm ≙ 1 Mio. km²).
Bei den Meerestiefen soll 1 mm für 100 m stehen (1 mm ≙ 100 m).

	Fläche	tiefste Stelle
Pazifik	181 Mio. km²	10 924 m
Atlantik	107 Mio. km²	9 219 m
Indischer Ozean	73 Mio. km²	7 455 m

4 Zeichne für die Durchschnittstemperaturen drei Säulendiagramme (1 mm ≙ 1 °C) und vergleiche sie.
Wo würdest du am liebsten wohnen?

Monat	Nürnberg	Rom	Kairo
Januar	1 °C	7 °C	13 °C
Februar	3 °C	8 °C	15 °C
März	6 °C	11 °C	18 °C
April	9 °C	14 °C	21 °C
Mai	13 °C	18 °C	25 °C
Juni	18 °C	22 °C	28 °C
Juli	22 °C	25 °C	28 °C
August	21 °C	25 °C	28 °C
September	15 °C	21 °C	26 °C
Oktober	11 °C	16 °C	24 °C
November	5 °C	12 °C	20 °C
Dezember	2 °C	9 °C	15 °C

Noch fit?

I Welche Zahlen sind auf dem Zahlenstrahl bzw. dem Ausschnitt dargestellt?

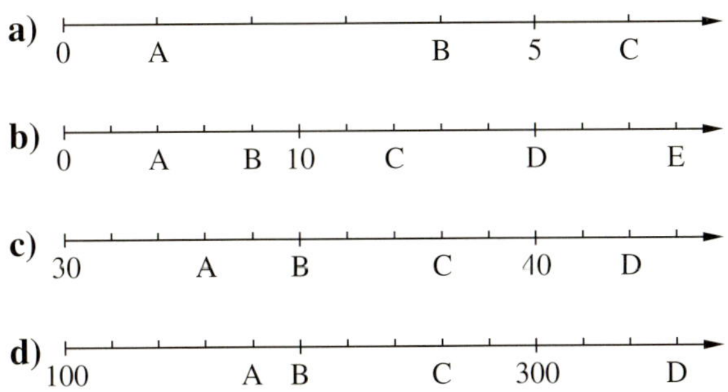

II Trage die Zahlen auf einem Zahlenstrahl mit geeigneter Längeneinheit ein.

a) 0; 4; 6; 8; 10; 12
b) 3; 7; 9; 13; 18; 21
c) 0; 20; 50; 80; 100; 180; 210
d) 40; 100; 120; 180; 260; 300

III Runde die vier Zahlen 3 456 789; 7 654 321; 1 555 999 und 9 999 999
a) auf Hunderter,
b) auf Tausender,
c) auf Millionen.
Gib jeweils den Rundungsfehler an.

Beispiel: Runde 7 902 **8**59 auf Tausender. Nach der Rundungsstelle steht eine **8**, also wird auf 7 903 000 aufgerundet. Der Rundungsfehler beträgt 7 903 000 – 7 902 859 = 141.

Trainieren Anwenden Verknüpfen

5 Stelle die Fluggeschwindigkeiten der Insekten in einem Strichdiagramm dar. Wähle eine geeignete Längeneinheit.

Honigbiene	13 $\frac{km}{h}$
Hornisse	22 $\frac{km}{h}$
Maikäfer	11 $\frac{km}{h}$
Wespe	7 $\frac{km}{h}$

Aufgaben

6 Stelle die Herzschlagfrequenzen, angegeben in Schlägen pro Minute, in einem Diagramm deiner Wahl dar: Goldfisch 40, Frosch 50, Krokodil 70, Elefant 25, Katze 140, Mensch 75.

7 In der Tabelle findest du, wie lange einige Tiere ihren Nachwuchs austragen und wie viele Jungen sie etwa bekommen.

	Tragzeit	Anzahl der Jungen
Eisbär	8 Monate	1–3
Schimpanse	9 Monate	1
Schaf	154 Tage	1–2
Hund	64 Tage	3–9
Hamster	20 Tage	5–7

Welchen Zusammenhang zwischen Tragzeit und Anzahl der Jungen erkennst du?

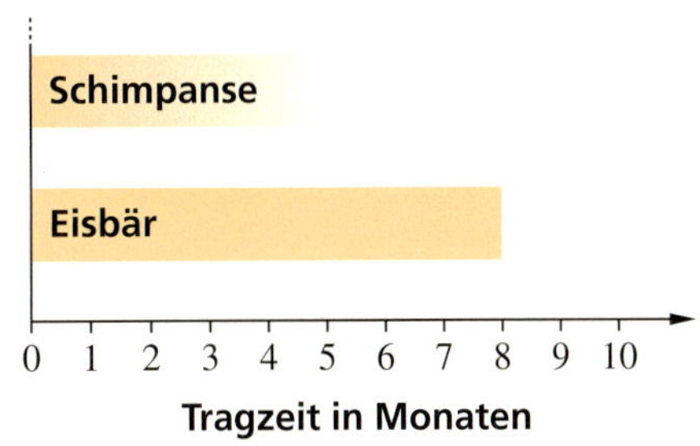

Legt man den Zahlenstrahl waagrecht und trägt die Tierarten nach oben an, so entsteht ein **Balkendiagramm**. Vervollständige das angefangene Balkendiagramm in deinem Heft.

8 Stelle in einem anderen Diagramm dar, woraus ein 70 kg schwerer Mensch durchschnittlich besteht.

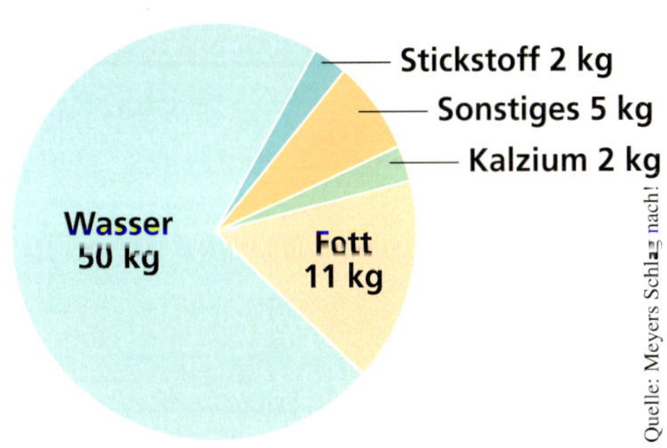

Aufgaben

9 Stelle die Angaben zu den deutschen Bundesländern graphisch dar.

a) Zeichne ein Strichdiagramm für die Flächen der sechs größten Bundesländer (1 mm ≙ 1000 km²).

b) Zeichne für die Einwohnerzahlen der sechs größten Bundesländer ein Figurendiagramm (1 Figur ≙ 500 000 Einwohner) und ein Säulendiagramm (1 mm ≙ 200 000 Einwohner). Vergleiche die beiden Diagramme. Finde Zusammenhänge zu a).

10 Zeichne ein Säulendiagramm für die Entwicklung der Weltbevölkerung. Trage dazu die Bevölkerungszahlen nach oben an (1 mm ≙ 100 Millionen Personen). Schätze, wann die Bevölkerungszahl etwa 10 Milliarden erreichen wird.

Jahr	Bevölkerungszahl in Millionen
1950	2500
1960	3000
1970	3700
1980	4500
1990	5300
2000	6100

11 Die Bevölkerung in Europa nahm von 190 Millionen im Jahr 1800 auf 400 Millionen im Jahr 1900 zu. Im Jahr 1950 lebten 547 Millionen Menschen in Europa, im Jahr 2000 waren es 728 Millionen. Stelle die Entwicklung in einem Strichdiagramm dar.

12 Daten zu den sechs Kontinenten:

a) Trage die Größen der Kontinente in eine Tabelle ein.

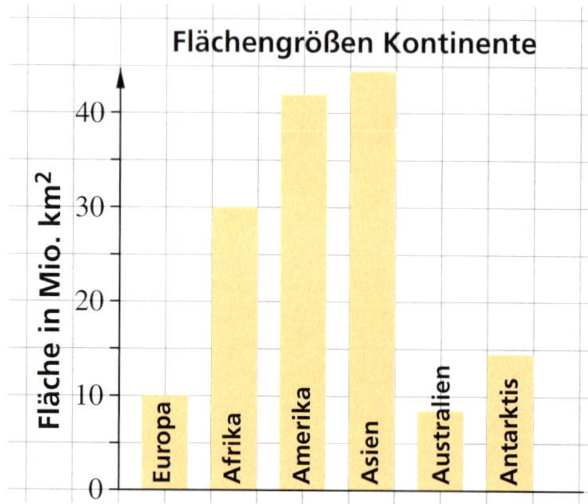

b) Wie viele Einwohner leben in den verschiedenen Kontinenten durchschnittlich auf einem Quadratkilometer? Rechne mit dem Taschenrechner und runde! Die Bevölkerungszahl für jeden Kontinent findest du im Auftrag 2 auf Seite 9.
Stelle die Ergebnisse in einer Tabelle und einem Figurendiagramm dar.

13 Suche im Atlas, im Lexikon oder im Internet Informationen über die Staaten der EU und stelle sie anschaulich dar. Informiere dich z. B. über die Bevölkerungszahlen der EU-Staaten, ihre Flächen, …

14 Bayern in Zahlen: Informiere dich und stelle deine Informationen anschaulich dar.

a) Länge bayerischer Flüsse
b) Höhe bayerischer Berge
c) Einwohnerzahlen bayerischer Städte

Trainieren Anwenden Verknüpfen

15 Hier findest du Ausschnitte aus der Statistik der Firma biotec:

Monat	Überstunden	Umsatz
Januar	1300	150 000 €
Februar	200	80 000 €
März	1500	180 000 €
April	500	120 000 €
Mai	1200	140 000 €
Juni	600	110 000 €
Juli	0	90 000 €
August	0	70 000 €
September	800	170 000 €
Oktober	400	160 000 €
November	900	140 000 €
Dezember	1700	200 000 €

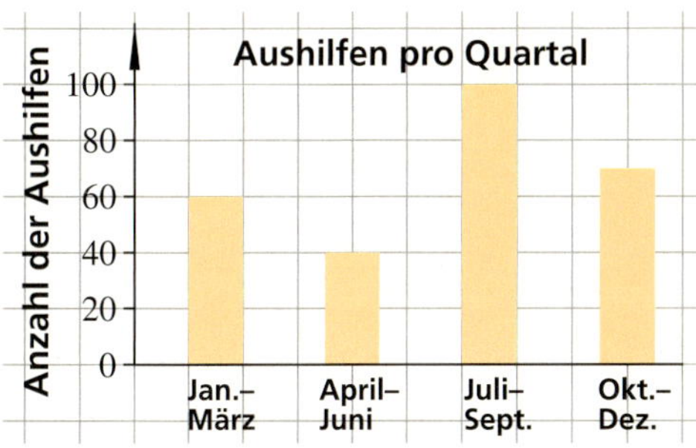

Zeichne Diagramme und suche nach Begründungen für die Zahlenwerte. Welche Zusammenhänge bestehen zwischen den Angaben?

16 Nach Angaben der Zeitschrift „Test“ war Ende 2000 Mannesmann (Vodafone) mit 19,2 Millionen Kunden im D2-Netz Marktführer für Handys, gefolgt von der Telekom-Tochter DeTeMobilNet mit 19,1 Millionen Kunden.
Die Plätze drei und vier belegten E-Plus (6,6 Millionen) und O_2, früher Viag Interkom (3,2 Millionen).

a) Stelle die Daten grafisch dar.
b) Vergleiche die Angaben mit aktuellen Daten.

Aufgaben

17 Im Frühjahr 2001 wurden 30 „Surfer“ gefragt, wofür sie das Internet nutzen.

	Anzahl
E-Mails	20
Suchmaschinen	12
Online-Banking, Börse	9
Information über Musik	8
aktuelle Nachrichten	8
Information über Computer	7
SMS	6

Führt selbst eine Umfrage unter 30 Personen durch. Zeichnet Diagramme und vergleicht damit eure Ergebnisse.
Wovon hängen die Unterschiede ab?

18 Etwa 18 Millionen Deutsche nutzten im Sommer 2000 das Internet.

Altersgruppe	Internetnutzer
14- bis 19-Jährige	2,7 Millionen
20- bis 29-Jährige	4,3 Millionen
30- bis 39-Jährige	4,3 Millionen
40- bis 49-Jährige	3,4 Millionen
50- bis 59-Jährige	2,3 Millionen
60- bis 69-Jährige	0,9 Millionen

Zeichne die Säulen für die einzelnen Altersgruppen übereinander.
Wähle als Breite der Säule 2 cm, in der Höhe sollen 5 mm für 1 Million stehen.
Wofür steht die Höhe der gesamten Säule?

Aufgabe der Woche

Welcher Handy-Tarif ist der günstigste?
Tipps zum Vorgehen: Ermittle zunächst die aktuellen Tarife einiger Anbieter und stelle sie zum Vergleich grafisch dar.
Vergleiche die Preise z. B. für SMS, Anrufe ins Festnetz bzw. ins eigene, in andere Funknetze … zu verschiedenen Zeiten.

1.2 Große natürliche Zahlen

Auftrag 1 Entwicklung der Erde

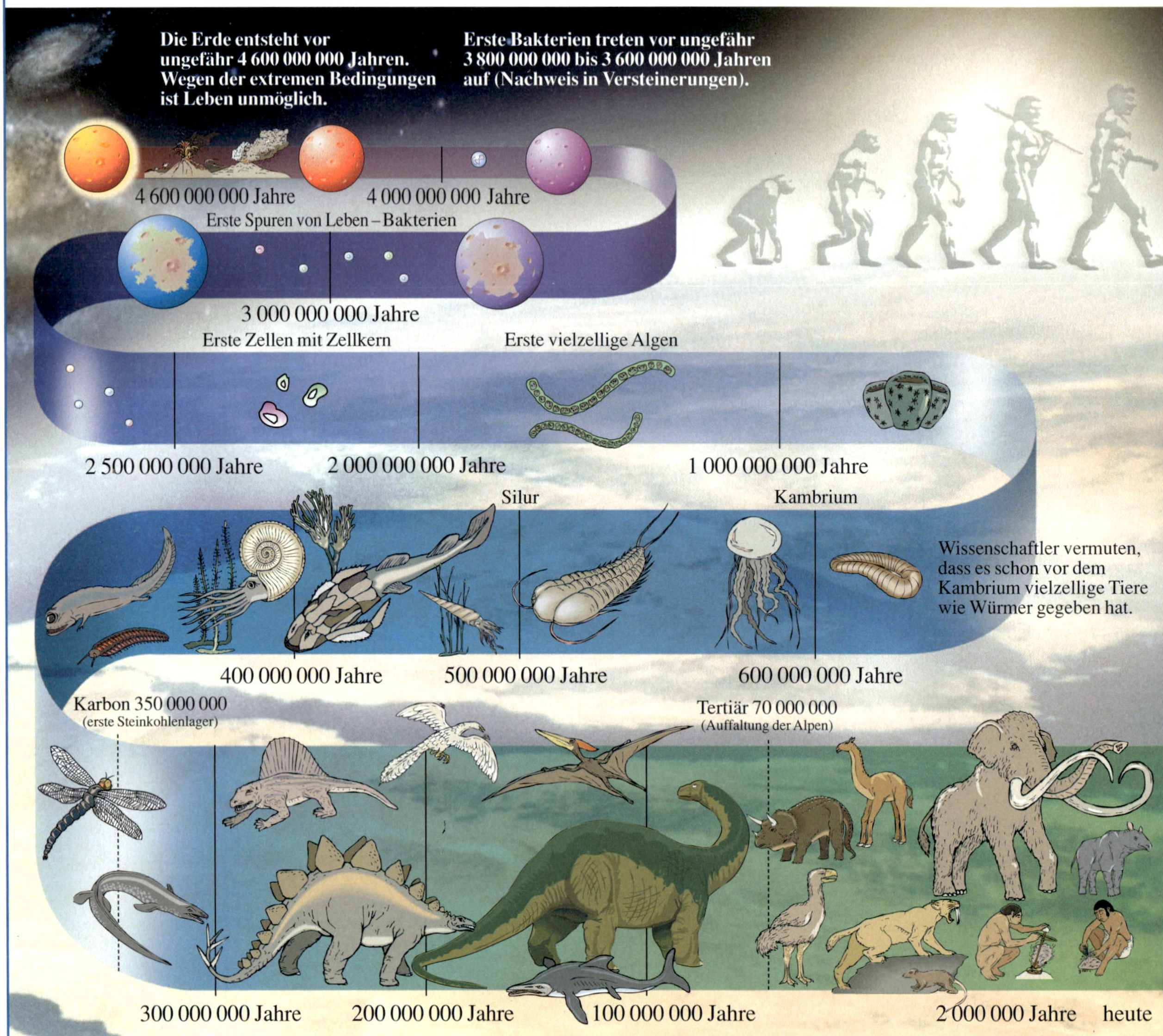

Was könnt ihr an der Zeitleiste ablesen?
Findet Fragen und stellt sie euch gegenseitig.

Zeichnet für euer Klassenzimmer eine Zeitleiste, die 4 m 60 cm lang ist. Am linken Ende wird die Entstehung der Erde vor 4 600 000 000 Jahren eingetragen, das andere Ende steht für heute (0 Jahre). Wo müsst ihr das Auftreten der ersten Saurier und der ersten Menschen einzeichnen?

Planetensystem

Auftrag 2

Die Abstände der einzelnen Planeten von unserer Sonne sind riesig und kaum vorstellbar. Die Planeten bewegen sich näherungsweise auf Kreisbahnen um die Sonne.
Die Tabelle gibt die mittleren Abstände der Planeten von der Sonne in Kilometern an:

Erde	150 000 000
Jupiter	779 000 000
Mars	228 000 000
Merkur	58 000 000
Neptun	4 509 000 000
Pluto	5 966 000 000
Saturn	1 432 000 000
Uranus	2 884 000 000
Venus	108 000 000

Erkläre den Merkspruch am rechten Rand.
In welcher Position kommen sich Erde und Venus am nächsten? Wie weit sind sie dann voneinander entfernt? Wie weit können Mars und Erde voneinander entfernt sein?

Denke dir weitere Fragen zu den Planeten aus und stelle sie deinem Banknachbarn.
Finde mehr Informationen zu den Planeten und trage sie in eine Planetentabelle ein, z. B. mit ihren Durchmessern, ihren Umlaufzeiten um die Sonne, …

Zahlenstreit

Auftrag 3

Lukas und Marie streiten sich, welches die größte Zahl ist.

Lukas nimmt den Taschenrechner zu Hilfe und tippt so viele Neunen ein, wie auf dem Display angezeigt werden können: 9999999999, also 10 Neunen hintereinander.
Wie heißt diese Zahl?

Marie schlägt vor, zu dieser Zahl noch 1 zu addieren. Plötzlich zeigt der Taschenrechner an:

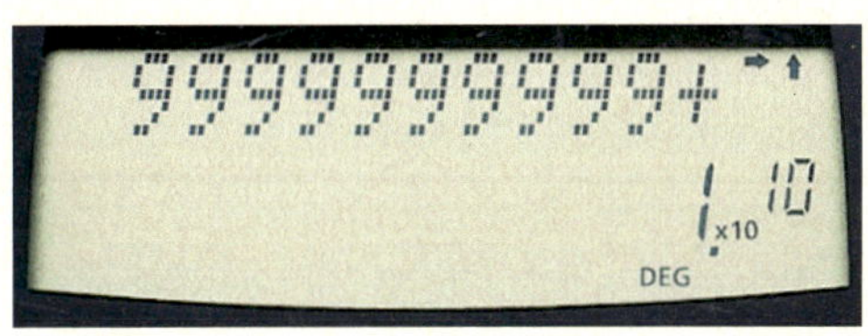

„Das muss zehn Milliarden heißen!“

„Multipliziere mal mit zehn“, verlangt Marie.
Wie lautet das ausgeschriebene Ergebnis?

Bearbeitung

Auftrag 3 Zahlenstreit

Die großen Zahlen von Marie und Lukas kann man leichter lesen, wenn man sie in eine **Stellenwerttafel** einträgt:

Info
Zur Rechtschreibung:
Zahlwörter bis 999 999 werden klein und zusammengeschrieben.
Die Zahlwörter Million, Milliarde, Billion usw. schreibt man groß.

Billionen			Milliarden			Millionen			Tausender					
HB	ZB	B	HMd	ZMd	Md	HM	ZM	M	HT	ZT	T	H	Z	E
					9	9	9	9	9	9	9	9	9	9
				1	0	0	0	0	0	0	0	0	0	0
			1	0	0	0	0	0	0	0	0	0	0	0

In Worten: neun Milliarden neunhundertneunundneunzig Millionen neunhundertneunundneunzigtausendneunhundertneunundneunzig

Meist schreibt man die Ziffern großer Zahlen übersichtlicher von rechts beginnend in Dreiergruppen. Man schreibt 9 999 999 999 statt 9999999999.

Addiert man 1 zur Zahl 9 999 999 999, so erhält man deren Nachfolger 10 000 000 000. Das sind 10 Milliarden.
Ein Taschenrechner mit 10 Stellen auf dem Display kann diese Zahl nicht mehr mit allen Ziffern anzeigen. Er benutzt als Abkürzung eine Schreibweise mit **Zehnerpotenzen**:

1×10^{10} oder in der mathematischen Schreibweise $1 \cdot 10^{10}$, kurz 10^{10}

Das bedeutet, dass man die Zahl 10 insgesamt 10-mal mit sich selbst multiplizieren muss.

$$10^{10} = 10 \cdot 10 \cdot 10 \cdot 10 \cdot 10 \cdot 10 \cdot 10 \cdot 10 \cdot 10 \cdot 10 = 1\underbrace{0\,000\,000\,000}_{\text{10 Nullen}}$$

Ausdrücke wie 10^{10} oder 10^5 nennt man **Zehnerpotenz**, die hochgestellte Zahl heißt **Hochzahl** oder **Exponent**. Die Hochzahl gibt an, wie oft die Zahl 10 mit sich selbst malgenommen werden soll. Der Exponent bei Zehnerpotenzen zeigt auch an, wie viele Nullen hinter der 1 folgen.

Multipliziert man 10 Milliarden mit 10, so erhält man 100 Milliarden.

$$10\,000\,000\,000 \cdot 10 = 1\underbrace{00\,000\,000\,000}_{\text{11 Nullen}} \text{ oder kurz } 10^{10} \cdot 10 = 10^{11}$$

So kann man immer weiter mit 10 multiplizieren und erhält höhere Zehnerpotenzen, die die **Stufenzahlen** in der Stellenwerttafel sind:

1 000 000 000 000 = 10^{12} = 1 Billion (= 1 Bio.)
10 000 000 000 000 = 10^{13} = 10 Billionen
100 000 000 000 000 = 10^{14} = 100 Billionen
1 000 000 000 000 000 = 10^{15} = 1 Billiarde
10 000 000 000 000 000 = 10^{16} = 10 Billiarden
100 000 000 000 000 000 = 10^{17} = 100 Billiarden
1 000 000 000 000 000 000 = 10^{18} = 1 Trillion

Die Zehnerpotenzen geben den Zahlen ihre Namen, deshalb heißt unser Zahlensystem **Zehnersystem** oder **Dezimalsystem**.

Einen Schritt weitergedacht:
Auch andere große Zahlen kann man mit Zehnerpotenzen kürzer schreiben, z. B.

$$7\,000\,000\,000 = 7 \cdot 1\,000\,000\,000 = 7 \cdot 10^9$$
$$330\,000\,000 = 33 \cdot 10\,000\,000 = 33 \cdot 10^7$$

Bei ihrem Streit um die größte Zahl haben Marie und Lukas die Zehnerpotenzen entdeckt. Eine größte Zahl haben sie nicht gefunden. Das können sie auch nicht, denn zu jeder noch so großen Zahl kann man wieder 1 addieren – und danach wieder. Jede natürliche Zahl hat einen Nachfolger, der um 1 größer ist. Es gibt also keine größte natürliche Zahl.

Deshalb schreibt man auch die Menge aller natürlichen Zahlen, die mit $\mathbb{N}$ abgekürzt wird, folgendermaßen auf: Man beginnt mit der kleinsten natürlichen Zahl, der 1, zählt einige weitere Zahlen auf und setzt dann nur noch Pünktchen: $\mathbb{N} = \{1; 2; 3; 4; 5; \ldots\}$.
Nimmt man die Null noch hinzu, so schreibt man: $\mathbb{N}_0 = \{0; 1; 2; 3; 4; 5; \ldots\}$.

Große natürliche Zahlen

Zusammenfassung

Die Stufenzahlen unseres Zehnersystems kann man als **Zehnerpotenzen** schreiben.

$$10^5 = 10 \cdot 10 \cdot 10 \cdot 10 \cdot 10 = \underbrace{100\,000}_{\text{5 Nullen}}$$

Die hochgestellte Zahl heißt **Hochzahl (Exponent)**. Die Hochzahl gibt an, wie oft die Zahl 10 mit sich selbst multipliziert wird.

Große Zahlen kann man mit Hilfe der **Stellenwerttafel** leichter lesen.

Billionen			Milliarden			Millionen			Tausender					
HB	ZB	B	HMd	ZMd	Md	HM	ZM	M	HT	ZT	T	H	Z	E
3	7	1	8	9	2	0	5	0	6	4	0	3	8	7

In Worten: dreihunderteinundsiebzig Billionen achthundertzweiundneunzig Milliarden fünfzig Millionen sechshundertvierzigtausenddreihundertsiebenundachtzig

Es gibt keine größte natürliche Zahl. Die Menge $\mathbb{N}$ der natürlichen Zahlen enthält unendlich viele Zahlen. Man schreibt: $\mathbb{N} = \{1; 2; 3; 4; 5; \ldots\}$ und $\mathbb{N}_0 = \{0; 1; 2; 3; 4; 5; \ldots\}$

Aufgaben **Trainieren** **Anwenden** **Verknüpfen**

1 Schreibe in einer Tabelle die Stufenzahlen von $100 = 10^2$ bis 1 Milliarde als Zehnerpotenzen auf.

2 Schreibe die Zahl in eine Stellenwerttafel und lies sie.

a) 1 234 567
b) 987 654 321
c) 2 470 286 915
d) 123 456 654 321
e) 909 090 909 090
f) 7 080 602 002 480

3 Trage in eine Stellenwerttafel ein

a) 5 Md 8 HM 9 ZM 2 HT 7 ZT 3 T
b) 1 ZMd 9 HM 4 M 8 ZT 7 H
c) 3 HM 33 ZM 4 HT 44 ZT 0 T 7 H
d) 11 HMd 8 Md 77 ZM 13 M 357 E

4 Zeichne eine Stellenwerttafel und trage die Zahl ein.

a) zwei Millionen einhunderteinundzwanzigtausendzweihundertzwölf
b) fünfhundertvier Millionen elftausend
c) elf Milliarden zehn Millionen einhunderttausendeinhundertelf
d) vierhundertfünfzig Milliarden sechshundertzwanzig Millionen
e) vier Billionen einhundertvierzig Millionen vierhunderttausend
f) sechs Billionen fünfhundertvierzehn Milliarden zweitausendeins

5 Schreibe die Zahlen in Ziffern.

a) achthundertvierzig Milliarden
b) sechs Milliarden neunzig Millionen
c) zwei Millionen siebenhundertzwölftausendeinhundertneununddreißig
d) fünfhundertsiebenunddreißig Millionen zweihundertsiebzehntausendsechzig
e) dreihundertfünf Milliarden fünf Millionen fünfhundertdreißig
f) fünfhundertvier Billionen neunhundert Milliarden sechzigtausend

6 Schreibe die Zahlen in Worten.

a) 8 079 340
b) 63 636 363
c) 936 369 693
d) 35 065 107 069
e) 68 806 680 868 086
f) 90 909 090 909 090 909

7 Gib für jede Zahl den Vorgänger und den Nachfolger an.

a) 123 456 789
b) 200 102 010
c) 999 999 999
d) 400 300 000
e) 7 000 000 000
f) 111 999 111 999

8 Hat jede natürliche Zahl einen Vorgänger und einen Nachfolger?

Noch fit?

I Wie heißt der Körper? Wie viele Ecken, Kanten und Begrenzungsflächen hat er?

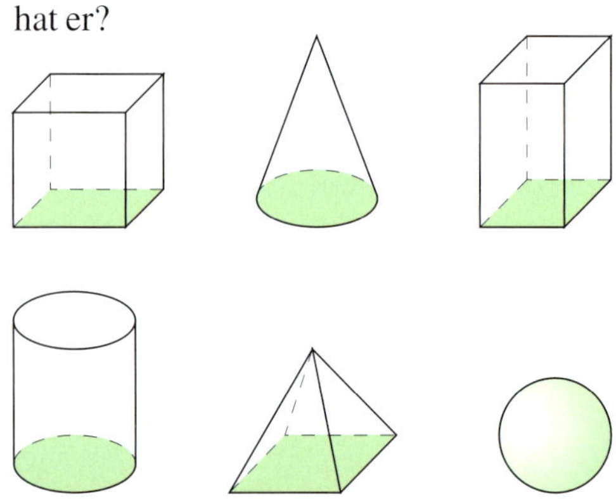

II Aus welchen Grundformen ist dieser Körper zusammengesetzt?

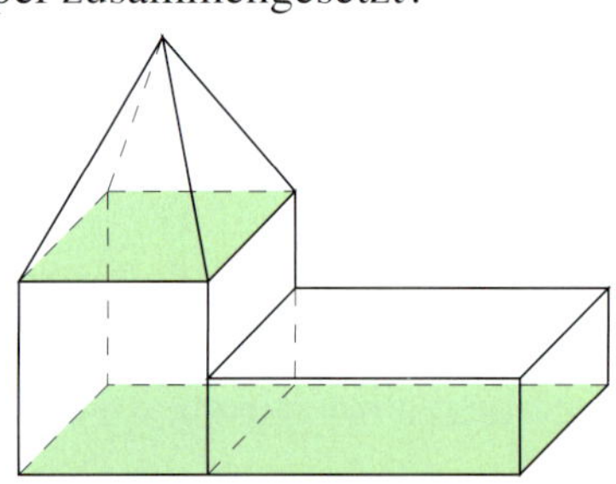

Trainieren **Anwenden** Verknüpfen

9 Wie viel fehlt bis zu 1 Milliarde?

a) 300 000 000 + ☒ = 1 000 000 000
b) 800 000 000 + ☒ = 1 000 000 000
c) 750 000 000 + ☒ = 1 000 000 000
d) 330 000 000 + ☒ = 1 000 000 000

10 Schreibe die Zahl auf.

a) die kleinste achtstellige Zahl
b) die größte und die kleinste siebenstellige Zahl mit lauter verschiedenen Ziffern
c) die größte und die kleinste zehnstellige Zahl, die alle Ziffern enthält
d) die größte und die kleinste zwölfstellige Zahl, die alle Ziffern enthält
e) die größte zehnstellige Zahl, die alle ungeraden Ziffern enthält
f) die kleinste zehnstellige Zahl, die alle geraden Ziffern enthält

11 Zähle in großen Schritten weiter.

a) 4 000 000; 5 000 000; …; 10 000 000
b) 250 000 000; 300 000 000; 350 000 000; …; 750 000 000; 800 000 000
c) 32 000 000 000; 33 000 000 000; …; 41 000 000 000
d) 13 500 000; 14 000 000; …; 19 500 000

12 Schreibe die Zahl mit Hilfe von Zehnerpotenzen kürzer.

Beispiel:
$27\,000\,000 = 27 \cdot 1\,000\,000 = 27 \cdot 10^6$

a) 8 000 000 **e)** 21 000 000 000
b) 78 000 000 000 **f)** 7 300 000 000 000
c) 400 000 000 **g)** 63 500 000 000 000
d) 958 000 000 **h)** 10 040 000 000

13 Schreibe ausführlich mit Ziffern.

a) $7 \cdot 10^6$ **d)** $145 \cdot 10^{14}$
b) $11 \cdot 10^9$ **e)** $70 \cdot 10^{17}$
c) $85 \cdot 10^{12}$ **f)** $99 \cdot 10^{13}$

Trainieren Anwenden **Verknüpfen** **Aufgaben**

14 Halbiere die Zahl.

a) 52 000 000 000 **d)** 166 000 000
b) 4 800 000 **e)** 4 670 000 000
c) 3 500 000 000 **f)** 503 000 000

15 Verdopple.
20 000 000; 40 000 000; …; 2 560 000 000

16 Ordne die Zahlen ihrer Größe nach. Beginne mit der kleinsten.

a) 745 900 000; 74 490 600; 745 395 700; 750 487 030; 74 500 000; 744 370 800
b) 4 689 468 535; 468 968 535; 49 862 000; 4 688 478 000; 467 645 300; 467 783 900
c) 389 700 300; 399 000 021; 39 800 000; 399 000 023; 378 750 600; 38 900 000
d) 9 282 370 606; 929 999 300; 9 251 000; 10 733 708 000; 929 320 000; 929 420 790

17 Bei den Zahlen 10 (zehn), 300 (dreihundert) … hat das Zahlwort mehr Buchstaben als die Zahl Ziffern hat. Bei großen Zahlen ist es oft umgekehrt, z. B. bei 2 000 000 000 000 000 (zwei Billiarden). Manche Zahlen haben auch genauso viele Ziffern, wie ihr Zahlwort Buchstaben hat: 1 000 000 hat sieben Ziffern, das Wort „Million“ hat sieben Buchstaben. Suche weitere solche Zahlen.

Aufgabe der Woche

Sehr große Zahlen treten in der Astronomie auf. Ermittle diese Zahlen:
– die geschätzte Anzahl der Sterne
– das vermutete Alter des Weltalls
– die ungefähre Entfernung von der Sonne bis zum nächsten Fixstern
Wo findest du noch große Zahlen?
Wie heißt deine größte gefundene Zahl?

1.3 Römische Zahlen und das Zehnersystem

Auftrag 1 Römische Zahlenreihen

So zählten die Römer

… von 1 bis 30:

I	II	×	IV	V	VI	VII	×	IX	X
×	×	×	XIV	XV	×	×	×	XIX	XX
XXI	×	×	XXIV	XXV	×	×	×	×	XXX

… von 10 bis 120 (in Zehnerschritten):

X	×	×	XL	L	LX	×	×	XC	C	CX	×

… von 100 bis 1200 (in Hunderterschritten):

C	×	×	CD	D	DC	×	×	CM	M	MC	×

Ergänze die römischen Zahlzeichen in deinem Heft.
Welche Zahlen werden mit einem einzigen römischen Zahlzeichen ausgedrückt?
Welche Zahlzeichen stehen höchstens dreimal direkt hintereinander, welche nur einmal?
Setze die richtigen Rechenzeichen ein und finde eine Regel:

LXXVI = L ? X ? X ? V ? I = 76
XLIV = L ? X ? V ? I = 44

Auftrag 2 Uhren und Inschriften

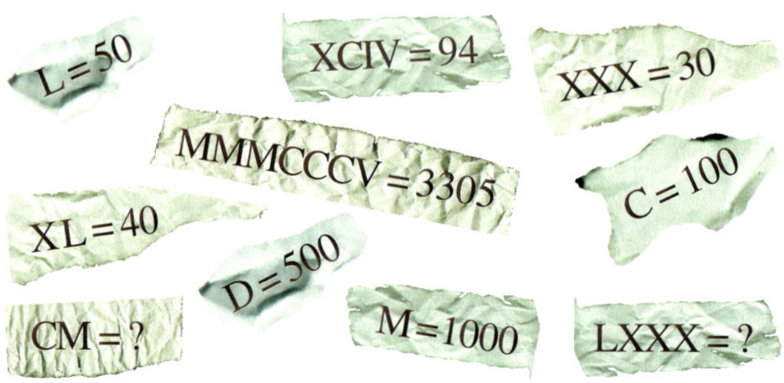

Fülle den Lückentext über die Regeln für die römischen Zahlen in deinem Heft aus.
Aus diesen sieben Zahlzeichen bestehen die römischen Zahlen:

I = 1, × = 5, × = ×, × = 50, × = ×, × = 500, × = ×.

Die Zahlzeichen ×, X, × und × kommen höchstens dreimal direkt hintereinander vor, die Zeichen V, × und × sogar nur einmal.
Stehen die einzelnen Zahlzeichen nach ihrer Größe geordnet, so werden sie addiert, um die Zahl zu erhalten, zum Beispiel LXXV = L ? X ? X ? V = ?
Steht das Zeichen für eine kleinere Zahl links von einer größeren, so wird die kleinere Zahl von der größeren ×, zum Beispiel XLIX = L ? X ? X ? I = ?

Römischer Größenvergleich

Auftrag 3

Die Römer setzten ihre Zahlen aus diesen Zeichen zusammen:

1 = I; 5 = V; 10 = X; 50 = L; 100 = C; 500 = D; 1000 = M

Finde mit Hilfe der Beispiele Regeln für das Bilden von römischen Zahlzeichen:

MDXXII = M + D + X + X + I + I = 1522
DCCCXXV = D + C + C + C + X + X + V = 825

Regel 1: Stehen die Zahlzeichen der Größe nach geordnet, so …

XCIX = (C – X) + (X – I) = 99
CMXLI = (M – C) + (L – X) + I = (1000 – 100) + (50 – 10) + 1 = 941

Regel 2: Steht das Zeichen für eine kleinere Zahl links von einer größeren, so …

MMMCCCXXXIII = 3333; CDXLIV = 444

Regel 3: …

Ordne die Zahlen M, CM, MM, MCCCL, MCMXL und MDCCL der Größe nach.

Auftrag 2 **Uhren und Inschriften** **Bearbeitung**

Die Römer benutzten diese Zeichen:

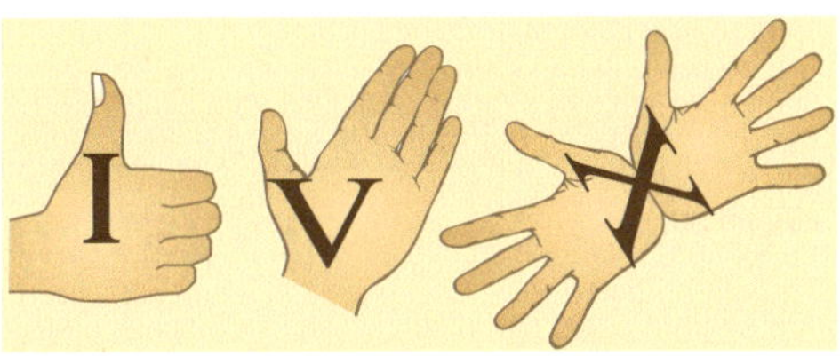

1	I
5	V
10	X
50	L
100	C
500	D
1000	M

Das **C** steht für „**c**entum" (lat., Hundert), das **L** ähnelt einem halben C.
M steht für „**m**ille" (lat., Tausend) und **D** ähnelt wieder einem halben M.

Die Zahlzeichen I, X, C und M dürfen höchstens dreimal direkt hintereinander vorkommen, die Zeichen V, L und D nur einmal.
Das römische Zahlensystem ist ein **Additionssystem**: Stehen die Zahlzeichen der Größe nach geordnet, so werden sie addiert, z. B. LXXV = L + X + X + V = 75.
Steht das Zeichen für eine kleinere Zahl links von einer größeren, so wird die kleinere Zahl von der größeren subtrahiert, z. B. XLIX = L – X + X – I = 49.
Es ist allerdings nur in folgenden Fällen üblich, das Zeichen einer kleineren vor dem einer größeren Zahl zu schreiben: IV, IX, XL, XC, CD, CM.
Diese Regeln wurden nicht immer streng eingehalten. Für die Zahl 49 durfte man beispielsweise zu manchen Zeiten auch einfacher IL schreiben. Auf den Zifferblättern von Uhren wurde und wird oft IIII statt IV geschrieben. Was meinst du warum?

Einen Schritt weitergedacht: Das Zehnersystem ist ganz anders aufgebaut als das römische Zahlensystem. Die Zahlen im Zehnersystem werden aus den zehn Ziffern gebildet.
Die Stelle, an der eine Ziffer steht, bestimmt, wie viel die Ziffer „wert ist". Deshalb ist das Zehnersystem ein **Stellenwertsystem**.
Die 3 an letzter Stelle in der Zahl 1343 bedeutet beispielsweise 3 Einer, an der dritten Stelle von hinten steht die 3 für 3 Hunderter. Für die Zahl 1343 kann man schreiben:

$$1343 = 1\,T + 3\,H + 4\,Z + 3\,E$$

In römischen Zahlzeichen schreibt man dafür

$$\begin{aligned} 1343 &= 1000 + 100 + 100 + 100 + 50 - 10 + 1 + 1 + 1 \\ &= M + C + C + C + L - X + I + I + I = MCCCXLIII \end{aligned}$$

Im Zehnersystem sind Zahlen mit mehr Ziffern größer als Zahlen mit weniger Ziffern. Bei gleicher Ziffernzahl muss man den Wert der einzelnen Ziffern vergleichen.
Im römischen Zahlensystem können Zahlen mit weniger Ziffern größer sein, z. B. M > DCCCLXXVII.

Ein weiterer Unterschied zwischen dem Zehnersystem und den römischen Zahlen besteht darin, dass man bei den römischen Zahlen meist mehr Zahlzeichen für eine Zahl benötigt als beim Zehnersystem Ziffern, z. B. XXXVIII = 38, aber MI = 1001.

Mit den römischen Zahlzeichen sind Anzahl und Größe der Zahlen, die man mit Zeichen schreiben kann, beschränkt. MMMDCCCLXXXVIII ist die größte Zahl, die sich mit römischen Zahlzeichen darstellen lässt.

Beim Addieren schreibt man die Zahlen im Zehnersystem unter- oder nebeneinander und addiert Einer, Zehner, Hunderter, … Mit römischen Zahlzeichen ist das schwieriger:

21	XXI
+ 76	+ LXXVI
97	XCVII

Die Aufgabe X – X konnten die Römer gar nicht mit Zahlzeichen rechnen!

Zusammenfassung Römische Zahlen und das Zehnersystem

Die **römischen Zahlen** werden aus diesen sieben Zahlzeichen gebildet:

M = 1000; D = 500; C = 100; L = 50; X = 10; V = 5 und I = 1

Die Zeichen I, X, C und M dürfen höchstens dreimal, die Zeichen V, L und D höchstens einmal direkt hintereinander vorkommen.
Das römische Zahlensystem ist ein **Additionssystem**. Stehen die Zahlzeichen ihrer Größe nach geordnet, so werden sie addiert. Steht das Zeichen für eine kleinere Zahl links von einer größeren, so wird die kleinere Zahl von der größeren subtrahiert.

Die Zahlen im Zehnersystem bildet man aus den Ziffern 0, 1, 2, 3, 4, 5, 6, 7, 8, 9. Man kann sie in eine Stellenwerttafel eintragen. Das Zehnersystem ist ein **Stellenwertsystem**, denn die Stelle einer Ziffer bestimmt ihren Wert.

427 = 4 H + 2 Z + 7 E, bei den Römern D – C + X + X + V + I + I = CDXXXVII

Trainieren Anwenden Verknüpfen

1 Schreibe im Zehnersystem.

a) MCVII **d)** MCM **g)** DLV
b) CCCXL **e)** MMDVII **h)** CMXCIV
c) XLII **f)** XCVIII **i)** MCCVIII

2 Wo steckt ein Fehler? Begründe.

a) MXCXXII **e)** DVX
b) CCXLVI **f)** CMC
c) DCM **g)** MXCIV
d) VCIII **h)** MCCCDIII

3 Schreibe mit römischen Zahlzeichen.

a) 14 **d)** 99 **g)** 396 **j)** 1492
b) 26 **e)** 111 **h)** 598 **k)** 1999
c) 42 **f)** 174 **i)** 1234 **l)** 3545

4 Schreibe mit römischen Zahlzeichen.

a) die Zahl der Schüler in deiner Klasse
b) die aktuelle Jahreszahl
c) dein Geburtsdatum
d) die größte römische Zahl, die du nach den Regeln bilden kannst

5 Bilde die größte und die kleinste Zahl. Verwende jedes Zahlzeichen einmal.

a) I, V, X **c)** I, X, C **e)** I, X, C, M
b) V, X, L **d)** I, L, M **f)** V, L, D

Noch fit?

I Die Klasse 5 c geht auf Klassenfahrt: Die Busfahrt kostet 1215 €, für Unterbringung und Verpflegung zahlen sie 2025 €. Wie viel muss jeder der 27 Schülerinnen und Schüler zahlen?

II Für Michaelas Geburtstag haben ihre Eltern 3 Packungen mit je 12 Schokoküssen gekauft. Wie viele Schokoküsse kann jedes der 9 Kinder essen?

Trainieren **Anwenden** Verknüpfen

Aufgaben

6 Was bedeutet die Inschrift?

7 Korrigiere die Rechnungen. Lege dabei möglichst wenige Streichhölzer um.

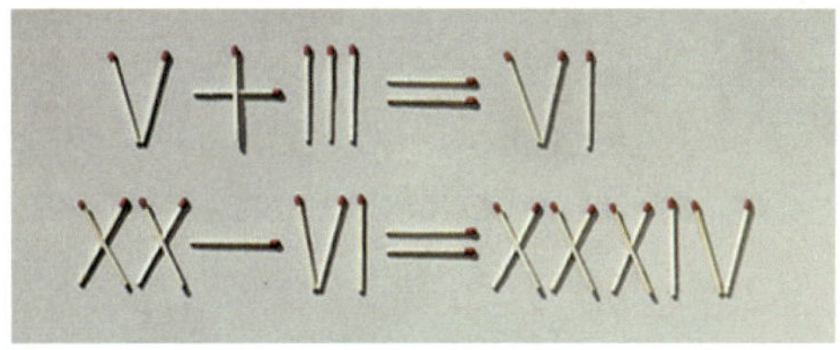

8 An manchen Bauwerken ist das Jahr der Erbauung in einem lateinischen Spruch versteckt. Man ermittelt das Jahr, indem man alle Zahlzeichen aus dem Spruch heraussucht und addiert. Wann wurde das Haus zum Lindwurm in Bamberg erbaut?

Aufgabe der Woche

Welche Zahlen kleiner als 101 bestehen im römischen Zahlensystem aus weniger Zeichen als im Zehnersystem?
Welche haben gleich viele Zeichen, welche weniger als im Zehnersystem?

1 Das Diagramm zeigt die Fahrgastzahlen des Busunternehmens Schnell in den ersten drei Monaten des Jahres. **12 P**

a) Gib die Anzahl der Fahrgäste pro Monat in einer Tabelle an.

b) In den drei folgenden Monaten steigen die Fahrgastzahlen jeden Monat um 200 Personen. Zeichne ein Diagramm dazu.

c) Wie groß war die Gesamtzahl der Fahrgäste in den ersten sechs Monaten des Jahres?

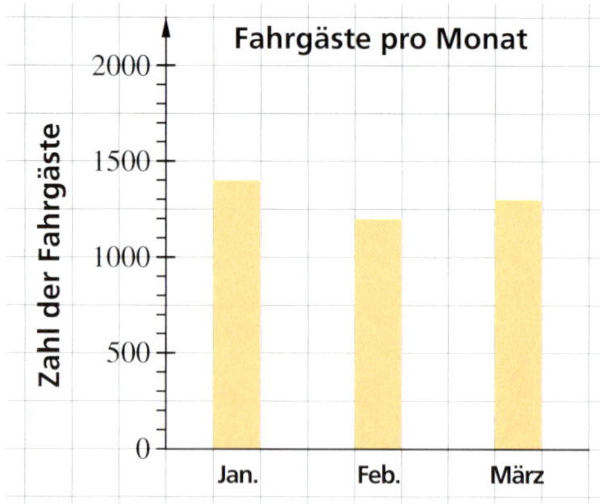

d) Trage bei 1500 Fahrgästen eine waagrechte Linie durch alle Säulen ein. Welche Bedeutung hat dieser Wert?

2 Schreibe die Zahlen in Ziffern. **6 P**

a) sechs Milliarden neunzig Millionen einhundertsechs
b) dreiundzwanzig Billionen fünfzig Millionen vierundsechzigtausendelf
c) die kleinste elfstellige Zahl, die alle Ziffern mindestens einmal enthält

3 Gib den Vorgänger und den Nachfolger als Zahlwort an. **6 P**

a) 990 909 099 **b)** 300 200 100 **c)** MMDCCLXXXIX

4 Schreibe die Zahl in Ziffern und als Zahlwort. **8 P**

a) 10^{15} **b)** DCCXLI **c)** $7 \cdot 10^{7}$ **d)** CDXLIV

5 Schreibe mit römischen Zahlzeichen. **6 P**

a) 777 **b)** 89 **c)** 1924

6 Aus welchen einzelnen Zahlzeichen werden die römischen Zahlen gebildet? Welche Regeln musst du dabei beachten? **4 P**

21 – 28 Punkte

29 – 35 Punkte

36 – 42 Punkte

Magische Quadrate

In einem magischen Quadrat haben die Summen der Zeilen, Spalten und Diagonalen den gleichen Wert. Diesen Wert nennt man **magische Zahl**.

Spalte — Diagonale — Zeile

2	9	4
7	5	3
6	1	8

Info

Das wohl bekannteste magische Quadrat ist in Albrecht Dürers Bild „Melancholie" von 1514 zu sehen. Albrecht Dürer (1471–1528) wurde in Nürnberg als Sohn eines Goldschmieds geboren. Nachdem auch er das Goldschmiedehandwerk erlernt hatte, ging er bei einem Maler in die Lehre.

Sind das magische Quadrate?
Wie heißt die magische Zahl?

1	8	3
6	4	2
5	0	7

1	10	4
8	5	2
6	0	9

Übertrage in dein Heft und ergänze zu magischen Quadraten.

×	27	18	×
×	24	×	12
×	18	27	×
×	33	24	33

17	15	10	26
×	17	×	10
24	×	17	15
8	×	×	×

Bilde selbst solche Quadrate. Gibt es Quadrate, deren magische Zahl die aktuelle Jahreszahl ist?

$a + b$
$a - b$

2 Addition und Subtraktion natürlicher Zahlen

Addieren und Subtrahieren ist für dich nichts Neues. Hier lernst du einige Tricks und Regeln kennen, die dir das Rechnen erleichtern können.

2.1 Summen und Differenzen

Auftrag 1 **Zahlenrätsel**

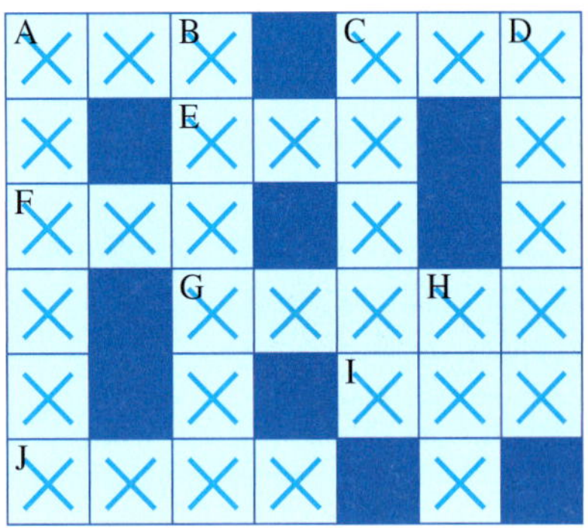

Übertrage das Rätsel in dein Heft und fülle es dort aus.

Waagrecht:
A 85 000 – 84 326
C 56 101 – 55 508
E 100 228 – 99 872
F 11 111 – 10 574
G 2 000 010 – 1 958 461
I 987 962 – 987 321
J 74 443 – 66 666

Senkrecht:
A 227 651 + 397 766
B 606 808 – 169 371
C 28 428 + 28 428
D 22 222 + 15 069
H 7123 – 6679

Auftrag 2 **Computerkauf**

Eva wünscht sich zusammen mit ihrer Schwester einen Computer samt Drucker zu Weihnachten. Statt des 17-Zoll-Monitors für 209 € steht auch ein 15-Zoll-Monitor mit Lautsprechern für 249 € zur Auswahl. Dazu möchten die beiden Computerspiele kaufen, die 26 € pro Spiel kosten.
Ihre Eltern und ihre Großeltern wollen je 500 € beisteuern. Eva und ihre Schwester haben zusammen 450 € gespart.
Zu welcher Kombination rätst du? Warum?

Lückenrätsel

Auftrag 3

Übertrage in dein Heft. Welche Ziffern passen in die Leerstellen?

a)
```
   3 4 ⊠ 6 5 8
 + 4 ⊠ 7 ⊠ 2 ⊠
 -------------
   ⊠ 3 2 8 ⊠ 4
```

c)
```
   4 8 ⊠ ⊠ 6
 – ⊠ 3 8 1 ⊠
 -----------
   ⊠ ⊠ 4 4 4
```

b) ⊠50⊠7 + ⊠39⊠72 = 43⊠81⊠

d) 51⊠0⊠8 – ⊠⊠920⊠ = 20⊠74

Auftrag 2 **Computerkauf**

Bearbeitung

Zuerst überprüft Eva, ob das Geld überhaupt ausreicht. Sie **addiert**[1] die Geldbeträge von ihren Eltern, von ihren Großeltern und ihre eigenen. Diese drei Beträge nennt man **Summanden**, zusammen bilden sie eine **Summe**[2].

Summe						Wert der Summe
500 €	+	500 €	+	450 €	=	1450 €
1. Summand		2. Summand		3. Summand		

Dann **überschlägt** sie die Kosten für den Computer (999 €), den Drucker (189 €) und den billigeren Monitor (209 €), um die gesamten Kosten abschätzen zu können.
Dazu rundet sie die Preise auf volle Hunderter und rechnet im Kopf.

1000 € + 200 € + 200 € = 1400 €

Die Überschlagsrechnung zeigt, dass das Geld voraussichtlich ausreichen wird.

Die genaue Berechnung kann Eva untereinander oder nebeneinander schreiben.

```
   999
   189
 + 209
    12
 -----
  1397
```

Erinnere dich: Man addiert
- die Einer: 9 + 9 + 9 = **27**
- die Zehner: **2** + 0 + 8 + 9 = **19**
- die Hunderter: **1** + 2 + 1 + 9 = 13

Die Überträge schreibt man klein unter die nächste Stelle und addiert sie dort.

Das Addieren nebeneinander spart Platz: $9\dot{9}\dot{9} + 1\dot{8}\dot{9} + 2\dot{0}\dot{9} = 1397$ (Überträge: 1 2)

Zur Kontrolle markiert man die schon verwendeten Ziffern mit einem Punkt.
Überträge kann man klein unter die nächste Stelle schreiben.

---
[1] addere (lat.) hinzufügen; to add (engl.)
[2] summa (lat.) Gesamtzahl; sum (engl.)

Die Computerausstattung mit dem billigeren Monitor kostet insgesamt also 1397 €. Der teurere Monitor kostet 40 € mehr als der billigere. Dafür brauchen sie insgesamt

1397 € + 40 € = 1437 €

Nun möchte Eva wissen, wie viel Geld noch für den Kauf von Computerspielen vorhanden ist. Dazu muss sie von den 1450 €, die zur Verfügung stehen, die Gesamtkosten von 1397 € (mit billigerem Monitor) oder 1437 € (mit teurerem Monitor) **subtrahieren**[3]. Eva rechnet beim billigeren Monitor untereinander und beim teureren nebeneinander. Rechne und sprich, wie du es gelernt hast:

$$\begin{array}{r} {\scriptstyle 3\,4} \\ 1450 \\ -\,1397 \\ \hline 53 \end{array}$$

0 Einer – 7 Einer geht nicht,
1 Zehner herüber bleiben 4;
10 Einer – 7 Einer = 3 Einer …

$$\begin{array}{r} 1450 \\ -\,1397 \\ {\scriptstyle 1\,1} \\ \hline 53 \end{array}$$

7 + **3** = 10
3 an, eins gemerkt;
10 + **5** = 15
5 an, eins gemerkt …

Beim Nebeneinanderrechnen kann man wieder die verwendeten Ziffern mit einem Punkt markieren.

$$1\dot{4}\dot{5}\dot{0} \; - \; 1\dot{3}\dot{9}\dot{7} \; = \; 53$$

Beim teureren Monitor kann man im Kopf rechnen. Es bleiben 1450 € – 1437 € = 13 € übrig. Wenn Eva und ihre Schwester den billigeren Monitor wählen, können sie von den verbleibenden 53 € noch zwei Computerspiele zu je 26 € kaufen. Wählen sie den teureren Monitor, so reicht das Geld nicht einmal mehr für ein Computerspiel.

Info Der Minuend steht vor dem Subtrahenden, genauso wie im Alphabet M vor S steht.

Auch für die Subtraktion gibt es Fachbegriffe:

$$\overbrace{\underset{\text{Minuend}^4}{1450\,€} - \underset{\text{Subtrahend}}{1397\,€}}^{\text{Differenz}} = \overset{\text{Wert der Differenz}}{53\,€}$$

Zur Kontrolle rechnet Eva noch die **Probe (Umkehraufgabe)**. Sie addiert den Wert der Differenz und den Subtrahenden und erhält – wenn alles stimmt – den Minuenden.

53 € + 1397 € = 1450 €   und   13 € + 1437 € = 1450 €

Einen Schritt weitergedacht: Muss man mehrere Zahlen subtrahieren, so kann man zuerst alle Subtrahenden addieren und diese Summe vom Minuenden subtrahieren.

$$\begin{array}{r} 48\,983 \\ \left.\begin{array}{r} 520 \\ 27\,601 \\ -\;\;4\,670 \end{array}\right\} \\ \hline ? \end{array} \qquad \begin{array}{r} 520 \\ 27\,601 \\ +\;\;4\,670 \\ {\scriptstyle 1\,1} \\ \hline 32\,791 \end{array} \longrightarrow \begin{array}{r} {\scriptstyle 8} \\ 48\,983 \\ -\,32\,791 \\ \hline 16\,192 \end{array}$$

[3] subtrahere (lat.) abziehen; to subtract (engl.)
[4] minuere (lat.) vermindern

Summen und Differenzen

Zusammenfassung

Zusammenzählen nennt man **addieren**, für abziehen sagt man **subtrahieren**.

Summe: $\underbrace{5 + 25}_{} = 30$

5 (1. Summand) + 25 (2. Summand) = 30

Differenz: $30 - 25 = 5$

30 (Minuend) – 25 (Subtrahend) = 5

Addition und **Subtraktion** sind zueinander entgegengesetzte Rechenarten. Das kann man für die **Probe** einer Rechnung (Umkehraufgabe) nutzen.

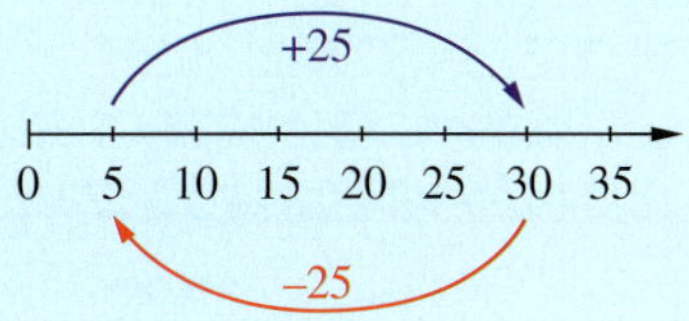

Bei einer **Überschlagsrechnung** rundet man die Zahlen so, dass man im Kopf rechnen kann.

4707 + 60 884 = ?
5000 + 61 000 = 66 000

Beim **schriftlichen Addieren** werden Einer, Zehner, Hunderter, … nacheinander addiert.

```
   4 707
+ 60 884
   1  1
  65 591
```

Beim **schriftlichen Subtrahieren** subtrahiert man nacheinander Einer, Zehner, Hunderter, … und „borgt" bei Bedarf bei der nächsten Stelle.

```
  1 8
 27933
–  8351
 19582
```

Um Platz zu sparen, kann man auch nebeneinander rechnen.

4707 + 60 884 = 65 591

27 933 – 8351 = 19 582

Trainieren **Anwenden** **Verknüpfen**

1 Rechne im Kopf.

a) $7 + 9 - 8 + 5 - 6 - 3 + 4 - 2$
b) $17 - 8 + 19 - 16 + 13 - 14 + 26$
c) $47 + 53 + 123 + 87 + 90 + 77$
d) $370 + 230 - 160 - 270 + 390 - 550$
e) $4000 + 3200 + 2500 + 3900$

2 Tarzan counts the animals: 16 lions, 55 monkeys, 210 birds, 12 elephants, 7 snakes. How many animals are there?

Aufgaben

3 Überschlage zuerst und berechne dann schriftlich. Finde das Lösungswort.

a) 435 347 + 567 848
b) 76 345 + 742 829
c) 450 990 + 66 821
d) 594 638 – 326 459
e) 821 941 – 63 825
f) 702 120 – 144 097

Lösungswort: 140 637 (a); 268 179 (v); 517 811 (e); 558 023 (n); 758 116 (e); 758 226 (m); 819 174 (l); 885 766 (b); 921 097 (g); 1 003 195 (e)

Aufgaben

4 Rechne und mache eine Probe.

a) 2 143 537 + 854 968

b) 12 345 678 + 1 234 567

c) 34 736 112 − 4 856 245

d) 912 345 678 − 891 234 567

5 Überschlage das Ergebnis und finde das Lösungswort.

a) 53 691 + 37 259 + 111 739
b) 34 585 + 87 592 + 8252 + 53 067
c) 7382 + 4185 + 89 384 + 12 591
d) 34 255 + 17 525 + 18 220 + 53 679

Lösungswort: 113 542 (u); 123 679 (r); 162 502 (j); 169 980 (k); 183 496 (o); 202 689 (f); 220 795 (e)

6 Fülle die Pyramiden im Heft aus.

a) (+)

9999				
××	××			
××	××	5818		
××	××	791	5027	
188	266	449	342	4685

b) (−)

106 541	98 753	93 138	88 868
7788	×××	×××	
×××	×××		
828			

7 Arbeite mit den neuen Begriffen.

a) Nenne zwei Summanden, deren Summe den Wert 222 hat.
b) Nenne drei Summanden, deren Summe den Wert 1000 hat.
c) Nenne zwei Zahlen, deren Differenz den Wert 100 hat.
d) Was kann man über zwei Zahlen sagen, deren Differenz den Wert 0 hat?

8 Rechne nebeneinander.

a) ☒ + 4589 = 6328
b) ☒ − 4589 = 6328
c) 19 632 − ☒ = 5689
d) 6542 + ☒ = 8721

Noch fit?

I Welche Augenzahl liegt nach jedem Kippen des Würfels oben?

II Aus wie vielen Würfeln bestehen die Körper?

a)

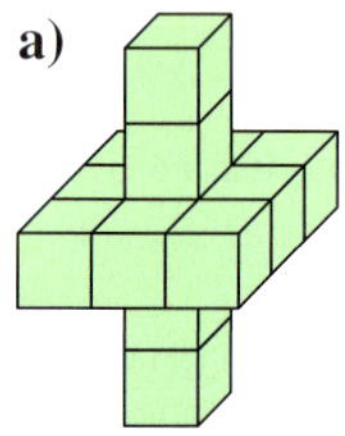

b)

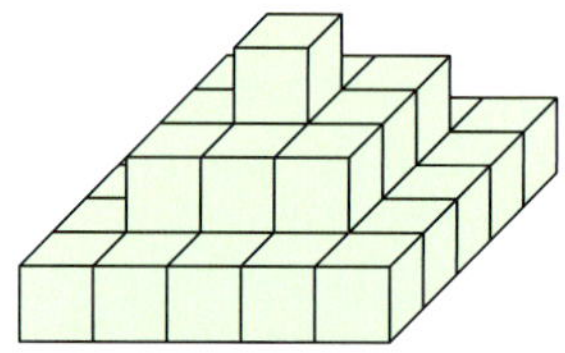

Trainieren **Anwenden** Verknüpfen

9 Wie ändert sich der Wert einer Summe bzw. der Wert einer Differenz, wenn man

a) einen Summanden um 4 verkleinert?
b) einen Summanden um 2 vergrößert?
c) den Minuenden um 2 vergrößert?
d) den Subtrahenden um 2 verkleinert?
e) einen Summanden um 5 vergrößert und den anderen um 5 verkleinert?
f) beide Summanden um 7 vergrößert?
g) den Minuenden um 5 vergrößert und den Subtrahenden um 5 verkleinert?
h) den Minuenden und den Subtrahenden jeweils um 3 verkleinert?

10 Daniel besitzt 40 € und kauft für seine Geburtstagsparty ein. Im Getränkemarkt bezahlt er 15,78 €. Die Knabbersachen kosten 9,83 €. Kann er noch eine CD für 13,99 € kaufen?

11 Rechne mit großen Zahlen.

a) 7 300 000 000 + 4 150 000 000
b) 34 250 000 000 – 17 250 000 000
c) 650 000 000 000 – 395 000 000 000

12 Wie viele Jahre sind vergangen seit

a) der Wiedervereinigung Deutschlands,
b) der ersten Mondlandung,
c) dem Tod von Adam Ries?

13 Addiere und subtrahiere schriftlich.

a)
```
  533 000
   60 497
– 231 604
```

c)
```
   1 750
  30 566
+  7 798
```

b)
```
  307 529
    2 750
   71 034
–     811
```

d)
```
  971 233
      860
  440 379
+ 493 455
```

14 Setze die richtigen Ziffern im Heft ein.

a)
```
  3 4 ☒ 6
+ 4 ☒ 7 ☒
  ☒ 3 2 8
```

c)
```
  ☒ 6 5 ☒
– 5 ☒ ☒ 0
  4 4 4 4
```

b)
```
  ☒ 2 3 ☒
+ 1 ☒ ☒ 4
  5 6 ☒ 8
```

d)
```
  ☒ 8 ☒ 6 ☒ 4
– 9 ☒ 7 ☒ 5 ☒
      1 2 3 4 5
```

Trainieren Anwenden **Verknüpfen**

15 Fülle die Pyramiden im Heft aus.

a)

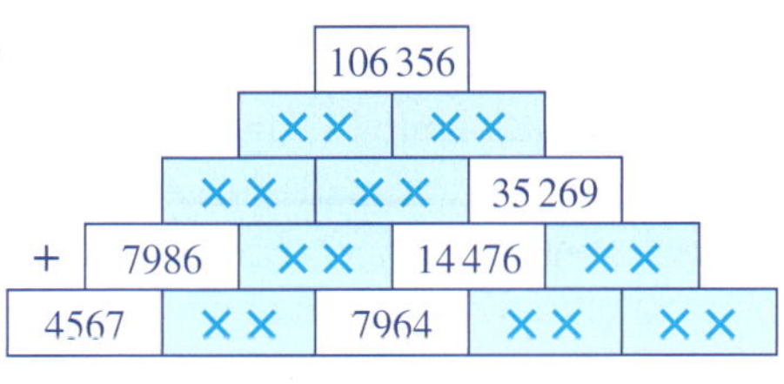

b)

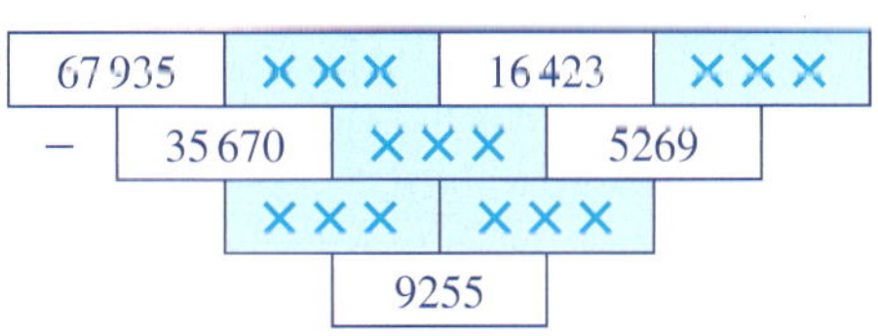

16 Bilde aus den Ziffern 1, 3, 5, 9 zwei Zahlen. Verwende jede Ziffer nur einmal.

Aufgaben

a) Die Summe der beiden Zahlen soll einmal den größten und einmal den kleinsten möglichen Wert haben.
b) Die Differenz der beiden Zahlen soll einmal den größten und einmal den kleinsten möglichen Wert haben.

17 Setze in die Reihe der Ziffern 1 bis 9 ein Plus- und ein Minuszeichen, so dass eine Rechenaufgabe entsteht, deren Ergebnis eine natürliche Zahl ist.

Beispiele:
1234 + 567 – 89 = 1712
123 – 45 + 6789 = 6867

a) Gibt es Ergebnisse kleiner als zehn?
b) Wie lautet das größte Ergebnis?

Aufgabe der Woche

Die Zahlen im **Pascal'schen Dreieck**:

```
            1
          1   1
        1   2   1
      1   3   3   1
    1   4   6   4   1
  1   5  10  10   5   1
1   6  15  20  15   6   1
```

a) Setze die Zahlenreihen fort. Welches System steckt dahinter?
b) Addiere die Zahlen entlang jeder ansteigenden Linie. Finde ab der dritten Linie eine Regel.

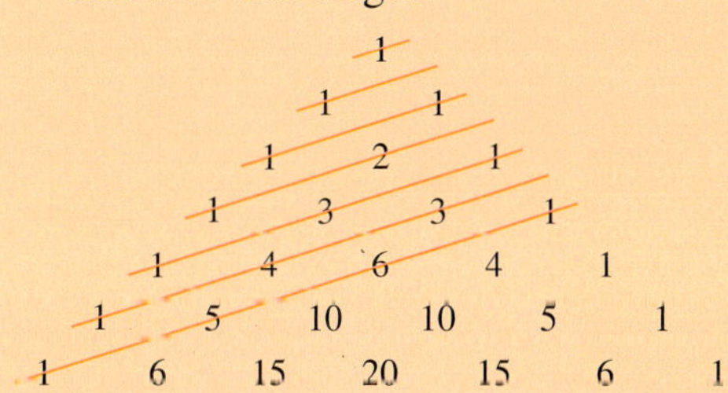

c) Addiere die Zahlen in jeder Zeile. Welche Regelmäßigkeit entdeckst du?

2.2 Vorteilhaftes Rechnen

Auftrag 1 Rechnen mit Gauß

Vom Mathematiker Carl Friedrich Gauß (1777–1855) wird erzählt, dass sein Rechenlehrer einmal diese Aufgabe gestellt hat: Addiere die Zahlen von 1 bis 100.
Er hatte wohl angenommen, dass seine Schüler nun längere Zeit beschäftigt sein würden.
Zur großen Überraschung des Lehrers löste der neunjährige Carl Friedrich die Aufgabe in kürzester Zeit.

Beschreibe seinen Lösungsweg, den das Bild andeutet.

Erfinde selbst ähnliche Aufgaben wie z. B. $1 + 3 + 5 + \ldots + 99$.

Auftrag 2 Zugewandert – Abgewandert

Wie viele Menschen sind in den Jahren 1995 bis 2000 insgesamt nach München gezogen, wie viele sind von dort weggezogen?
In welchem Jahr fand die stärkste Veränderung statt, wann die geringste?

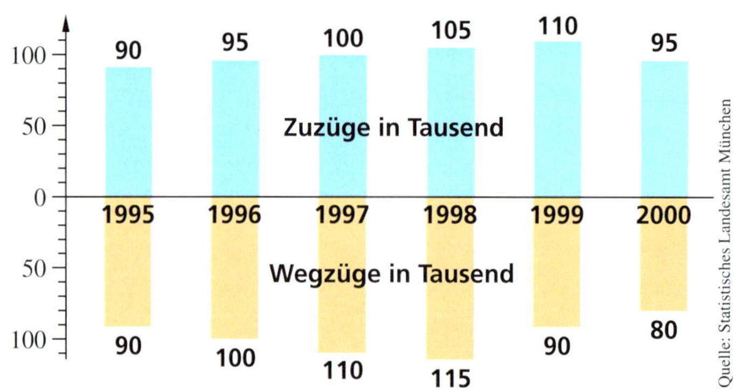

Auftrag 3 Bilanz des Schulfests

Vom Schulfest waren alle Besucher sehr begeistert. Hoffentlich bleibt auch nach der Abrechnung etwas übrig. Pia, Tanja, Patrick und Simon sind Mitglieder der SMV (Schülermitverantwortung) und kümmern sich um die Abrechnung.
In der Kasse finden sie 645 € Bargeld, eine Rechnung über 318 € für die Getränke, einen Beleg über 55 € für das Pfand für die Getränkekästen und Rechnungen der Metzgerei Krautwurst über 137 € und der Bäckerei Wecklein über 82 €.
Nach Absprache mit der SMV hatte der betreuende Lehrer Spitz im Lauf des Nachmittags sicherheitshalber vier 50-€-Scheine aus der Kasse genommen.
Außerdem bekommt der Hausmeister noch 13 € für Dekorationsmaterial.
Zur Kontrolle berechnen alle vier auf verschiedene Weise den erzielten Gewinn.

Routenplanung

Auftrag 4

Familie Walter will mit dem Auto nach Sardinien fahren.
Suche in deinem Atlas die Insel Sardinien.
Für die Fahrt von Würzburg bis zum Fährhafen Livorno in Italien stehen zwei Routen zur Wahl:

1. die abgebildete Route durch die Schweiz und über Mailand.
   Für diese Route müssen 20,40 € Autobahngebühren gezahlt werden.
2. von Würzburg nach München (279 km), weiter nach Innsbruck (162 km), nach Modena (344 km), nach Florenz (128 km), nach Livorno (89 km). Die Autobahngebühren auf dieser Strecke betragen 30,99 €.

Auf 100 km werden 9 Liter Normalbenzin verbraucht. Welche Route ist länger? Welche Route ist teurer und um wie viel? Rechne mit dem aktuellen Benzinpreis.

Auftrag 3 **Bilanz des Schulfests**

Bearbeitung

Patrick rechnet so:

645 € – 318 € = 327 €
327 € + 55 € = 382 €
382 € – 137 € = 245 €
245 € – 82 € = 163 €
163 € + 200 € = 363 €
363 € – 13 € = 350 €

Er ist der Reihe nach vorgegangen und hat mit Teilergebnissen gerechnet:

645 € – 318 € + 55 € – 137 € – 82 € + 200 € – 13 € = 350 €

Beim Schulfest wurde also ein Gewinn von 350 € erzielt.

Pia hätte Patricks Rechnung anders aufgeschrieben:

645 € – 318 € = 327 € + 55 € = 382 € – 137 €
= 245 € – 82 € = 163 € + 200 € = 363 € – 13 € = 350 €

Aber Patrick ist zu Recht dagegen, weil sich auf beiden Seiten des Gleichheitszeichens immer derselbe Wert ergeben muss.

Simons Rechnung in Teilschritten ist übersichtlicher:

Summe der Einnahmen	645 € + 55 € + 200 € = 900 €
Summe der Ausgaben	318 € + 137 € + 82 € + 13 € = 550 €
gesamt	900 € – 550 € = 350 €

Tanja hat ganz ähnlich wie Simon gerechnet, aber ihre Rechnung anders aufgeschrieben:

$$\begin{aligned} & 645\,€ - 318\,€ + 55\,€ - 137\,€ - 82\,€ + 200\,€ - 13\,€ \\ = {} & 645\,€ + 55\,€ + 200\,€ - (318\,€ + 137\,€ + 82\,€ + 13\,€) \\ = {} & 645\,€ + 55\,€ + 200\,€ - [(318\,€ + 82\,€) + (137\,€ + 13\,€)] \\ = {} & 900\,€ - 550\,€ = 350\,€ \end{aligned}$$

Die Summe der Einnahmen und die Summe der Ausgaben, also das, was zusammengehört, hat Tanja in Klammern gesetzt. **Klammern müssen zuerst berechnet werden.** Treten mehrere Klammern auf, so rechnet man von innen nach außen.
Außerdem hat Tanja einen Trick angewandt: Die Summanden 318 und 82 sowie 137 und 13 „passen gut zusammen“, deshalb hat Tanja 82 und 13 vertauscht. In Summen dürfen Summanden beliebig vertauscht werden, ohne dass sich der Wert der Summe ändert. Es gilt das **Kommutativgesetz**[5] **der Addition** (Vertauschungsgesetz).
Die Summanden, die zusammengehören, hat Tanja in runde Klammern gesetzt und zuerst berechnet. In Summen darf man Summanden beliebig durch Klammern zusammenfassen, ohne dass sich der Wert der Summe ändert. Es gilt das **Assoziativgesetz**[6] **der Addition** (Verbindungsgesetz).

Wenn in einer Rechnung Plus- und Minuszeichen vorkommen, so rechnet man – wie Patrick – am sichersten von links nach rechts. Einfacher und schneller geht es oft, wenn man sich – wie Tanja – einen Überblick verschafft und Rechenvorteile nutzt. Dazu kann man den **Term** (Rechenausdruck) **645 € + 55 € + 200 € – (318 € + 82 € + 137 € + 13 €)** vor dem Berechnen gliedern.

Die **Gliederung** eines Terms lässt sich mit mathematischen Fachbegriffen beschreiben. Sein Name wird durch die Rechenart festgelegt, die zuletzt ausgeführt wird.

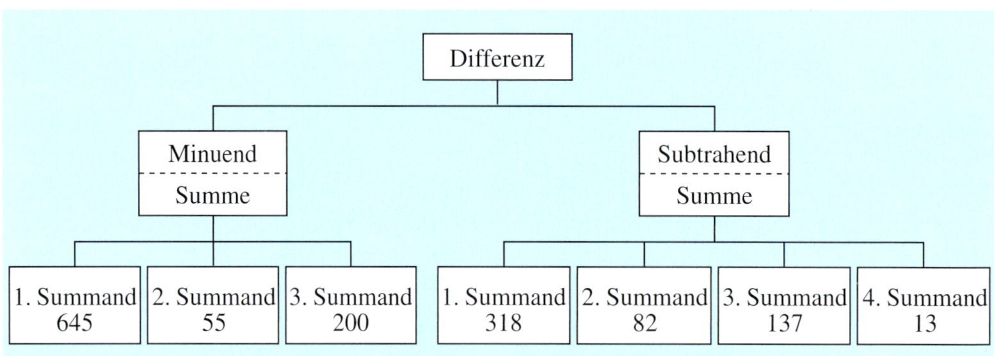

In Tanjas Term wird zuletzt subtrahiert, er ist eine Differenz.
Der Minuend ist die Summe aus den Summanden 645, 55 und 200. Der Subtrahend ist die Summe aus 318, 82, 137 und 13.

5 commutare (lat.) vertauschen; to commute (engl.)
6 associare (lat.) verbinden; to associate (engl.)

Vorteilhaftes Rechnen

Zusammenfassung

Den Wert von Termen mit Plus- und Minusgliedern kann man vorteilhaft berechnen, indem man von der Summe der Plusglieder die Summe der Minusglieder subtrahiert („Sortieren der Glieder"). Klammern werden zuerst berechnet.

$$85 - 13 + 9 - 18 + 15$$
$$= 85 + 9 + 15 - (13 + 18)$$
$$= 109 - 31 = 78$$

In einer Summe kann man beliebig Klammern setzen oder weglassen, ohne dass sich der Wert der Summe ändert. Dies ist das **Assoziativgesetz der Addition**.

$$(a+b)+c = a+b+c = a+(b+c)$$
mit a, b, c aus $\mathbb{N}_0$

$$(85+9)+15 = 85+9+15 = 85+(9+15)$$

In einer Summe darf man die Reihenfolge der Summanden verändern, ohne dass sich der Wert der Summe ändert **(Kommutativgesetz der Addition)**.

$a+b=b+a$ mit a, b aus $\mathbb{N}_0$

$$9+15=15+9$$

Terme kann man **gliedern**. Die Rechenart, die zuletzt ausgeführt wird, legt den Namen des Terms fest.

Der Term $(30 - 11) + 78$ ist eine Summe. Der erste Summand ist die Differenz aus dem Minuenden 30 und dem Subtrahenden 11. Der zweite Summand ist 78.

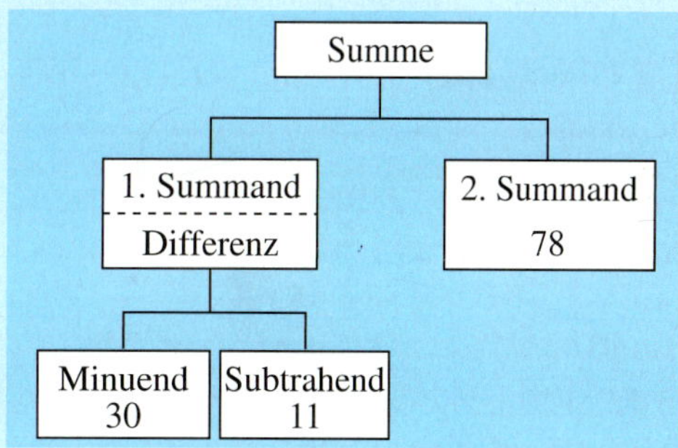

Trainieren **Anwenden** **Verknüpfen**

Aufgaben

1 Rechne vorteilhaft durch Vertauschen.

a) $142 + 97 + 158 + 1100$
b) $125 + 347 + 875$
c) $47 + 92 + 18 + 53$
d) $97 + 613 + 103 + 187$
e) $111 + 46 + 515 + 289 + 37$
f) $375 + 68 + 53 + 22 + 125$

Lösungswort: 210 (m); 643 (n); 998 (e); 1000 (m); 1020 (l); 1347 (u); 1497 (s)

2 Sortiere und berechne.

a) $523 - 74 + 27 - 296 - 54$
b) $1084 + 23 - 850 - 77 + 273$
c) $35 + 527 - 288 + 65 - 70 + 9$
d) $996 - 350 - 42 + 708 + 62 - 90$

Lösungswort: 87 (k); 126 (s); 278 (a); 378 (l); 453 (t); 566 (e); 788 (u); 1284 (r); 1399 (o)

3 Rechne im Kopf.

a) $612 - 233 - 67 + 88$
b) $980 + 231 + 120 - 431$
c) $750 - 350 + 400 - 270 - 330$

Aufgaben

4 Welche Gesetze wurden angewendet?

a) 67 + 33 + 123 + 77
= 100 + 200 = 300

b) 375 + 579 + 625
= 1000 + 579 = 1579

c) 4567 + 3210 + 3690
= 4567 + 6900 = 11 467

d) 800 + 345 + 300 + 555
= 1100 + 900 = 2000

5 Überschlage. Finde dann das richtige Ergebnis mit Hilfe des Lösungsworts.

a) 2850 – 1345 + 1300 – 555
b) (83 456 + 54 321) – (83 456 – 54 321)
c) (99 999 – 52 635) – (95 144 – 86 581)
d) [(1876 – 1373) + (1248 – 753)] – 750
e) 80 745 – [(69 396 – 10 045) + 8624]
f) 7520 – [(9800 + 320) – (6490 – 501)]

Lösungswort: 1 (k); 248 (d); 890 (w); 2250 (r); 7112 (b); 9902 (s); 3389 (n); 12 770 (e); 38 801 (n); 108 642 (u); 408 901 (k); 588 401 (t)

6 Gliedere den Term und berechne seinen Wert.

a) 8700 – (450 + 280)
b) (184 – 77) + 23
c) (334 – 76) – (154 + 12)
d) (125 – 77) + (660 + 440)
e) (2939 + 537) – (3267 + 209)
f) (1995 – 765) + (1996 – 1226)

7 Stelle den Term auf und berechne seinen Wert.

a) Subtrahiere von der Differenz der Zahlen 195 und 60 die Zahl 75.
b) Subtrahiere die Summe der Zahlen 999 und 9001 von 10 000.
c) Addiere die Differenz der Zahlen 499 und 372 zur Summe dieser Zahlen.
d) Subtrahiere von der Summe der Zahlen 8720 und 5365 die Differenz dieser Zahlen.

Lösungswort: 0 (e); 60 (t); 544 (k); 744 (a); 998 (r); 4789 (p); 7840 (e); 10 730 (m); 17 400 (s)

Noch fit?

I Setze <, = oder > ein.

a) 432 – 321 ? 432 + 321
b) 753 + 961 ? 961 + 753
c) 57 + 93 + 67 ? 57 + 93 – 67
d) 5432 – 3321 ? 7432 – 5321
e) 10 765 – 9655 ? 765 – 655
f) 1653 – 542 + 431 ? 1653 + 542 – 431

II Welche natürlichen Zahlen können eingesetzt werden?

a) ✕ + 45 < 51
b) 32 + ✕ > 42
c) 42 – ✕ > 37
d) 632 – ✕ > 629
e) ✕ – 56 < 57
f) ✕ – 589 < 12

III Welche Tausenderzahlen können eingesetzt werden?

a) ✕ + 4000 < 9000
b) 3000 + ✕ > 4000
c) 9000 – ✕ > 3000
d) ✕ – 2000 < 5000
e) 6000 – ✕ < 2000
f) ✕ – 3000 > 2000

Trainieren Anwenden Verknüpfen

8 Wo steckt der Fehler? Begründe und berichtige.

a) 86 - 38 - 18 = 86 - 20 = 66

b) 167 - 54 + 46 = 167 - 100 = 67

c) 389 - 133 + 67 - 75
= 389 - (133 + 67) - 75
= 389 - 200 - 75
= 189 - 75
= 114

d) (600 + 831) - (600 - 531)
= 600 + 831 – 600 - 531
= 600 - 600 + 831 - 531
= (600 - 600) + (831 - 531)
= 300

e) 524 - 76 + 124 + 24
= 524 - 124 + 76 + 24
= (524 - 124) + (76 + 24)
= 400 + 100
= 500

9 Herr Huber notiert an jedem 1. Januar eines Jahres den Kilometerstand seines 1,3 t schweren Autos.

1998: 17 559 km	2001: 65 314 km
1999: 33 573 km	2002: 82 573 km
2000: 48 456 km	2003: 98 257 km

In welchem Jahr ist er die meisten Kilometer gefahren? Wie viele Kilometer ist er in den fünf Jahren insgesamt gefahren? Welche Angabe hast du nicht gebraucht?

10 Herr Fit unternimmt eine viertägige Radtour. Vor der Abfahrt zeigt sein Kilometerzähler 638 km an. Am ersten Tag fährt er 85 km, am zweiten Tag legt er 78 km zurück. Die Strecke am dritten Tag ist 24 km länger als die Strecke am Tag zuvor. Nach dem letzten Tag liest er am Kilometerzähler 974 km ab.

a) Wie weit fuhr er am vierten Tag?
b) Wie lang war die gesamte Strecke?

11 Uta und Birgit planen eine Party. Jede von ihnen hat 5 € von den Eltern bekommen. Außerdem steuert jede 3,50 € Taschengeld bei. Birgits Patentante gibt 12 € dazu. Sie kaufen:

1 Kasten Cola 11,97 €
1 Kasten Apfelschorle 6,24 €
1 Kasten Wasser 4,85 €

Wie viel haben sie für Knabbereien übrig?

Trainieren Anwenden Verknüpfen

12 Zahlenrätsel: Denke dir eine dreistellige Zahl, addiere 75, subtrahiere 120, addiere 37 und subtrahiere 92. Tina erhält 23, Max 455 und Nina 0. Sven kann 92 nicht mehr subtrahieren und Paul hat 1000 errechnet.
Mit welchen Zahlen haben sie begonnen? Erfinde selbst Zahlenrätsel.

Aufgaben

13 Große Pakete werden mit Plastikband verschnürt. Pro Verschluss braucht man zusätzlich 5 cm Band. Reicht eine Rolle mit 50 m, um 4 Paletten zu verschnüren?

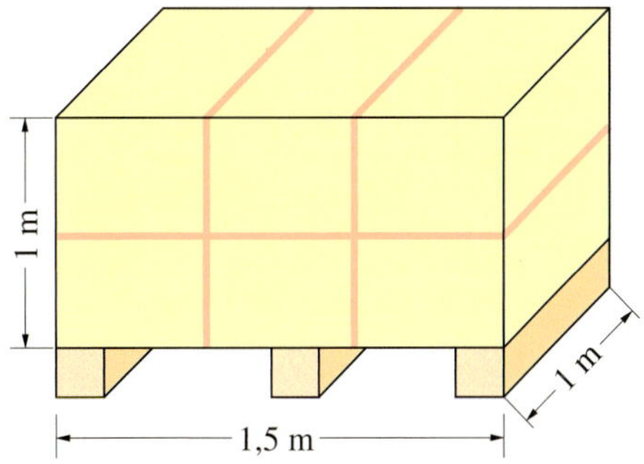

14 Stimmt das? Prüfe mit Beispielen.

a) Wenn man die Differenz zweier Zahlen zur Summe dieser Zahlen addiert, erhält man das Doppelte der ersten Zahl.
b) Wenn man die Differenz zweier Zahlen von der Summe der Zahlen subtrahiert, erhält man das Doppelte der zweiten Zahl.

Aufgabe der Woche

Dies sind die Schülerzahlen für deutsche Gymnasien im Jahr 1999, veröffentlicht vom Bundesministerium für Bildung und Forschung:

Jahrgangsstufe	Schülerzahl
5	251 767
6	246 825
7	300 497
8	278 307
9	257 868
10	245 454
11	247 217
12	237 039
13	180 028

Wie viele Schüler waren 1999 in der Unterstufe, Mittelstufe und Oberstufe? Wie viele waren insgesamt am Gymnasium?
Vergleiche mit aktuellen Zahlen.

1 Berechne. **4 P**

a) $\begin{array}{r} 123\,456 \\ +\ 456\,789 \\ \hline \end{array}$
b) $\begin{array}{r} 987\,321 \\ -\ 789\,123 \\ \hline \end{array}$
c) $48\,683 + 98\,932 + 48\,527$
d) $207\,347 - 90\,761 - 87\,521$

2 Finde die passenden Lösungszahlen durch Überschlag. **3 P**

a) $74\,825 + 4959 + 9846$
b) $41\,555 + 4927 - 8062$
c) $4858 + 38\,021 + 55\,070$

Lösungszahlen: 38 420, 54 544, 89 630, 90 900, 97 949, 99 999

3 Rechne geschickt im Kopf. Beschreibe, wie du vorgegangen bist. **2 P**

a) $97 + 623 + 177 + 103$
b) $122 + 92 + 478 - 42$

4 Welche natürlichen Zahlen können eingesetzt werden? **6 P**

a) ✕ $+ 4883 = 6328$
b) ✕ $- 6709 = 3210$
c) $6420 -$ ✕ < 1572

5 Stelle den Term auf und berechne seinen Wert: Addiere zur größten vierstelligen Zahl die zweitgrößte fünfstellige Zahl. **3 P**

6 Gliedere den Term mit Worten. **7 P**

a) $334 - (154 + 12)$
b) $(125 + 77) - (66 - 44)$

7 Berechne. **6 P**

a) $5898 + 5899 + 5900 + 5901 + 5902$
b) $7653 - 724 + 725 - 726 + 727$

8 Sandra unternimmt eine dreitägige Radtour. Vor der Abfahrt zeigt der Kilometerzähler ihres Fahrrads 1387 km an. Am ersten Tag fährt sie 46 km, davon 8 km über Kopfsteinpflaster. Die Strecke am zweiten Tag ist 17 km länger. Nach dem letzten Tag liest sie am Kilometerzähler 1544 km ab. **6 P**

a) Wie lang war die gesamte Fahrstrecke?
b) Wie lang war die Strecke am dritten Tag?

Messen – Darstellen – Auswerten – Interpretieren

An einem kleinen Beispiel kannst du einen Einblick in das wissenschaftliche Arbeiten bekommen. Dabei bist du selbst der Wissenschaftler. Untersuche eine Woche lang die Außentemperatur.

1. Messen

Miss eine Woche lang die Außentemperatur mit einem Thermometer, und zwar jeden Tag
- am Morgen, bevor du in die Schule gehst,
- am frühen Nachmittag, wenn du nach Hause kommst,
- am Abend vor dem Zubettgehen.

2. Darstellen

Trage deine Messergebnisse in drei Tabellen für die Morgentemperatur, die Nachmittagstemperatur und die Abendtemperatur ein. Du erhältst dadurch drei „Messreihen".
Stelle dann die drei Messreihen in geeigneten Diagrammen dar.

Info

Der schwedische Astronom Anders Celsius (1701–1744) aus Uppsala erfand eine praktische Skala zur Messung der Temperatur. Er legte fest: Die Temperatur von schmelzendem Eis soll 0 Grad Celsius (geschrieben 0 °C), die von kochendem Wasser 100 °C bedeuten.

3. Auswerten

Berechne die Temperaturänderungen zwischen Morgen und Nachmittag sowie zwischen Nachmittag und Abend.
Wie könntest du die Messreihen noch auswerten?
Führe deine Ideen aus!

4. Interpretieren

Überprüfe diese Aussagen auf ihre Richtigkeit:
- Die Morgentemperatur nimmt im Verlauf der Woche zu.
- Nachmittags ist es wärmer als morgens.
- Die Temperaturänderungen vom Morgen zum Nachmittag eines jeden Tages sind etwa gleich.

Leite aus deinen Messungen und Auswertungen selbst Aussagen über die Temperatur und ihre Veränderung in dieser Woche her.

3 Die ganzen Zahlen, ihre Addition und Subtraktion

In diesem Kapitel lernst du eine neue Art von Zahlen kennen: die negativen Zahlen. Du erfährst, wozu man diese Zahlen braucht, wie man sie vergleicht, addiert und subtrahiert.

3.1 Messen unterhalb der Null

Auftrag 1 **Wasserstand**

Laura und Tim sind Mitglieder im Kajak-Club „Wilde Fahrt“. Während Laura eine erfahrene Kajak-Sportlerin ist, hat sich Tim gerade für einen viertägigen Anfängerkurs angemeldet. Laura liest den Wasserstand am Pegel ab.

Laura: Leider ist das Kajakfahren heute nicht erlaubt. Hoffentlich steigt das Wasser über Nacht so stark, dass ich morgen fahren kann.

Tim: Im Wetterbericht hieß es, dass der Wasserstand in den nächsten Tagen um 15 cm pro Tag ansteigen soll. Wann kann dann mein Kurs beginnen? Kann er vollständig durchgeführt werden, wenn das Wasser weiter so steigt?

Wasserstand in cm	Befahrbarkeit des Flusses
ab 61 über Null	Kajakfahren verboten!
41–60 über Null	Gefährliches Hochwasser! Befahren des Flusses für Anfänger verboten!
1–40 über Null	Gute Befahrbarkeit
0	Optimale Bedingungen
1–30 unter Null	Gute Befahrbarkeit
31–50 unter Null	Niedrigwasser. Aus Gründen des Naturschutzes dürfen nur erfahrene Sportler den Fluss befahren.
ab 51 unter Null	Kajakfahren verboten!

Kontostand

Auftrag 2

Kontonummer			Bankleitzahl
1234567890	**Nürnberger Bank**		10090000

Buchungstag	Tag der Wertstellung	Verwendungszweck/ Buchungstext	Soll (Belastung)	Haben (Gutschrift)
2.1.	3.1.	MONATSLOHN JANUAR		1500,00
3.1.	3.1.	MIETE JANUAR	650,00	
4.1.	5.1.	RATE PKW	300,00	
4.1.	4.1.	LEBENSVERSICHERUNG	200,00	
6.1.	6.1.	KRANKENKASSE	150,00	
7.1.	8.1.	HAUSHALTSGELD	700,00	
9.1.	10.1.	VERKAUFSERLÖS MOPED		550,00
10.1.	10.1.	SKIURLAUBSWOCHE KIND	160,00	
20.1.	21.1.	WASCHMASCHINEN-REPARATUR	80,00	
25.1.	26.1.	HAUSMEISTERTÄTIGKEITEN		100,00

Bitte beachten Sie die Hinweise auf der Rückseite

Frau Christina Neureich und Herrn W.-D. Habenichts	50,00+ alter Kontostand 40,00- neuer Kontostand

	Kontoauszug vom	Auszug	Blatt
	31.1.	1	1

Erkläre, was die Eintragungen auf dem Kontoauszug bedeuten.
Lies den Kontostand für verschiedene Tage ab.
Wann war er am höchsten, wann am niedrigsten und wann war das Konto zum ersten Mal überzogen?

Wie berechnet ein Bankangestellter wohl am schnellsten den neuen Kontostand am Ende des Monats?

Info

Normalerweise kann man nur so viel abheben, wie man vorher auf sein Konto eingezahlt hat. Auf Vereinbarung mit der Bank darf man sein Konto auch „überziehen". Man sagt dann: Das Konto kommt in die roten Zahlen, denn früher wurden Schulden in Geschäftsbüchern mit Rot markiert. Heute wird der Kontostand (Saldo) meist mit einem Minuszeichen versehen.

Auftrag 3 Temperatur

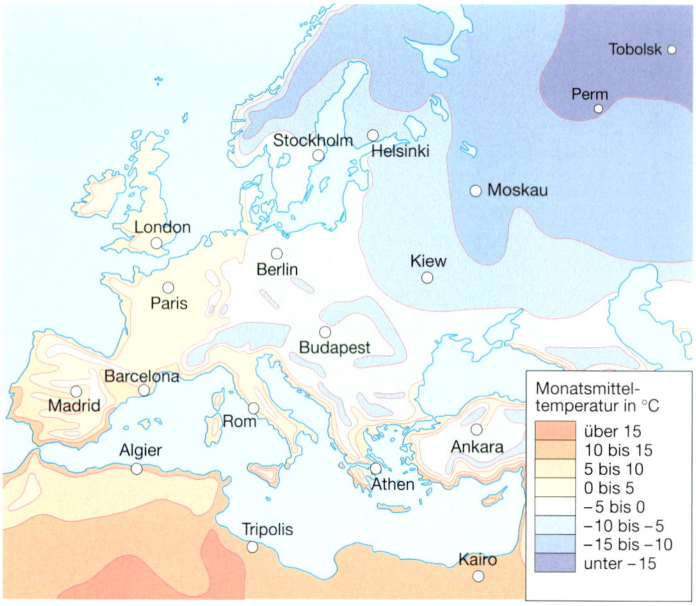

Die Karte zeigt die typische Temperaturverteilung in Europa und Nordafrika für den Monat Januar.
Suche die Städte Paris, Moskau, Tripolis, Kiew, Budapest und Tobolsk. Gib jeweils die Temperaturspanne für die mittlere Januartemperatur an.
Ordne die Städte nach ihren höchsten Temperaturen. Beginne dabei mit dem kältesten Ort.
Wie groß sind die Unterschiede zwischen den höchsten Januartemperaturen an verschiedenen Orten?

Auftrag 4 Geographische Höhe

Info Die Nullmarke bei Höhen- und Tiefenmessungen bildet der mittlere Wasserstand der Nordsee.
Die Angabe 18 m unter NN bedeutet beispielsweise, dass der Ort 18 m unter Normalnull liegt, also 18 m unter dem Meeresspiegel.

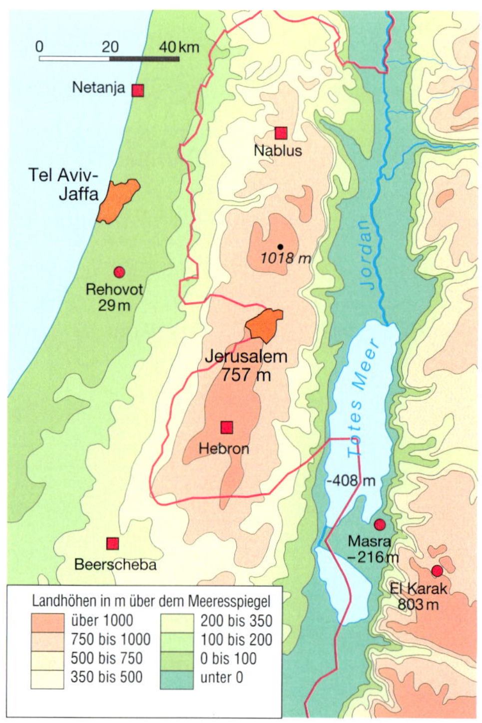

Bestimme die geographischen Höhen der Orte Rehovot, Jerusalem, Masra und El Karak und gib ihre Höhenunterschiede an.

Der Wasserstand an der tiefsten Stelle des Toten Meeres beträgt 391 m. Gib die geographische Höhe dort an.

Finde im Atlas weitere Gebiete unterhalb des Meeresspiegels, z. B. in den Niederlanden, in Kalifornien und China. Vergleiche die geographischen Höhen.

Auftrag 3 **Temperatur** **Bearbeitung**

Ist ein Gegenstand kälter als gefrierendes Wasser, so liegt seine Temperatur unter Null und es wird ein Minuszeichen vorangestellt, z. B. – 17 °C.

In vier der sechs Orte gibt es mittlere Januartemperaturen unter Null: Moskau zwischen – 15 °C und – 10 °C, Kiew zwischen – 10 °C und – 5 °C, Budapest zwischen – 5 °C und 0 °C sowie Tobolsk unter – 15 °C. Ihre mittleren Januartemperaturen sind „Minustemperaturen" oder **negative** Temperaturen.
In Paris mit zwischen 0 °C und 5 °C und Tripolis mit zwischen 10 °C und 15 °C sind die mittleren Januartemperaturen **positiv**. Die Temperatur 0 °C ist weder positiv noch negativ.

Um die Temperaturen der sechs Orte ihrer Größe nach zu ordnen, werden nur die höchsten Temperaturen betrachtet und auf einer Temperaturskala eingetragen. Die Temperatur von Tobolsk ist mit – 15 °C die tiefste, es ist hier am kältesten. Danach folgen – 10 °C und dann – 5 °C usw. Es ist also

– 15 °C	<	– 10 °C	<	– 5 °C	<	0 °C	<	5 °C	<	15 °C
Tobolsk		Moskau		Kiew		Budapest		Paris		Tripolis

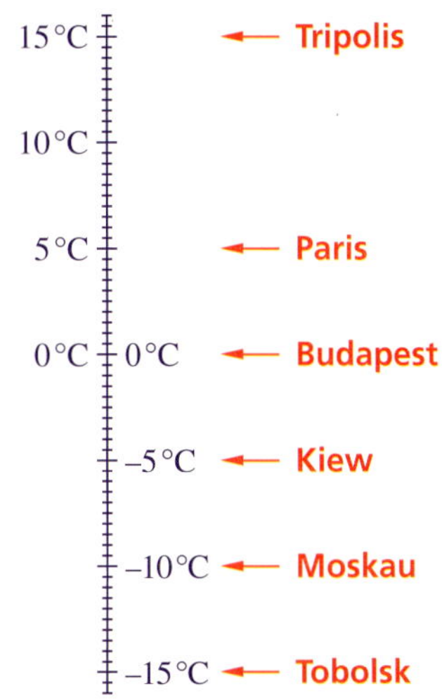

Am Thermometer kann man auch leicht Temperaturunterschiede ablesen:
Von – 15 °C (Tobolsk) bis 5 °C (Paris) muss man auf dem Thermometer 20 °C nach oben gehen. In Paris ist es also im Januar durchschnittlich 20 °C wärmer als in Tobolsk.
Von 15 °C (Tripolis) bis – 15 °C (Tobolsk) geht man auf dem Thermometer 30 °C nach unten. Durchschnittlich ist es in Tobolsk im Januar um 30 °C kälter als in Tripolis.

Messen unterhalb der Null

Zusammenfassung

Werte von Größen können „unterhalb der Null" liegen. Um sie von den Größen über Null unterscheiden zu können, wird ihnen ein **Minuszeichen** vorangestellt:

Wasserstand:	– 65 cm steht für 65 cm unter dem Pegelnullpunkt.
Kontostand:	– 230 € steht für 230 € Schulden.
Temperatur:	– 7 °C steht für 7 °C unter dem Gefrierpunkt von Wasser.
Geographische Höhe:	– 230 m steht für 230 m unter dem Meeresspiegel.

Die neuen Zahlen heißen **negative ganze Zahlen**. Die natürlichen Zahlen 1, 2, 3, … dagegen sind **positive ganze Zahlen**. Die Null ist weder positiv noch negativ.
Die positiven ganzen Zahlen, die Null und die negativen ganzen Zahlen bilden zusammen die **ganzen Zahlen**. Die Menge der ganzen Zahlen wird mit dem Symbol $\mathbb{Z}$ bezeichnet: $\mathbb{Z} = \{\ldots -5; -4; -3; -2; -1; 0; 1; 2; 3; 4; 5; \ldots\}$.

Aufgaben **Trainieren** Anwenden Verknüpfen

1 Lies den Pegelstand in Zentimetern ab und notiere ihn.

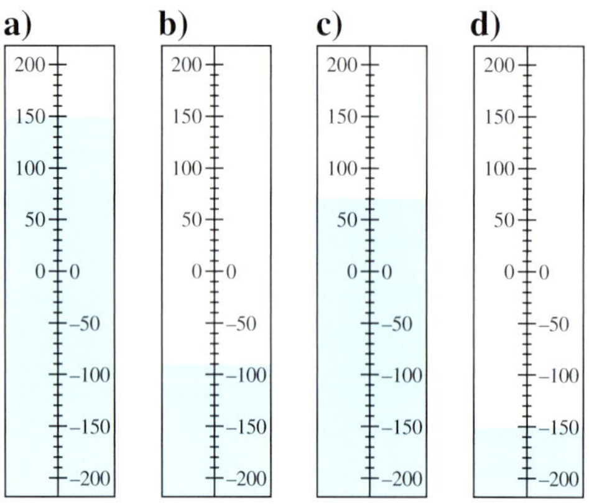

2 Trage diese Temperaturen in ein Thermometer ein:

a) 6 °C **c)** –7 °C **e)** 18 °C
b) 0 °C **d)** – 18 °C **f)** – 1 °C

3 Ein Konto weist am 12. 02. einen Saldo von 3200 € auf.
Am 14. 02. werden nacheinander 1800 € und 2900 € abgebucht.
Am 15. 02. gehen 900 € ein.
Wie hoch ist der Saldo am 16. 02.?

4 Gib die geographischen Höhen der eingezeichneten Orte an. Wähle vier verschiedene Orte und berechne die Höhenunterschiede zwischen ihnen.

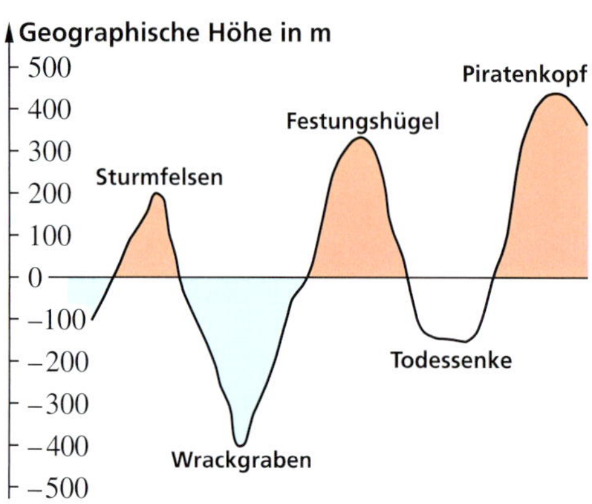

Noch fit?

I Man benötigt etwa 15 000 l Wasser, um aus Holz 1000 kg Papier herzustellen. Wenn man die gleiche Menge Papier aus Altpapier statt aus Holz herstellt, braucht man 3000 l Wasser.
Wie viel Liter Wasser benötigt man jeweils, um 1 kg Papier herzustellen?
Wie viel Wasser kann pro Kilogramm eingespart werden, wenn Papier aus Altpapier hergestellt wird?

Trainieren **Anwenden** Verknüpfen

5 Der Aralsee in Zentralasien war einst der viertgrößte See der Erde. Durch die Umleitung der wasserversorgenden Flüsse sinkt der Wasserstand seit den Sechzigerjahren dramatisch.

Jahr	Wasserstand
1960	4 m
1965	2 m
1970	0 m
1975	– 3 m
1980	– 5 m
1985	– 9 m
1990	– 11 m
1995	–14 m
2000	– 17 m

Um wie viel ist der Wasserstand zwischen 1960 und 2000 gesunken?
Bei einem Stand von –30 m wäre der See völlig ausgetrocknet.
Wann wird das wohl passieren?

Aufgaben

6 Zum Schutz vor Überschwemmung errichtet man auch an Flüssen Dämme. An einem Damm zeigt der Pegel nach einer Trockenperiode 28 cm unter Null an. Nach einem Regentag steigt das Wasser um 16 cm. Bei 380 cm über Null ist der Damm gefährdet.
Um wie viel Zentimeter darf das Wasser noch steigen, bevor es zu Überschwemmungen kommen könnte?

7 Frau Klemm darf ihr Konto um 500 € überziehen. Bei einem Kontostand von 200 € hebt sie 340 € für ein Fahrrad ab. Als Nächstes überweist sie die Handy-Rechnung in Höhe von 40 €. Zuletzt braucht sie noch 250 € als Anzahlung für eine Reise an die Costa Brava.

a) Zeichne den Kontoauszug dazu.
b) Wie viel Euro kann Frau Klemm jetzt noch von ihrem Konto abheben?

8 Übertrage die Kontostände in dein Heft und berechne die fehlenden Beträge.

	alter Kontostand	Belastung (Soll)	Gutschrift (Haben)	neuer Kontostand
	200 €	——	300 €	500 €
a)	700 €	500 €	——	XXXX
b)	300 €	800 €	——	XXXX
c)	–400 €	——	600 €	XXXX
d)	XXXX	——	500 €	–300 €
e)	XXXX	200 €	——	–400 €
f)	750 €	XXX	XXX	–250 €
g)	–550 €	XXX	XXX	250 €
h)	XXXX	300 €	——	0 €

9 Ein Bankangestellter erklärt Babsi Bankrott: „Leider können wir Ihnen nicht wie gewünscht 700 € auszahlen. Ihr Kontostand beträgt –930 € und Ihre Überziehungsgrenze liegt bei 1200 €."
Wie viel Geld kann die 20-jährige Babsi Bankrott maximal noch bekommen?

10 Übertrage die Tabelle in dein Heft und fülle sie dort aus.

	Morgen-temperatur	gestiegen um	Mittags-temperatur	gefallen um	Abend-temperatur
	3 °C	2 °C	5 °C	7 °C	–2 °C
a)	–2 °C	5 °C	XXXX	8 °C	XXXX
b)	–8 °C	6 °C	XXXX	XX	–12 °C
c)	XXXX	4 °C	12 °C	XX	2 °C
d)	XXXX	4 °C	–6 °C	XX	–8 °C
e)	10 °C	XX	XXXX	5 °C	7 °C
f)	–13 °C	XX	XXXX	5 °C	–7 °C
g)	XXXX	7 °C	0 °C	5 °C	XXXX
h)	XXXX	3 °C	XXXX	0 °C	9 °C
i)	–7 °C	XX	–3 °C	XX	XXXX
j)	XXXX	5 °C	XXXX	7 °C	XXXX

11 An einem Januartag werden im Wetterbericht diese Temperaturen angegeben:

Kairo	–22 °C
Helsinki	17 °C
Perm	8 °C
Barcelona	1 °C
Berlin	–8 °C
London	–3 °C

Die Temperaturen wurden dabei versehentlich vertauscht. Korrigiere die Liste mit Hilfe der Karte von Auftrag 3 (Seite 46) und ordne sie der Größe nach.

12 Fill in the missing temperature.

a)	3 °C	5 °C warmer →	X
b)	–12 °C	7 °C warmer →	X
c)	–13 °C	16 °C warmer →	X
d)	X	7 °C warmer →	3 °C
e)	–12 °C	8 °C warmer →	X
f)	X	12 °C warmer →	6 °C
g)	X	4 °C warmer →	2 °C
h)	–7 °C	12 °C warmer →	X

Aufgaben

13 In der Nordsee soll eine Ölbohrinsel errichtet werden. Die geographische Höhe des Meeresbodens beträgt –35 m. Wie lang müssen die Stützpfeiler der Bohrinsel sein, wenn sie 12 m in den Meeresgrund hineingetrieben werden und die Plattform zum Schutz vor hohen Wellen 16 m über dem Meeresspiegel gebaut werden soll?

14 Der Aleutengraben (–7822 m), der Marianengraben (–10 924 m), der Witjasgraben (–6150 m) und der Riukiugraben (–7507 m) sind Tiefseegräben im Pazifischen Ozean (mittlere Tiefe –4028 m). Ordne die Gräben ihrer Tiefe nach. Um wie viel Meter ist der tiefste Graben tiefer als jeder der anderen?

Trainieren Anwenden Verknüpfen

15 Auf einer Reise durch den Westen der USA übernachtet Familie Braun im berühmten Death Valley. Am nächsten Tag geht es weiter nach Nordwesten in die Sierra Nevada und zum Tioga-Pass (3031 m über dem Meeresspiegel), wo sie den höchsten Punkt ihrer Reise erreichen.
Auf dem Höhenmesser ihrer Armbanduhr stellt Miriam Braun fest, dass sie an diesem Tag 3116 Höhenmeter überwunden haben. Wie kannst du das erklären?

16 Julian hat zu Hause eine kleine Wetterstation und beobachtet in den Winterferien die Außentemperatur. Tagsüber trägt er alle zwei Stunden seine Messwerte in eine Tabelle ein. Zeichne dazu ein Diagramm.

Uhrzeit	Temperatur
6:00	–8 °C
8:00	–2 °C
10:00	6 °C
12:00	11 °C
14:00	5 °C
16:00	0 °C
18:00	–4 °C

17 In einem Bürohaus hat Mr Bean seinen Teddy verloren, bevor er in einen Aufzug stieg. Leider weiß er das Stockwerk nicht mehr. Er erinnert sich:

„Ich wollte sechs Stockwerke nach oben fahren, aber auf halbem Weg stieg eine Frau mit einem seltsamen Hut ein und fuhr mit mir acht Etagen hinunter. Dann wollte ich aussteigen, aber drei dicke Männer drängten mich in den Aufzug zurück. Sie wollten neun Etagen nach oben fahren. Drei Etagen davor drückte ich schnell auf HALT und stieg aus. Ich nahm den nächsten Aufzug und fuhr acht Stockwerke nach unten. Dort war es dunkel: Ich war im Keller gelandet!“

Hilf Mr Bean, seinen Teddy zu finden.

Aufgabe der Woche

Euklid von Alexandria war einer der bedeutendsten Mathematiker der Antike. Er lebte von etwa –325 bis –265.

Was bedeuten die Minuszeichen vor den Jahreszahlen?
Wie alt wurde Euklid?
Suche die Lebensdaten von Archimedes, Thales von Milet und Pythagoras heraus. Wofür wurden sie bekannt und wie lange lebten sie?

3.2 Die Zahlengerade und erste Rechnungen

Countdown

Auftrag 1

Chaos bei der NASA: Der Countdown des Spaceshuttle-Starts ist völlig durcheinander geraten. In Klammern steht der Zeitpunkt der Aktion:
Raketen zünden (–4), **S**ysteme auf voller Leistung (11), **B**rücke zum Shuttle zurückziehen (–9), **N**eigung des Shuttles (5), **A**bheben des Shuttles (0), Wegsprengen der Halterungen (–1), **H**ouston übernimmt Kontrolle (4), **T**anken beendet (–12), **C**omputer übernimmt Kontrolle (–5).
Gib dem Countdown die richtige Reihenfolge.

Kurz vor Beginn werden zwei Veränderungen vorgenommen: Der Computer übernimmt die Kontrolle sechs Sekunden früher. Die Raketen werden zwei Sekunden später gezündet.
Gib den Countdown in der neuen Reihenfolge an.

Manager-Spiel

Auftrag 2

Beim Computerspiel „Manager" müssen sich die Spieler als Geschäftsleute bewähren. Ziel ist es, mit seinem Unternehmen möglichst viel Gewinn zu erzielen und Verluste zu vermeiden.
Vor der letzten Runde steht folgender Spielstand fest: Lukas 18 €, Sarah 25 €, Maria –19 €, Leon –28 €, Niklas 0 €, Anna 3 €, Fabian –5 €.
Ordne die Spieler nach ihrer Platzierung.
Im letzten Spielzug vor Spielende kann Fabian seinen Kontostand noch verändern. Um wie viel Euro unterscheidet sich sein Kontostand von denen der anderen? Wie viel Euro muss er dazuverdienen, um Zweiter zu werden?

Treppenstufen

Auftrag 3

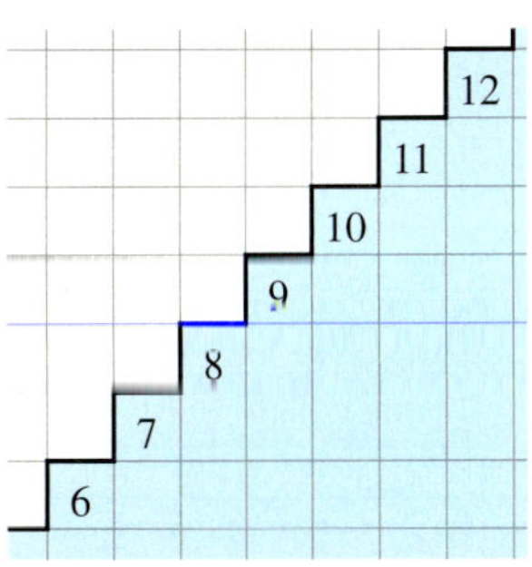

Zeichne in deinem Heft eine Treppe mit 13 Stufen und trage unter den Stufen die Zahlen von 0 bis 12 ein.

Wie kannst du die Treppe erweitern, so dass es auch Stufen für die negativen Zahlen –3; –5; –8 und –11 gibt?

Gehe auf der Treppe von der Stufe –3 zur Stufe 6.
Wie kannst du das rechnerisch darstellen?
Welche Rechnung gehört zum Weg von Stufe 3 zur Stufe –11, welche zum Weg von Stufe –8 zur Stufe –11?

Bearbeitung

Auftrag 1 Countdown

Am Zahlenstrahl können die Zeitpunkte ab dem Abheben der Rakete (Punkt **A**) eingezeichnet werden:

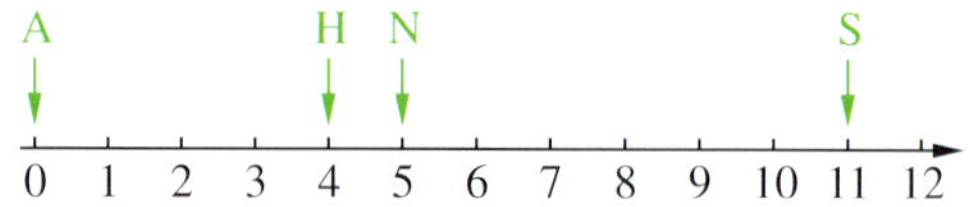

Da der Pfeil des Zahlenstrahls in Richtung der größer werdenden Zahlen zeigt, erkennt man die Reihenfolge der Zeitpunkte: zuerst A (0), dann H (4), dann N (7), dann S (11).

Um auch die Zeitpunkte vor dem Abheben der Rakete darstellen zu können, wird der Zahlenstrahl über die Null hinaus nach links erweitert. Es entsteht die **Zahlengerade**:

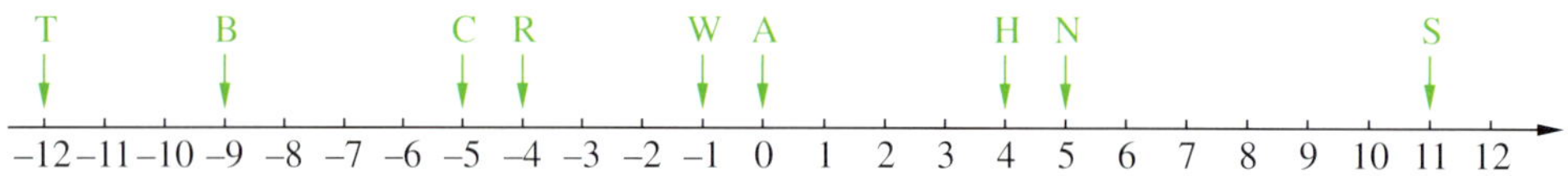

Die Zahlengerade bietet Platz für alle positiven Zahlen, alle negativen Zahlen und die Null. Es gilt weiterhin: Zahlen, die weiter rechts stehen, sind größer.
Die Reihenfolge der Zeitpunkte kann man an der Zahlengeraden ablesen: zuerst T (– 12), dann B (– 9), dann C (– 5), dann R (– 4), dann W (– 1), dann A (0), dann H (4) …

Der Zeitpunkt, an dem der Computer (– 5) die Kontrolle übernimmt, wurde kurz vor dem Start um 6 Sekunden auf einen früheren Zeitpunkt **vor**verlegt:

$-5 \; -6 = -11$

Start auf der Zahlengeraden (–5); 6 Einheiten nach links, weil – (–6)

Der neue Zeitpunkt für C ist – 11 Sekunden.

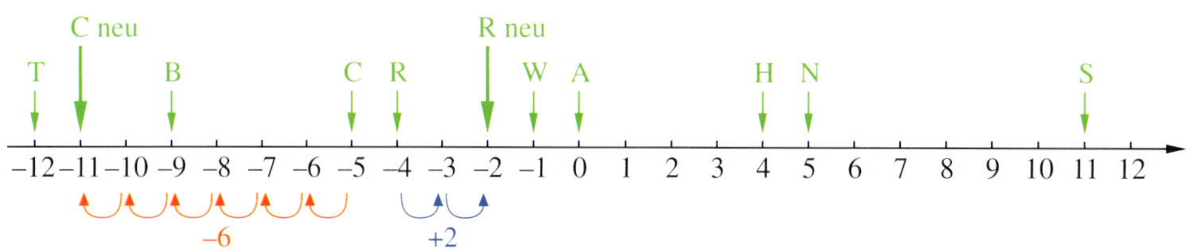

Dagegen wurde das Zünden der Raketen (– 4) auf 2 Sekunden **später** verlegt:

$-4 \; +2 = -2$

Start auf der Zahlengeraden (–4); 2 Einheiten nach rechts, weil + (+2)

Der neue Zeitpunkt für R ist – 2 Sekunden.

Einen Schritt weitergedacht: Beim Verlegen der beiden Zeitpunkte im Countdown hast du an der Zahlengeraden mit negativen Zahlen gerechnet. Die erste Zahl in einer Rechnung gibt den Startpunkt auf der Zahlengeraden an. Das Rechenzeichen sagt dir, in welche Richtung du auf der Zahlengeraden wandern musst: bei einem Pluszeichen nach rechts (in Richtung der größer werdenden Zahlen) und bei einem Minuszeichen nach links. Wie viele Schritte du gehen musst, gibt die Zahl hinter dem Rechenzeichen an.

Beispiel: $6 - 14 = ?$
- Starte bei 6.
- Gehe 14 Schritte nach links.
- Du erreichst das Ergebnis -8.

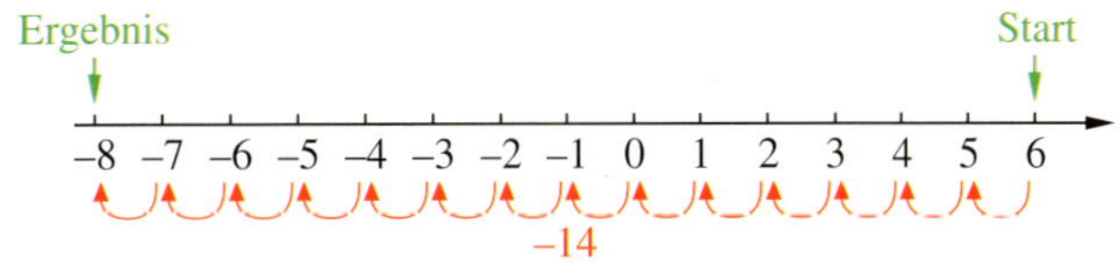

Die Maßzahlen für die Zeitpunkte, an denen die Raketen gezündet werden (–4) bzw. Houston die Kontrolle übernimmt (4), unterscheiden sich nur durch ihr Vorzeichen. Beide haben zur Null den Abstand 4. Solche Zahlen nennt man **Gegenzahlen**.

Die Zahlengerade und erste Rechnungen

Zusammenfassung

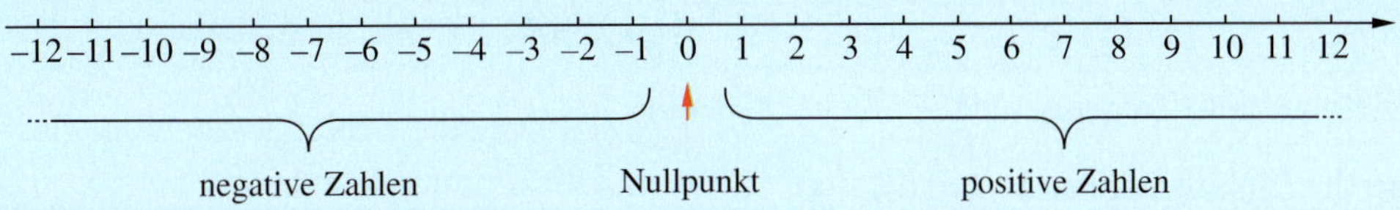

Auf der **Zahlengeraden** finden die negativen Zahlen, die Null und die positiven Zahlen Platz. Sie stehen dort der Größe nach geordnet. Je weiter rechts eine Zahl auf der Zahlengeraden steht, desto größer ist sie.
Wird nichts anderes angegeben, so zeichnet man die Zahlengerade mit der Einheit 1 cm.

Zahlen, die sich nur im Vorzeichen unterscheiden, heißen **Gegenzahlen**. Sie sind auf der Zahlengeraden gleich weit vom Nullpunkt entfernt.

Beispiel: –8 ist die Gegenzahl von 8. Umgekehrt ist 8 die Gegenzahl von –8.
Beide Zahlen sind 8 Einheiten vom Nullpunkt entfernt.

An der Zahlengeraden können einfache Rechnungen dargestellt werden.

$-4 + 7 = 3$

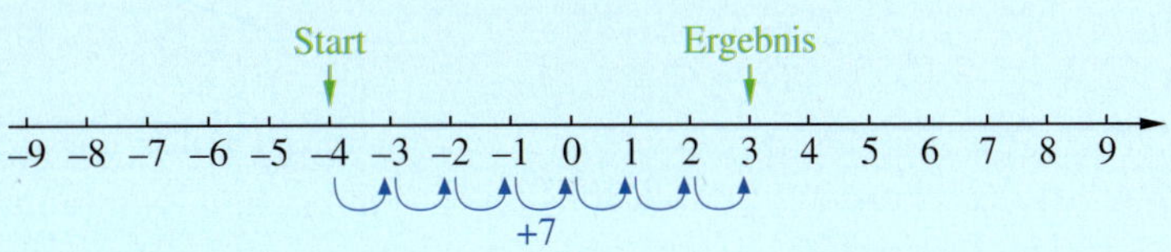

$2 - 8 = -6$

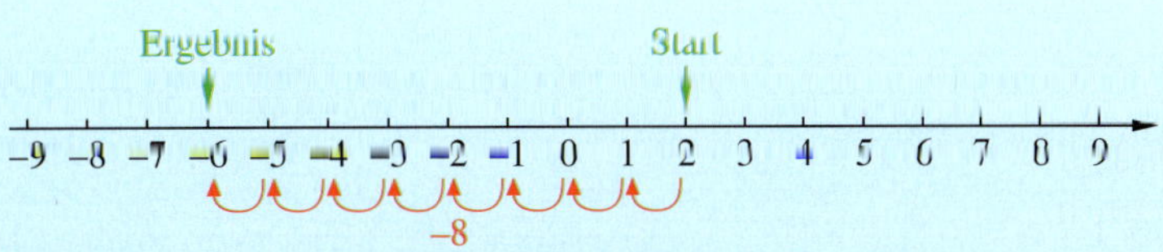

Aufgaben **Trainieren** Anwenden Verknüpfen

1 Lies die markierten Zahlen ab. Welche Einheit besitzt die Zahlengerade?

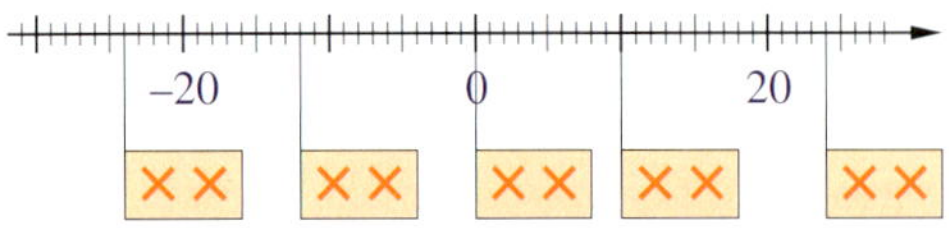

2 Zeichne die Zahlengerade ab und beschrifte die fehlenden Markierungen.

a)
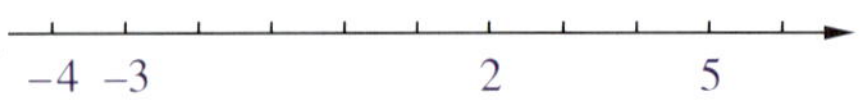

b)

c)

d)

3 Zeichne eine Zahlengerade

a) mit der Einheit 1 cm und trage die ganzen Zahlen –7; 3; –4; 0; –5; 6; –8 und 5 ein.
b) mit der Einheit 5 mm. Trage die Zahlen –3; –12; 14; –1; 8; –8; –10; 0 ein.
c) mit der Einheit 1 mm und trage alle 5 mm eine Markierung ein. Veranschauliche die Zahlen –55; 25; 12; –37; 70; –64; –5 und 33.

4 Setze <, = oder > ein.

a) –6 ? –8 **d)** –99 ? –101
b) –12 ? 11 **e)** 0 ? –200
c) 238 ? –240 **f)** –26 ? –24

5 Arrange these numbers according to their size. Begin with the smallest.
–27; 27; –28; 26; 0; 13; 14; –15; –12; 1; –1

6 Gib die Gegenzahlen an.

a) 17 **c)** –201 **e)** 28 034
b) –1 **d)** 0 **f)** –88

7 Wie weit sind die beiden Zahlen auf der Zahlengeraden voneinander entfernt?

a) –2 und 2 **e)** 0 und –267
b) 8 und –8 **f)** –11 und 18
c) 22 und –88 **g)** –23 und –34
d) –7 und 11 **h)** –10 und –39

8 Welche Zahl liegt auf der Zahlengeraden genau in der Mitte zwischen

a) 6 und 18, **e)** 0 und 10,
b) –6 und –18, **f)** 0 und –12,
c) –6 und 6, **g)** 7 und –5,
d) –9 und 1, **h)** –7 und –1?

9 Zeichne eine Zahlengerade mit der Einheit 1 cm. Lies ab: Welche Zahl ist um

a) 4 größer als 2, **e)** 3 kleiner als 7,
b) 7 größer als –3, **f)** 9 kleiner als 7,
c) 3 größer als –7, **g)** 2 kleiner als –3,
d) 6 größer als –11, **h)** 4 kleiner als –1?

10 Zeichne eine Zahlengerade von –12 bis 12 und rechne daran.

a) 6 – 4 **d)** 2 – 8 **g)** –9 + 14
b) 6 – 6 **e)** –4 – 5 **h)** 12 – 24
c) 6 – 8 **f)** –12 + 5

Lösungswort: –12 (r); –9 (a); –7 (n); –6 (i); –3 (e); –2 (d); 0 (n); 2 (i); 3 (s); 5 (e); 6 (l)

11 Rechne an einer Zahlengeraden. Begründe unterschiedliche und gleiche Ergebnisse.

a) 7 + 11 **d)** –7 – 11 **g)** 11 – 7
b) –7 + 11 **e)** 11 + 7 **h)** –11 – 7
c) 7 – 11 **f)** –11 + 7

12 Bilde wie in Aufgabe 11 alle möglichen Kombinationen aus den Zahlen 8 und 15. Berechne die Ergebnisse.

13 Löse die Aufgaben. Schaffst du es, ohne eine Zahlengerade zu zeichnen?

a) 27 – 45 **c)** 6 – 82 **e)** –24 + 65
b) –35 + 29 **d)** –57 – 18 **f)** –12 + 85

Noch fit?

I Überschlage.

a) 12 012 + 589 + 7103
b) 4893 – 23 + 7013 – 8890
c) 55 275 + 83 – 31 746 + 1436
d) 36 927 – 35 872 + 73 + 6517

II Berechne vorteilhaft. Welche Rechenvorteile hast du genutzt?
a) 83 + 51 + 17 + 24
b) (238 + 427) + (1262 + 1273)
c) 12 + 37 – 33 + 120 – 54 – 62
d) 46 – 14 + 579 – 36 + 21 + 400

Trainieren Anwenden Verknüpfen

14 Ordne die Jahresergebnisse der Firma Schwank der Größe nach.

Jahr	Jahresergebnis in Tausend €
1994	2501
1995	– 6300
1996	– 4410
1997	2490
1998	– 4040
1999	– 3780
2000	4390
2001	1200
2002	2210
2003	– 1310

15 Zeichne einen Pegel von – 650 cm bis 650 cm (1 mm ≙ 10 cm Wasser). Rechne daran.

Beispiel: – 250 cm – 85 cm = – 335 cm
Der Pegel steht bei – 250 cm, der Wasserstand fällt um 85 cm auf – 335 cm.

a) – 420 cm – 190 cm
b) 570 cm – 70 cm
c) 630 cm + 140 cm
d) 55 cm + 550 cm
e) – 330 cm + 780 cm
f) – 125 cm – 455 cm

Aufgaben

16 Zeichne ein Thermometer von – 50 °C bis 50 °C (2 mm ≙ 1 °C) und rechne daran.

Beispiel: – 42 °C + 15 °C = – 27 °C
Das Thermometer zeigt – 42 °C an, die Temperatur steigt um 15 °C auf – 27 °C.

a) – 31 °C + 55 °C
b) 12 °C + 36 °C
c) 49 °C – 64 °C
d) – 38 °C – 8 °C
e) 14 °C – 61 °C
f) – 23 °C – 25 °C

17 Wähle ein Modell (Thermometer, Pegel, Kontostand, …). Rechne daran.

a) 560 – 235
b) 99 – 270
c) – 224 + 324
d) 790 – 803
e) – 535 + 29
f) – 9 + 1003

18 Übertrage ins Heft und setze die fehlende Zahl farbig ein.

a) 6 – ☒ = – 3
b) ☒ + 3 = – 14
c) 33 – ☒ = – 22
d) – 10 + ☒ = 37
e) ☒ – 39 = – 41
f) 60 – ☒ = – 24

19 Berechne.

a) 75 – 109
b) – 12 – 25 – 16
c) 34 – 29 – 8
d) 21 – 44 + 25
e) – 78 + 14 – 44
f) – 63 – 19 + 96

Lösungswort: – 108 (e); – 53 (e); – 34 (r); – 14 (k); – 9 (m); – 3 (i); 2 (s); 3 (s); 14 (n)

20 Nach einer Überweisung verändert sich der Kontostand. Wie hoch war der Überweisungsbetrag?
a) Der Saldo sinkt von 27 € auf – 34 €.
b) Der Saldo steigt von – 80 € auf 256 €.
c) Der Saldo steigt von – 165 € auf – 16 €.

21 Bei einem Kontostand von 260 € liegen Lenas Mutter sechs Rechnungen vor, und zwar über 42 €, 70 €, 92 €, 54 €, 68 € und 120 €.
Welche Überweisungen kann sie tätigen, ohne ihr Konto zu überziehen? Um wie viel überzieht sie ihr Konto, wenn sie alle sechs Rechnungsbeträge überweist?

Aufgaben

Saturn	Erde	Merkur	Neptun	Mars	Venus	Pluto	Jupiter	Uranus
– 180 °C	15 °C	460 °C	– 220 °C	– 60 °C	130 °C	– 230 °C	– 150 °C	– 200 °C

22 Die Planeten des Sonnensystems sind im obigen Bild in der Reihenfolge ihres Abstands zur Sonne eingezeichnet. In der Tabelle sind die mittleren Temperaturen dieser Planeten angegeben. Ordne den neun Planeten im Bild mit Hilfe der Temperaturen ihre Namen zu.

23 Bei einem Fernsehquiz ist Herr Kluge an der 64 000-€-Frage angekommen.

Welche der folgenden Persönlichkeiten aus der Antike wurde als dritte geboren?

Plutarch | Hadrian | Caesar
Seneca | Augustus | Kleopatra

Zum Glück kennt er die Geburtsjahre: Plutarch 46 n. Chr., Hadrian 76 n. Chr., Caesar 100 v. Chr., Seneca 4 v. Chr., Augustus 63 v. Chr., Kleopatra 69 v. Chr., Pythagoras 580 v. Chr.
Der Moderator drängt auf eine Antwort.

Trainieren Anwenden **Verknüpfen**

24 Setze die Zahlenfolge sinngemäß fort.

a) 0; – 3; – 6; …
b) 3; – 2; – 7; – 12; …
c) 2; – 2; 4; – 4; 6; – 6; …
d) 1; – 1; 4; – 4; 9; – 9; 16; – 16; …
e) 10; 9; 7; 4; 0; …

25 Welche ganzen Zahlen sind auf der Zahlengeraden

a) von 2 genau 4 Einheiten entfernt?
b) von 0 genau 7 Einheiten entfernt?
c) von – 12 genau 20 Einheiten entfernt?
d) von – 4 höchstens 7 Einheiten entfernt?
e) von – 5 mindestens 9 Einheiten entfernt?

26 Welche ganze Zahl kann das sein?

a) die kleinste positive Zahl
b) die größte positive Zahl
c) die kleinste negative Zahl
d) Welche Zahl wurde hier nicht erfragt?

Aufgabe der Woche

Eishockey-WM 2001; Abschlusstabelle der Gruppe A (Vorrunde):

Team	Tordifferenz	Punkte
Tschech. Rep.	+ 6	5 : 1
Deutschland	0	3 : 3
Schweiz	– 1	2 : 4
Weißrussland	– 5	2 : 4

Für einen Sieg erhielt eine Mannschaft 2 : 0 Punkte, für ein Unentschieden 1 : 1 Punkte und für eine Niederlage 0 : 2 Punkte.
Drei Ergebnisse der sechs Spiele waren
Tschechische Republik - Deutschland 2 : 2
Schweiz - Weißrussland 5 : 2
Deutschland - Weißrussland 0 : 2

In den übrigen drei Spielen erzielte die unterlegene Mannschaft jeweils genau ein Tor. Ermittle die Spielergebnisse.

3.3 Vereinfachung der Addition und Subtraktion ganzer Zahlen

Minopoly

Auftrag 1

Beim Spiel Minopoly gibt es neben den Geld- und Schuldenscheinen (Scheine zum Nachweis von Schulden) vier Ereigniskarten:

- Du bekommst einen 50 € - Geldschein!
- Du bekommst einen 50 € - Schuldenschein!
- Du gibst einen 50 € - Geldschein ab!
- Du gibst einen 50 € - Schuldenschein ab!

Wie hoch ist Jasmins Kontostand?
In der nächsten Runde muss sie eine Ereigniskarte ziehen. Wie kann sich ihr Kontostand dadurch verändern?
Welche ist die günstigste, welche die ungünstigste Karte für sie?

Rechenrahmen

Auftrag 2

$2+3=$	$2+2=$	$2+1=$	$2+0=$	$2+(-1)=$	$2+(-2)=$	$2+(-3)=$

$-2+3=$	$-2-3=$
$-2+2=$	$-2-2=$
$-2+1=$	$-2-1=$
$-2+0=$	$-2-0=$
$-2+(-1)=$	$-2-(-1)=$
$-2+(-2)=$	$-2-(-2)=$
$-2+(-3)=$	$-2-(-3)=$

$2-3=$	$2-2=$	$2-1=$	$2-0=$	$2-(-1)=$	$2-(-2)=$	$2-(-3)=$

Übertrage den Rechenrahmen in dein Heft und erkläre die neue Schreibweise einiger Aufgaben.
Berechne, so weit du kannst. Verbinde gleiche Ergebnisse oben und unten sowie genauso rechts und links. Welche Gesetzmäßigkeiten erkennst du?

Bearbeitung

Auftrag 1 Minopoly

Jasmin besitzt Geldscheine im Wert von 600 € und Schuldenscheine im Wert von 450 €. Ihr Kontostand beträgt also

$$600\,€ - 450\,€ = 150\,€$$

Wenn Jasmin eine Ereigniskarte zieht, so gibt es vier Möglichkeiten, wie sich ihr Kontostand verändern kann.

Mit der Karte „Du bekommst einen 50-€-Geldschein!“ erhöht sich ihr Kontostand um 50 € und beträgt 200 €. $150\,€ + 50\,€ = 200\,€$

Zieht Jasmin die Karte „Du bekommst einen 50-€-Schuldenschein!“, so hat sie Schuldenscheine im Wert von 500 €, ihr Kontostand sinkt um 50 € auf 100 €. $150\,€ + (-50\,€) = 100\,€$

Die Karte „Du gibst einen 50-€-Geldschein ab!“ sorgt dafür, dass sie nur noch Geldscheine im Wert von 550 € besitzt, ihr Kontostand sinkt um 50 € auf 100 €. $150\,€ - 50\,€ = 100\,€$

Nach der Karte „Du gibst einen 50-€-Schuldenschein ab!“ hat Jasmin noch Schuldenscheine im Wert von 400 €, ihr Kontostand erhöht sich um 50 € auf 200 €. $150\,€ - (-50\,€) = 200\,€$

Die Ereigniskarten „Du bekommst einen 50-€-Geldschein!“ und „Du gibst einen 50-€-Schuldenschein ab!“ sind beide gleich günstig, denn sie führen zum gleichen Ergebnis.

$$150\,€ + 50\,€ \quad = \quad 150\,€ - (-50\,€) = 200\,€$$

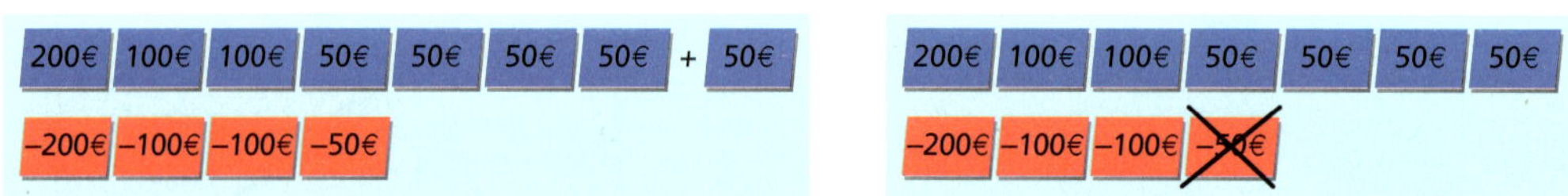

Genauso sind die Ereigniskarten „Du bekommst einen 50-€-Schuldenschein!“ und „Du gibst einen 50-€-Geldschein ab!“ gleich ungünstig:

$$150\,€ + (-50\,€) \quad = \quad 150\,€ - 50\,€ = 100\,€$$

Es ist also egal, ob Jasmin einen Schein abgibt oder den „Gegenschein“ bekommt. Genauso ist es egal, ob Jasmin einen Schein bekommt oder den „Gegenschein“ abgibt. Mathematisch bedeutet das: Ob du eine Zahl subtrahierst oder ihre Gegenzahl addierst, verändert das Ergebnis nicht. Genauso gilt: Das Addieren einer Zahl ist gleichbedeutend mit dem Subtrahieren ihrer Gegenzahl.

Vereinfachung der Addition und Subtraktion ganzer Zahlen

Zusammenfassung

Eine negative Zahl addiert man, indem man ihre Gegenzahl subtrahiert.

$30 + (-80)$
$= 30 - 80$
$= -50$

Eine negative Zahl subtrahiert man, indem man ihre Gegenzahl addiert.

$30 - (-80)$
$= 30 + 80$
$= 110$

Klammern um eine negative Zahl, die zu Beginn eines Rechenausdrucks steht, dürfen weggelassen werden.

Alle Additionen und Subtraktionen negativer Zahlen kann man einfacher ohne Klammern schreiben.

$(-3) + (-32) - (-13)$
$= -3 - 32 + 13$
$= -22$

Trainieren **Anwenden** **Verknüpfen**

Aufgaben

1 Schreibe ohne Klammern und berechne dann.

a) $5 + (-3)$
b) $5 - (-3)$
c) $-5 + (-3)$
d) $-5 - (-3)$
e) $3 + (-5)$
f) $3 - (-5)$
g) $-3 + (-5)$
h) $-3 - (-5)$

2 Schreibe ohne Klammern, berechne.

a) $23 + (-12)$
b) $-23 - (-12)$
c) $0 + (-36)$
d) $-5 - (-3)$
e) $-40 + (-5)$
f) $33 - (-9)$
g) $25 + (-61)$
h) $0 - (-45)$

Lösungswort: −45 (c); −36 (e); −23 (g); −11 (p); −2 (i); −1 (k); 11 (s); 42 (h); 45 (r)

3 Berechne.

a) $8 - (-7) - 2$
b) $(-8) - 7 - (-2)$
c) $-8 + (-7) + 2$
d) $(-8) + (-7) - 2$
e) $-8 + 7 - (-2)$
f) $9 + (-8) - 21$
g) $-9 + 8 - (-21)$
h) $-9 - 8 - (-21)$
i) $9 - (-8) - (-21)$
j) $-9 + (-8) - 21$

Lösungswort: −38 (e); −20 (r); −17 (s); 13 (e); 1 (e); 4 (i); 13 (t); 20 (v); 38 (c)

4 Calculate.

a) $-3 + 5 + (-9) + 8$
b) $(-13) + (-21) + 16 - (-32)$
c) $-98 - 14 + 53 - (-21) + (-12)$
d) $(-220) + (-180) - (-315) + 90$
e) $-46 + (-97) + 0 - (-73) + (-37)$

Lösungswort: −307 (m); −107 (u); −95 (l); −50 (n); −36 (i); −8 (i); 1 (d); 5 (a); 14 (o)

5 Bestimme nur das Vorzeichen des Ergebnisses. Begründe deine Antwort und prüfe sie mit einer Überschlagsrechnung.

a) $23\,987 - 12\,980$
b) $23\,898 - (-877\,487)$
c) $(-347\,098) + (-342\,377)$
d) $-2\,229\,222 - (-2\,229\,222)$
e) $(-56\,892) + 2\,309\,887$
f) $23\,978\,897 - (-66\,342) + 0 - (-33\,564)$

6 Welche Zahl musst du

a) zu −8 addieren, um 5 zu erhalten?
b) zu −8 addieren, um −5 zu erhalten?
c) von 8 subtrahieren, um −3 zu erhalten?
d) zu 8 addieren, um 5 zu erhalten?
e) von 8 subtrahieren, um 13 zu erhalten?
f) von −8 subtrahieren, um 7 zu erhalten?

Aufgaben

7 Berechne.

a) (– 30) – [45 + (– 50)]
b) 62 – [80 – (– 100)]
c) (– 95 + 12) + (– 35)
d) (19 + 47) – [(– 15) + (– 9)]
e) – 150 + (– 77) + [53 + (– 11)]

8 Fülle den Rechenbaum im Heft aus.

a) **c)** **b)** **d)**

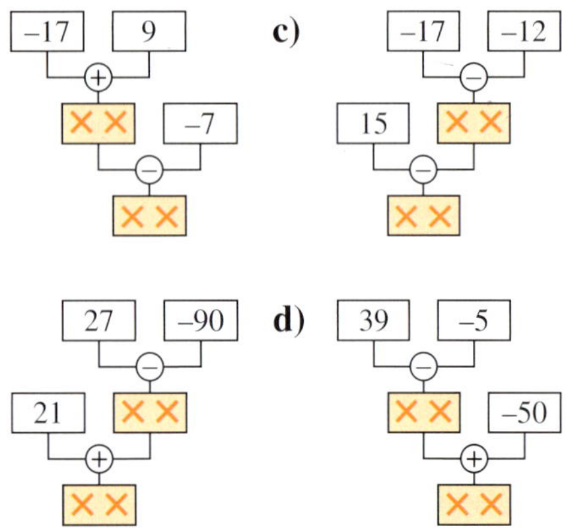

Noch fit?

I Berechne.

a) (620 + 95) – [70 + (35 – 26)]
b) 203 – [79 + 82 – (50 + 9)]
c) 223 – (45 – 31) – [155 – (71 + 12)]

II Gliedere den Term und berechne.

a) 98 – (51 – 24)
b) (123 – 33) + 82
c) (13 – 8) + (22 + 9)
d) 71 – [19 + (– 37)]

Trainieren **Anwenden** **Verknüpfen**

9 Fülle den Rechenbaum in deinem Heft aus. Schreibe den Rechenterm auf.

a)

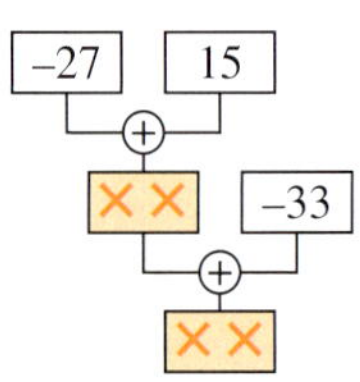

b)

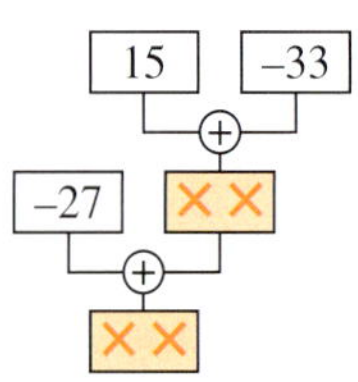

10 Fülle den Rechenbaum in deinem Heft aus. Schreibe den Rechenterm auf.

a)

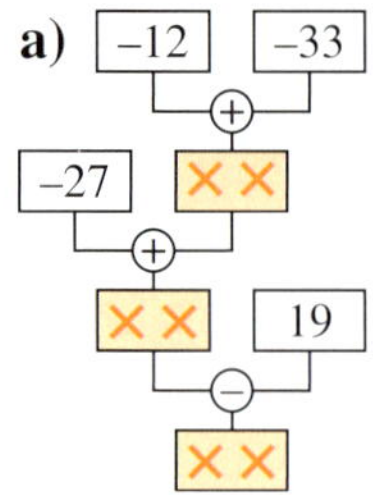

b)

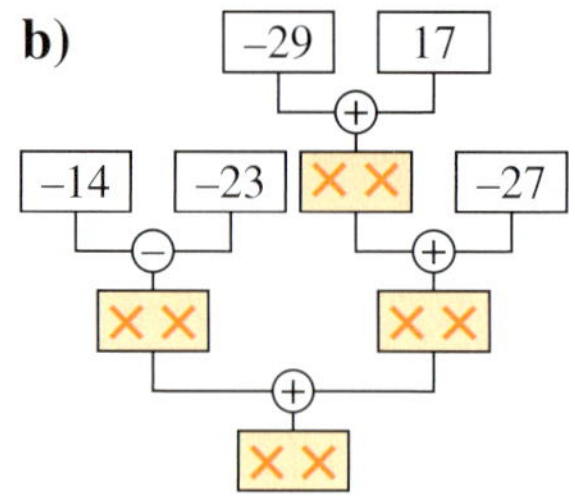

11 Zeichne den Rechenbaum. Berechne.

a) (– 13) – [(– 24) + 16]
b) 27 + [(87 – (– 33)) + (– 76)]

12 Gliedere die Terme aus Aufgabe 9 mit Hilfe von Termbäumen.

13 Bestimme die fehlende Zahl.

a) 17 + ✕ = 28
b) (– 12) + ✕ = 7
c) ✕ – 21 = – 17
d) ✕ + 24 = – 26
e) 371 + ✕ = 0
f) – 24 + ✕ = – 90
g) ✕ – 82 = – 117
h) – 35 + ✕ = – 99

Lösungswort: – 371 (u); – 66 (t); – 64 (r); – 50 (p); – 35 (e); – 4 (n); 4 (m); 11 (c); 19 (o); 371 (l)

14 Wie ändert sich der Wert eines Terms, wenn du

a) 7 addierst statt 7 zu subtrahieren,
b) 16 subtrahierst statt 16 zu addieren?

15 Sechs der 10 Ergebnisse sind falsch. Finde sie möglichst schnell und begründe deine Entscheidung.

a) (– 2457) – 1785 = 4242
b) 7589 + (– 15 307) = 7719
c) (– 34 287) + 17 549 = – 16 738
d) 137 051 + (– 137 051) = 7719
e) 20 304 + (– 187 356) = – 167 052
f) 27 141 – (– 13 499) = 40 640
g) 15 076 + (– 33 028) + 3298 = – 14 654
h) (– 7358) + 12 518 = – 5160
i) (– 7800) – 12 000 = – 200
j) 245 300 + 182 400 = 427 701

16 Schreibe als Term und berechne.

a) Addiere zur Summe aus – 12 und 19 die Zahl 21.
b) Addiere 45 zur Differenz von – 34 und 21.
c) Subtrahiere – 12 von der Summe aus 62 und – 26.
d) Addiere die Differenz von 74 und – 33 zur Summe aus – 25 und 18.
e) Subtrahiere die Summe von 34 und – 28 von – 48.
f) Subtrahiere die Summe aus 34 und – 28 von der Summe aus – 36 und – 12.

17 Berechne.

a) (12 – 36) – 52 + 12
b) 12 – (36 – 52) + 12
c) 12 – 36 – (52 + 12)
d) 12 – (36 – 52 + 12)
e) (12 – 36) – (52 + 12)
f) 12 – [36 – (52 + 12)]
g) 12 – [(36 – 52) + 12]
h) 12 – 36 – 52 + 12
i) Rechne die Aufgaben a) bis h) mit den Zahlen 21, 34, 72 und 19.

18 Wie viele verschiedene Ergebnisse kannst du erhalten, wenn du in dem Term – 7 – (– 27) – 13 + 18 Klammern setzt?

19 Erfinde zu jeder Teilaufgabe eine Geschichte. Finde die fehlende Zahl und überprüfe deine Lösung mit einer Probe.

Beispiel: – 34 + ☒ = – 16
Phillip hatte bei seiner Schwester 34 € Schulden. Wie viel € hat er ihr zurückgegeben, wenn seine Schulden danach nur noch 16 € betragen?
Er hat 18 € zurückgezahlt, da
– 34 + 18 = – 16.

a) ☒ + 22 = 51 **d)** – 44 + ☒ = – 66
b) ☒ + 78 = 38 **e)** 89 + ☒ = 27
c) – 44 + ☒ = – 22 **f)** (– 237) + ☒ = 0

Lösungswort: – 237 (a); – 66 (p); – 62 (l); – 40 (c); – 22 (u); 0 (r); 22 (h); 29 (s); 237 (e)

Aufgaben

20 Ein Spieler wirft dreimal auf die Dartscheibe. Die Summe der drei Einzelwürfe wird notiert.

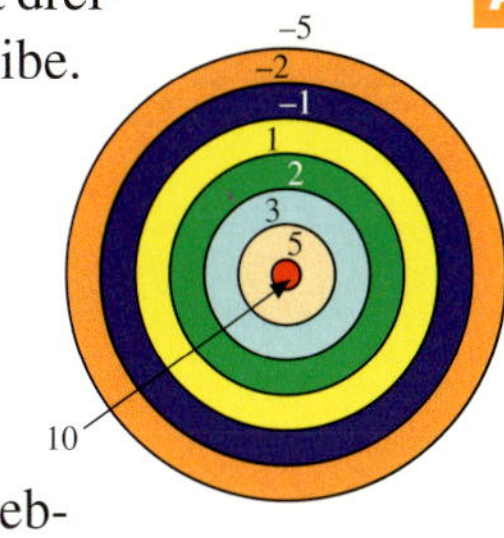

a) Bestimme die fünf besten und schlechtesten Ergebnisse eines Dreier-Wurfs.
b) Können alle Zahlen von – 10 bis 10 als Ergebnisse erreicht werden?
c) Wie viele Möglichkeiten gibt es, 0 oder 2 oder 12 als Ergebnis eines Dreier-Wurfs zu erreichen?

Trainieren Anwenden **Verknüpfen**

21 Rechne mit Kontoauszügen.

a) Prüfe die Richtigkeit des Kontoauszugs. Erfinde dazu eine Geschichte.

Umsätze	980 €	S
	750 €	S
	230 €	H
alter Kontostand	1400 €	H
neuer Kontostand	100 €	S

b) Zeichne einen Kontoauszug mit einem Fehler. Lasse deinen Banknachbarn den Fehler finden.

22 Sortiere, fasse zusammen, berechne.

Beispiel: 6 + 7 – 9 + 12 – 21 – 4
= (6 + 7 + 12) – (9 + 21 + 4)
= 25 – 34
= – 9

a) 4 + 6 – 8 – 12 + 2 – 9
b) – 9 – 13 + 21 – 14 + 9 + 3 – 17
c) 20 – 4 – 23 + 9 + 31 – 18 + 44
d) 102 – 82 – 34 + 88 – 158 – 80 + 12

Lösungswort: – 152 (o); – 104 (k); – 61 (m); – 59 (t); – 20 (u); – 17 (e); 17 (p); 20 (s); 59 (r); 61 (l); 104 (c); 152 (i)

Aufgaben

23 Fülle das Rechengitter im Heft aus.

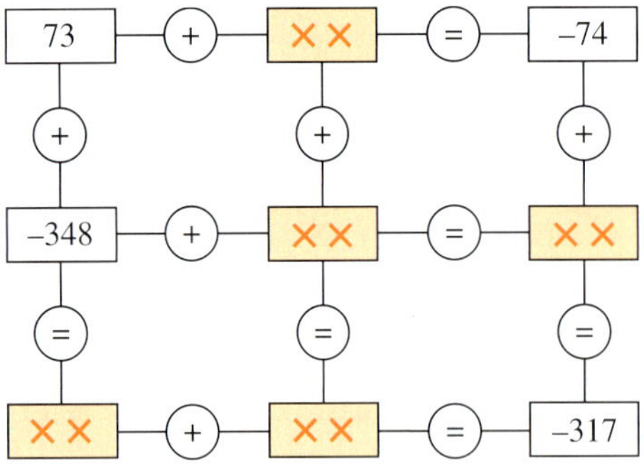

Zeichne für deinen Banknachbarn ein Gitter mit höchstens vierstelligen Zahlen und lasse es von ihm ausfüllen.

24 Beginne an der obersten Ecke. Durchfahre jede Strecke genau einmal, bis du zum Start zurückkommst. Addiere dabei der Reihe nach alle Zahlen. Durchfahre dabei die Diagonalen ganz.

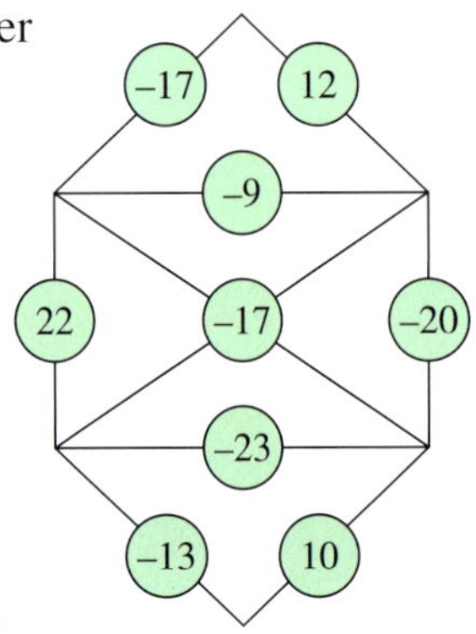

Beginne an einem anderen Eckpunkt und addiere wieder. Was stellst du fest?

25 Fülle die Pyramide in deinem Heft aus.

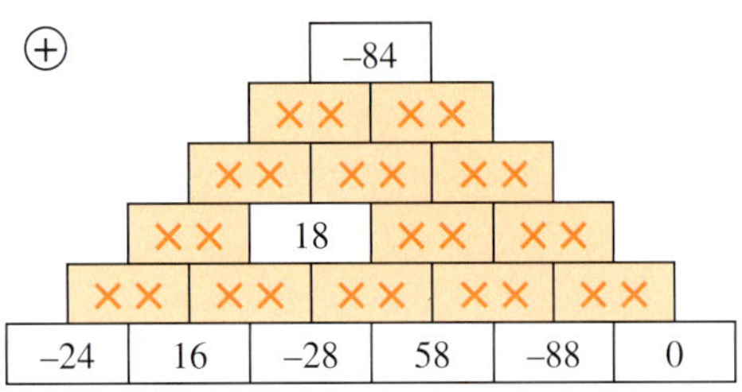

26 Setze in jedes der Kästchen ein Plus- oder ein Minuszeichen ein, so dass einmal ein möglichst kleines und einmal ein möglichst großes Ergebnis entsteht.
3285 ? (–4218) ? 2189 ? (–45 392)

27 In Kanada und den USA gibt es verschiedene Zeitzonen.
Die Stadt Chicago liegt z. B. in der Zeitzone mit der Zeitverschiebung „MEZ –7“ (Mitteleuropäische Zeit –7 Stunden). Das bedeutet, dass es bei uns in Mitteleuropa (z. B. in Deutschland) 7 Stunden später ist als in Chicago.

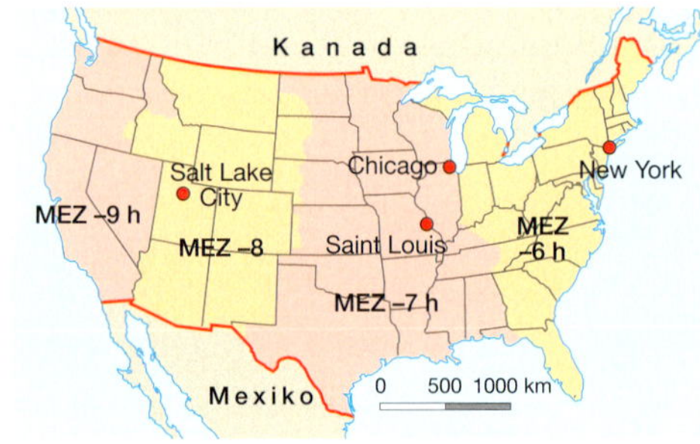

a) Wie spät ist es in Saint Louis, wenn es bei uns 12:00 Uhr mittags ist?

b) Wie spät ist es in Ulm, wenn in New York um 8:00 Uhr die Schule beginnt?

c) Herr Lange musste bis fünf Uhr morgens vor dem Fernseher aushalten, bis die vierstündige Eröffnungsfeier der Olympischen Spiele 2000 in Salt Lake City zu Ende war. Wann begann die Feier in der Olympiastadt?

Aufgabe der Woche

Jedes der sechs Symbole steht für eine andere Ziffer. Finde diese, so dass die Rechnungen stimmen.
Tipp: Beginne mit der obersten Zeile.

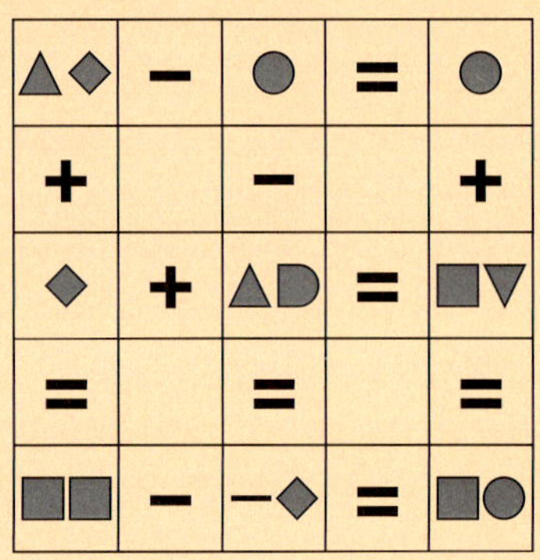

3.4 Das Koordinatensystem

Schatzsuche

Auftrag 1

Mit Hilfe eines Plans der Teufelsinsel versucht Jack der Schreckliche vier vergrabene Schätze zu finden.
Er weiß, wo der erste Schatz vergraben liegt: Vom toten Baum aus muss er 50 Schritte nach Osten und dann 30 Schritte nach Norden gehen.

Hilf ihm die anderen Schätze zu finden.

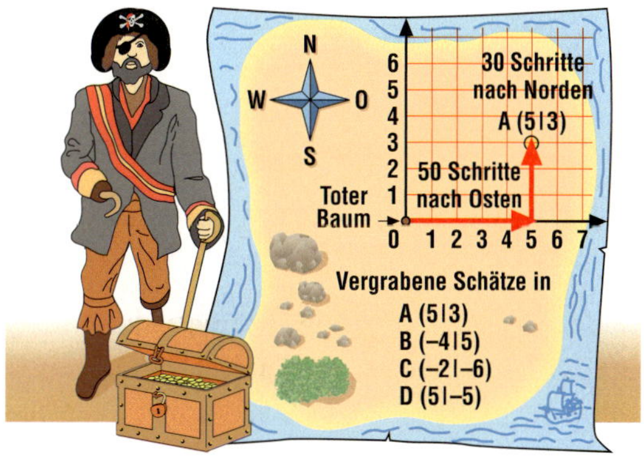

Farbbeutel werfen

Auftrag 2

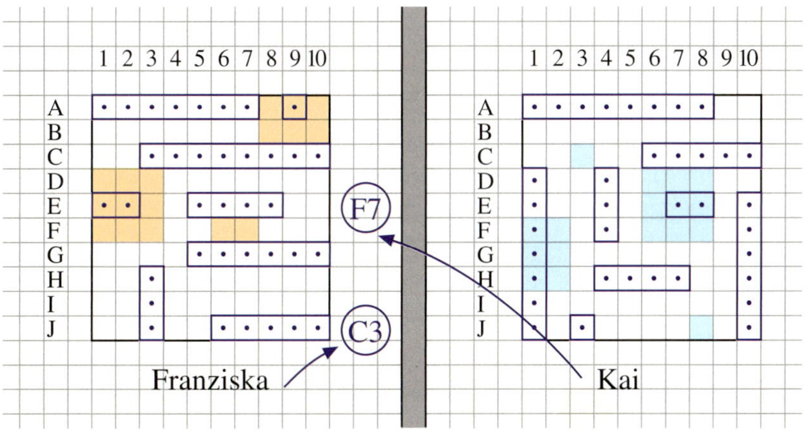

Franziska und Kai haben ihre Spielbretter für das Farbbeutelwerfen vorbereitet. Jeder hat in seinem 10×10-Feld die Nagelbretter, einen „Achter", einen „Siebener", einen „Sechser", … und einen „Einser" so verteilt, dass sie nirgends aneinander stoßen.

Dann werfen sie abwechselnd und versuchen, möglichst schnell alle Nagelbretter des anderen komplett einzufärben. Wird ein Feld mit Nagel getroffen, so platzt der Farbbeutel und die angrenzenden Felder werden eingefärbt.
Bei einem Feld ohne Nagel wird nur das getroffene Feld eingefärbt.

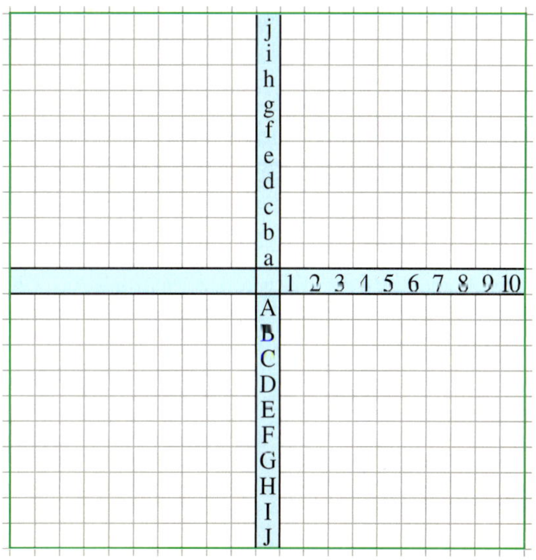

Franziska und Kai wurde das Spielfeld zu klein und sie haben es wie im Bild vervierfacht. Dabei erhält jeder Spieler viermal so viele Nagelbretter. Wie sollen die Felder links von der Buchstabenspalte heißen?

Zeichne selbst ein Spielfeld, das von a bis g, von A bis G bzw. von 1 bis 7 geht. Verteile je zwei „Achter", zwei „Siebener", … und spiele mit deinem Tischnachbarn Farbbeutelwerfen.

Auftrag 3 Rechtecke umklappen

Schneide ein 4 cm langes und 3 cm breites Rechteck aus Papier oder Pappe aus. Zeichne in eine der vier Ecken von vorne und hinten einen Pfeil. Male die Vorderseite bunt an.

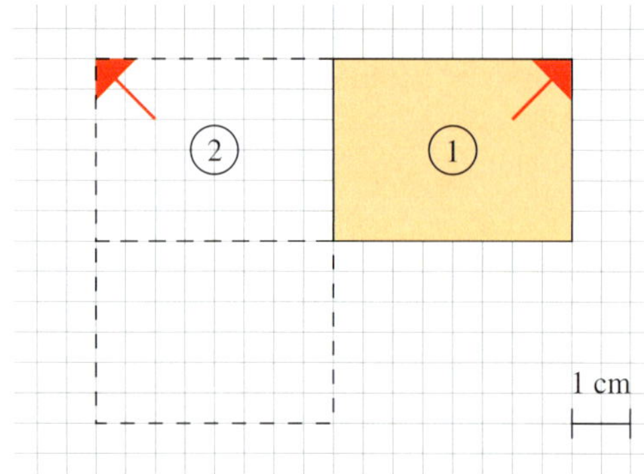

Lege das Rechteck auf Karopapier und umrande die Stelle, auf der es liegt. Klappe es insgesamt viermal, aber nicht zweimal hintereinander um dieselbe Seite. Am Ende soll das Rechteck wieder so liegen wie am Anfang.

Probiere verschiedene Möglichkeiten aus und beschreibe, auf welche Punkte der Pfeil jeweils zeigt. Wann zeigt der Pfeil immer auf denselben Punkt?

Bearbeitung Auftrag 3 Rechtecke umklappen

Soll das Rechteck am Ende wieder so liegen wie zu Beginn, so kommen nur Möglichkeiten in Frage, bei denen das ausgeschnittene Rechteck innerhalb eines größeren Feldes mit 8 cm Länge und 6 cm Breite geklappt wird.

Den Weg des Pfeils beim Klappen kann man beispielsweise mit Worten wie „rechts oben" oder „links unten" beschreiben. Besonders geschickt ist eine Beschreibung mit Zahlen, wenn man zwei Zahlengeraden durch das Feld legt. Sie sollen die Verlängerungen von zwei Rechteckseiten sein, die senkrecht aufeinander stehen. Es entsteht ein **Koordinatensystem**.

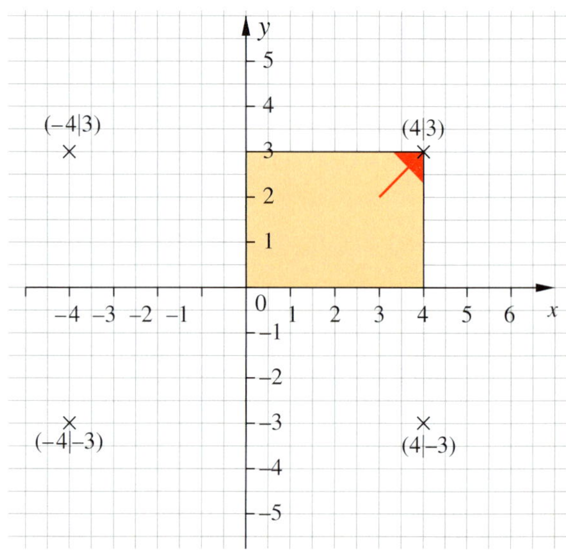

Die horizontale Zahlengerade nennt man ***x*-Achse** (Rechtswertachse), die vertikale heißt ***y*-Achse** (Hochwertachse). Auf den Achsen zeigt die Pfeilspitze in Richtung der größer werdenden Zahlen.

Der Punkt, auf den der Pfeil zu Anfang zeigt, erhält die **Koordinaten** (4 | 3). Man erreicht diesen Punkt nämlich, indem man vom Schnittpunkt der beiden Achsen – auch **Ursprung (0 | 0)** oder **Nullpunkt** genannt – um 4 Einheiten nach rechts und 3 Einheiten nach oben geht.

Es ist vereinbart, zuerst den Wert auf der x-Achse und dann den y-Wert anzugeben, so wie im Alphabet x vor y steht.

Klappt man das Rechteck nun gegen den Uhrzeigersinn abwechselnd um eine der beiden Achsen, so nimmt der Pfeil diesen Weg:

$$(4\,|\,3) \rightarrow (-4\,|\,3) \rightarrow (-4\,|-3) \rightarrow (4\,|-3) \rightarrow (4\,|\,3)$$

Zeigt die Pfeilspitze beim Klappen immer auf denselben Punkt, so liegt der Eckpunkt mit dem Pfeil im Ursprung (0 | 0) des Koordinatensystems.

Die Achsen teilen das Koordinatensystem in vier Bereiche, die **Quadranten**. Sie werden mit den römischen Zahlzeichen I, II, III, IV entgegen dem Uhrzeigersinn bezeichnet.

Ein Koordinatensystem ist richtig bezeichnet, wenn der Nullpunkt gekennzeichnet ist, die Achsen mit x und y bezeichnet wurden sowie (einige) Einheiten und Pfeile tragen.

Einen Schritt weitergedacht: Das Spielfeld beim Farbbeutelwerfen, die Sitzplatznummern in einem Kino oder ein Schachbrett sind wie der erste Quadrant eines Koordinatensystems angeordnet. Dabei bezeichnet die Angabe E 8 aber das 8. Feld in der 5. Reihe (Reihe E), während im Koordinatensystem damit ein Punkt gemeint ist.
Statt Buchstaben benutzen die Mathematiker Zahlen, weil man damit auch Punkte mit beliebig großen x- und y-Werten darstellen kann.

Als Einheit für ein Koordinatensystem wählt man meist 1 cm. Will man Punkte mit größeren x- und y-Werten darstellen, so wählt man oft kleinere Einheiten wie beispielsweise 5 mm oder sogar 1 mm. Bei sehr kleinen Einheiten wird auf der Zahlengeraden nicht mehr jede Markierung beschriftet.
Wenn du in den folgenden Aufgaben keine anderen Anweisungen findest, wähle als Einheit immer 1 cm.

Das Koordinatensystem

Zusammenfassung

Zwei Zahlengeraden, die sich senkrecht schneiden, bilden ein **Koordinatensystem** mit ***x*-Achse** und ***y*-Achse**. Die beiden Achsen teilen die Zeichenebene in vier Quadranten.
Jeder Punkt P kann mit seinen **Koordinaten $P\,(x|y)$** angegeben werden.
Die x-Koordinate steht zuerst, die y-Koordinate als Zweites.

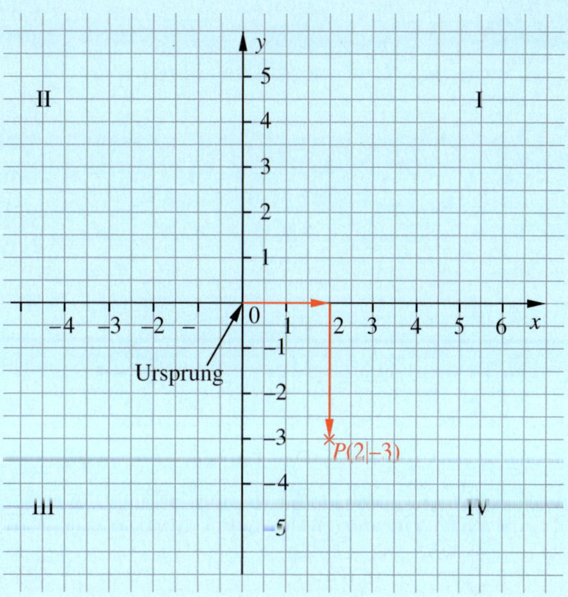

$P\,(2\,|-3)$ bedeutet: Gehe vom Nullpunkt aus 2 Einheiten nach rechts und 3 Einheiten nach unten.

Aufgaben **Trainieren** Anwenden Verknüpfen

1 Gib die Koordinaten der Punkte an, die im Koordinatensystem markiert sind.

a)
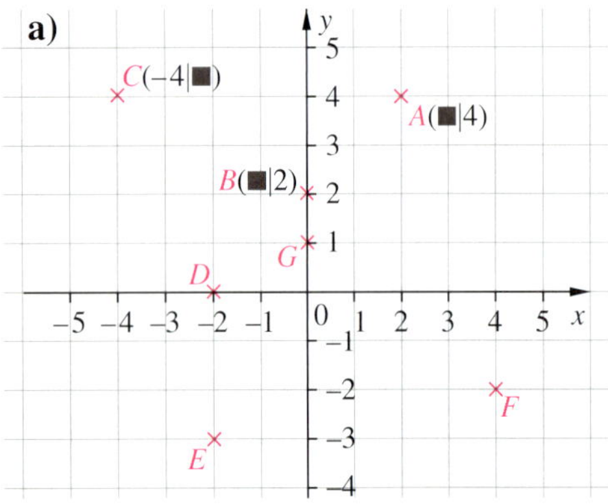

b)
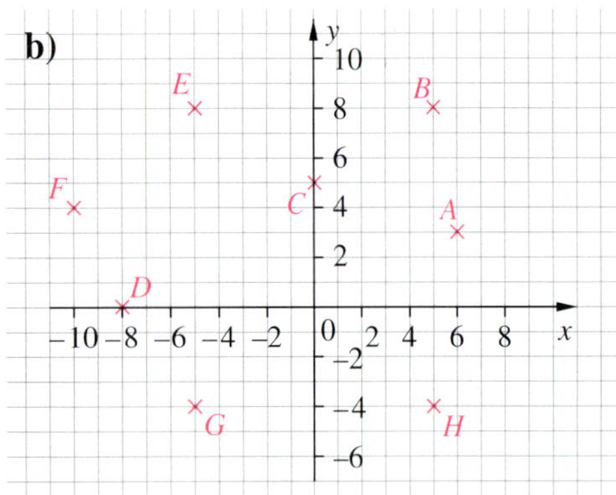

2 Write down the coordinates of the points.

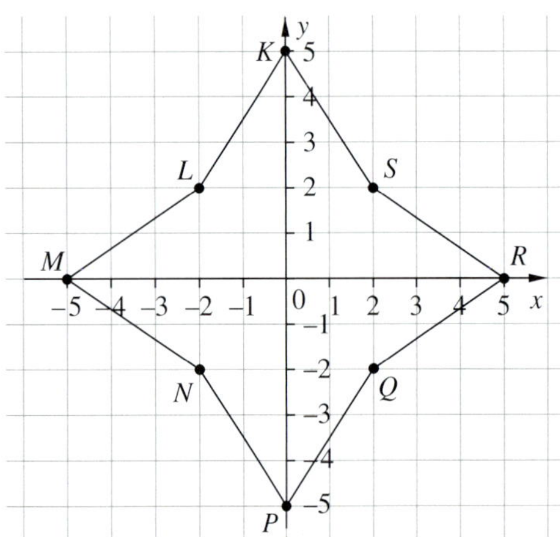

3 Trage die Punkte in ein Koordinatensystem mit der Einheit 1 cm ein. Zeichne die Achsen im Bereich von −7 bis 7.

a) $S(-5\,|\,5)$, $T(4\,|\,0)$, $U(4\,|\,-2)$, $V(-1\,|\,3)$, $W(-3\,|\,1)$, $X(-4\,|\,-4)$, $Y(0\,|\,-6)$, $Z(3\,|\,-3)$

b) $J(-2\,|\,-2)$, $K(-6\,|\,0)$, $L(6\,|\,-6)$, $M(4\,|\,-5)$, $N(0\,|\,0)$, $P(-1\,|\,1)$, $Q(5\,|\,2)$, $R(5\,|\,-2)$

4 In welchen Quadranten befinden sich die Punkte? Welche Regel gilt?
$A(-22\,|\,15)$, $B(69\,|\,-87)$, $C(-201\,|\,-220)$, $D(199\,|\,3)$, $E(-210\,345\,|\,32\,677)$, $F(-28\,|\,0)$

5 Trage die Punkte in ein Koordinatensystem mit der Einheit 5 mm ein und verbinde sie. Zeichne beide Achsen im Bereich von −10 bis 10. Setze die Folge fort.
$(1\,|\,1)$, $(-1\,|\,1)$, $(-1\,|\,-1)$, $(1\,|\,-1)$, $(2\,|\,2)$, $(-2\,|\,2)$, $(-2\,|\,-2)$, $(2\,|\,-2)$, $(3\,|\,3)$, $(-3\,|\,3)$, …

6 Zeichne in ein Koordinatensystem eine Figur, die aus etwa zehn Punkten und geraden Verbindungslinien zwischen diesen Punkten besteht. Dein Nachbar soll diese Figur nachzeichnen. Du darfst ihm dazu nur die Koordinaten der Punkte und die Reihenfolge nennen, in der sie verbunden werden sollen.

7 Zeichne ein Koordinatensystem. Überlege dir vorher, wie viel Platz du brauchst. Trage die Punkte jeder Teilaufgabe mit einer anderen Farbe ein und verbinde sie. Welche Figur entsteht?

a) $(-4\,|\,0)$, $(-6\,|\,3)$, $(-6\,|\,6)$, $(-5\,|\,6)$, $(-4\,|\,6)$, $(-4\,|\,4)$, $(-4\,|\,0)$

b) $(-3\,|\,1)$, $(-2\,|\,3)$, $(-1\,|\,5)$, $(0\,|\,3)$, $(1\,|\,1)$

c) $(2\,|\,3)$, $(2\,|\,-1)$, $(3\,|\,-2)$, $(4\,|\,-2)$, $(5\,|\,-1)$, $(5\,|\,3)$

d) $(7\,|\,-3)$, $(6\,|\,-2)$, $(5\,|\,-2)$, $(4\,|\,-3)$, $(4\,|\,-4)$, $(5\,|\,-5)$, $(6\,|\,-5)$, $(7\,|\,-6)$, $(7\,|\,-7)$, $(6\,|\,-8)$, $(5\,|\,-8)$, $(4\,|\,-7)$

e) Denke dir selbst eine Figur aus und beschreibe sie durch Koordinaten.

Noch fit?

I Schreibe im Zehnersystem.

a) CCXC
b) CXCI
c) MMCM
d) MMCD
e) MCXC
f) MMDCCLXIX

II Schreibe mit römischen Zahlzeichen.

a) 150
b) 330
c) 690
d) 1272
e) 555
f) 3888

Trainieren Anwenden Verknüpfen

8 Trage die Punkte in ein Koordinatensystem ein: $P(-3|-1)$, $Q(-2|0)$, $R(-1|1)$, $S(0|2)$, $T(1|3)$, $U(2|4)$.

a) Welche gemeinsamen Eigenschaften besitzen diese Punkte?
b) Haben $V(-6|-4)$ und $W(5|7)$ auch diese Eigenschaft? Begründe.

9 Schrägbild im Koordinatensystem:

a) Gib die Koordinaten der Eckpunkte des Würfels im Schrägbild an.

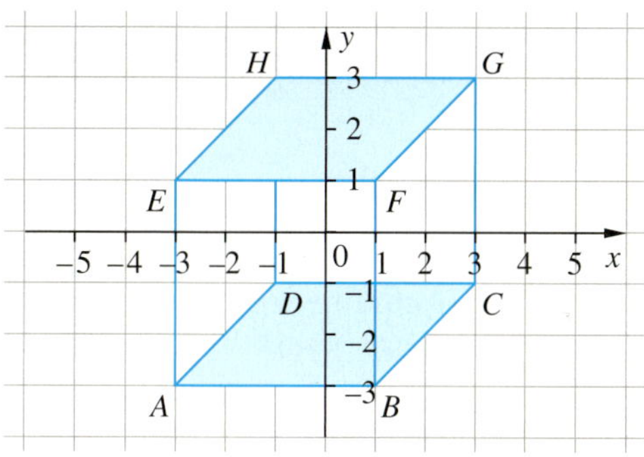

b) Zeichne das Schrägbild eines Quaders in ein Koordinatensystem. Gib die Koordinaten der Eckpunkte an.

10 Zeichne ein Koordinatensystem (Einheit 1 cm). Lege verschiedene Geldstücke oder -scheine so auf, dass der Ursprung bedeckt ist. Nenne die Koordinaten aller Punkte, die zugedeckt werden.

11 Mit einem Fernrohr kannst du Sternbilder beobachten. Zeichne a), b), c) mit verschiedenen Farben in ein Koordinatensystem mit der Einheit 1 cm. Wähle für d), e) ein Koordinatensystem mit der Einheit 5 mm.

Aufgaben

a) Kassiopeia
Zeichne die Punkte $A(0|0)$, $B(1|-2)$, $C(2|-1)$, $D(3|-3)$, $E(5|-1)$ und verbinde sie in der Reihenfolge *ABCDE*.

b) Fuhrmann
Zeichne die Punkte $A(3|0)$, $B(1|-2)$, $C(-2|1)$, $D(-2|4)$, $E(1|5)$, $F(2|4)$, $G(2|3)$ und verbinde sie in der Reihenfolge *ABCDEFGA*.

c) Kleiner Bär
Zeichne die Punkte $A(-1|7)$, $B(-2|4)$, $C(-2|2)$, $D(0|0)$, $E(2|-2)$, $F(1|-4)$, $G(-1|-1)$ und verbinde sie in der Reihenfolge *ABCDEFGD*.

d) Schwan
Zeichne die Punkte $A(3|6)$, $B(2|5)$, $C(1|3)$, $D(0|0)$, $E(4|-4)$, $F(-3|-2)$, $G(-5|-3)$, $H(-2|3)$ und verbinde sie in der Reihenfolge *ABCDFG* und *EDH*.

e) Drache
Zeichne die Punkte $A(10|6)$, $B(8|4)$, $C(6|-1)$, $D(3|-4)$, $E(1|-5)$, $F(0|-3)$, $G(-2|-1)$, $H(-4|3)$, $I(-7|2)$, $J(-6|-5)$, $K(-5|-8)$, $L(-6|-10)$, $M(-8|-9)$ und verbinde sie in der Reihenfolge *ABCDEFGHIJKLMJ*.

Aufgaben

12 Auf dem Radarschirm eines Leuchtturms befinden sich drei Schiffe: $A\,(8\,|-6)$, $B\,(-4\,|\,7)$ und $C\,(1\,|-5)$. Der Ursprung markiert den 32 m hohen Leuchtturm $L\,(0\,|\,0)$.

a) Zeichne den Radarbildschirm als ein Koordinatensystem (Einheit 1 cm).
b) Wie weit sind die Schiffe *B* und *C* voneinander entfernt? 1 cm auf dem Radar entspricht in Wirklichkeit 1 km.
c) Schiff *A* steuert direkt auf den Leuchtturm zu. Es legt in der Minute einen halben Kilometer zurück. In wie viel Minuten käme es zum Zusammenstoß, wenn der Kurs nicht geändert wird?

13 In der Innenstadt Erlangens verlaufen die Straßen rechtwinklig zueinander.

a) Wähle den Schlossplatz als Ursprung eines Koordinatensystems (Einheit 1 mm ≙ 10 m in Wirklichkeit). Zeichne den Bahnhof $B\,(-20\,|-16)$, das Elektrizitätswerk $E\,(-10\,|\,31)$, das Audimax $A\,(87\,|\,15)$ und das Hallenbad $H\,(37\,|-37)$ ein.
b) Wie weit läuft man vom Bahnhof bis zum Audimax und wie weit vom Elektrizitätswerk bis zum Hallenbad?

14 Gib die Koordinaten aller Eckpunkte der fünf Teilfiguren an. Übertrage die Zeichnung ins Heft und gib die Seitenlängen der Teilfiguren in mm an.

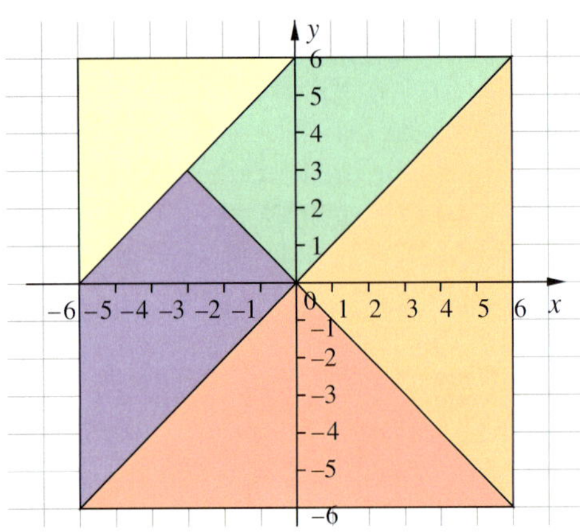

15 Wie viele Rechtecke liegen hier übereinander?
Gib die Koordinaten der Eckpunkte an.

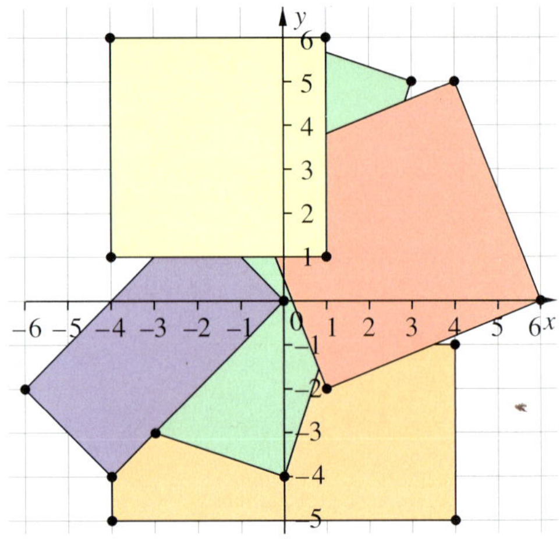

16 Zeichne die vier Punkte $A\,(-2\,|\,3)$, $B\,(7\,|-9)$, $C\,(6\,|\,1)$ und $D\,(3\,|-8)$ in ein Koordinatensystem mit der Einheit 5 mm.
Verbinde die Punkte *A* und *B* sowie die Punkte *C* und *D*.
Die beiden Linien schneiden sich im Punkt *S*. Welche Koordinaten hat er?

Trainieren Anwenden Verknüpfen

17 Was gilt für die Koordinaten eines Punktes, der

a) auf der *x*-Achse liegt?
b) auf der *y*-Achse liegt?
c) im dritten Quadranten liegt?
d) im zweiten Quadranten liegt?
e) im vierten Quadranten liegt?

18 Zeichne die Punkte in ein Koordinatensystem ein: $A\,(2\,|\,4)$, $Z\,(4\,|\,2)$, $B\,(-7\,|\,5)$, $Y\,(5\,|-7)$, $C\,(-4\,|\,0)$, $X\,(0\,|-4)$, $D\,(-5\,|-3)$ und $W\,(-3\,|-5)$.
Verbinde sie in der Reihenfolge *ABCDWXYZA*. Welche besondere Eigenschaft besitzt diese Figur?

19 Zeichne das Koordinatensystem von Aufgabe 1 a) in dein Heft.

a) Stell dir vor, du stellst entlang der y-Achse einen Spiegel auf.
Wohin werden die Punkte C, D und E gespiegelt? Gib die Koordinaten der gespiegelten Punkte C', D' und E' an.
Wohin wird B gespiegelt? Wie lauten die Koordinaten des gespiegelten Punktes B'?

b) Stelle dir vor, du stellst entlang der x-Achse einen Spiegel auf.
Wohin werden die Punkte A, B, C und D gespiegelt?
Gib die Koordinaten der gespiegelten Punkte A', B', C' und D' an.

20 Übertrage das Koordinatensystem mit dem Dreieck ABC in dein Heft.

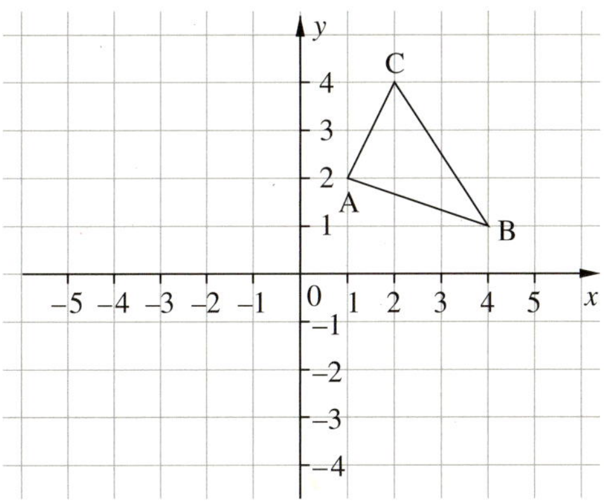

a) Wie lauten die Koordinaten der Eckpunkte?

b) Verschiebe das Dreieck ABC um drei Einheiten nach links.
Gib die Koordinaten der Eckpunkte des neuen Dreiecks $A'B'C'$ an.

c) Verschiebe das Dreieck ABC vier Einheiten nach unten.
Wie lauten die Koordinaten der Eckpunkte des neuen Dreiecks $A''B''C''$?

d) Wie müsstest du das Dreieck ABC verschieben, damit der Punkt C im Nullpunkt landet? Gib die Koordinaten der Eckpunkte des neuen Dreiecks an.

21 Zeichne ein Koordinatensystem und trage mit verschiedenen Farben die Punkte P $(x \mid y)$ ein, für die das Folgende gilt. Beschreibe mit Worten die Figuren, in denen die Punkte jeder Teilaufgabe liegen.

Aufgaben

a) x ist 3, y ist eine beliebige ganze Zahl.

Beispiele: $P(3 \mid -4)$, $Q(3 \mid 7)$

b) x ist eine beliebige Zahl, y ist −4.

Beispiele: $P(3 \mid -4)$, $Q(-2 \mid -4)$

c) x-Koordinate und y-Koordinate sind gleich.

d) Die x-Koordinate ist um 2 größer als die y-Koordinate.

e) Die x-Koordinate ist um 3 kleiner als die y-Koordinate.

f) x ist die Gegenzahl von y.

g) x ist größer als −2 und kleiner als 3, y ist größer als − 4 und kleiner als 5.

h) x ist kleiner als 4, y ist größer als −4 und kleiner als 5.

Aufgabe der Woche

Bastle aus der Vorlage einen Quader.

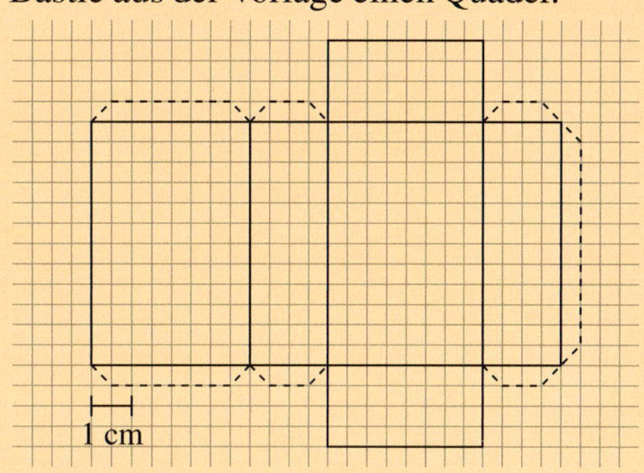

Lege den Quader im ersten Quadranten so an die Koordinatenachsen, dass eine möglichst große Fläche bedeckt wird. Beginne nun den Quader zu kippen, ohne zweimal hintereinander dieselbe Kippkante zu benutzen.
Schaffst du es, den Quader wieder in die Ausgangslage zu bringen?
Beschreibe diesen Weg mit Koordinaten.

1 Fülle die Temperaturtabelle in deinem Heft aus. **4 P**

	Morgen	Temperaturänderung	Mittag
a)	−4 °C	7 °C wärmer	×××
b)	−8 °C	××××××××××	−12 °C
c)	×××	9 °C kälter	−3 °C
d)	×××	5 °C wärmer	−7 °C

2 Setze <, = oder > ein. **3 P**

a) −3 ? 2 **b)** −202 ? −200 **c)** −1242 ? −1424

3 Berechne. **5 P**

a) −4 − 6 **b)** −7 + 2 **c)** −7 + 4 − 12 **d)** −20 − (−18) **e)** 18 + (−28) − (−13)

4 Bestimme die fehlende Zahl. **3 P**

a) × + 8 = 4 **b)** −14 + × = 9 **c)** −26 + (4 + ×) = −48

5 Berechne. **3 P**

a) −10 + (9 − 6) **b)** 12 − [28 − (22 + 57) − 9]

6 Fülle die Rechenbäume im Heft aus und stelle den Term auf. **4 P**

a)

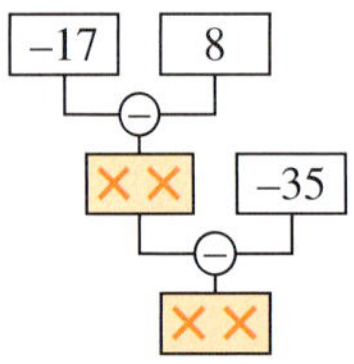

b)

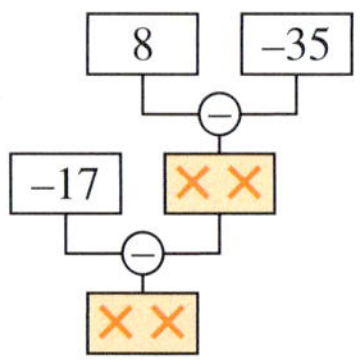

7 Zeichne ein Koordinatensystem mit den Punkten $S(2|3)$, $R(-3|-2)$ und $A(3|1)$ und verbinde sie mit geraden Linien. **8 P**

a) Welche Koordinaten muss der Punkt T haben, damit R, A, S und T die Ecken eines Rechtecks sind?

b) Verändere die Koordinaten von A nur durch Vorzeichen so, dass der Punkt im IV. Quadranten liegt.
Verschiebe das Rechteck entsprechend. Wie kann man die neuen Eckpunkte berechnen?

15 – 20 Punkte

21 – 25 Punkte

26 – 30 Punkte

Pentominos

Es gibt zwölf Pentominos, die aus jeweils fünf gleich großen Quadraten bestehen. Fertigst du sie dir aus Pappe an, kannst du Bilder entwerfen, Spiele erfinden und geometrische Probleme lösen.

Betrachte die beiden Türme. Welche Unterschiede und Gemeinsamkeiten findest du? Der rechte Turm soll aus den zwölf Pentominos aufgebaut werden. Finde andere Figuren, die du aus allen oder einigen Pentominos legen kannst.

Lege Rechtecke, die jeweils aus den zwölf Pentominos bestehen. Wie lang und wie breit sind diese Rechtecke? Kannst du aus allen zwölf Pentominos ein Quadrat legen?

Tetrominos bestehen nur aus vier gleich großen Quadraten. Wie viele von ihnen gibt es? Zeichne sie und beschreibe ihre Form.

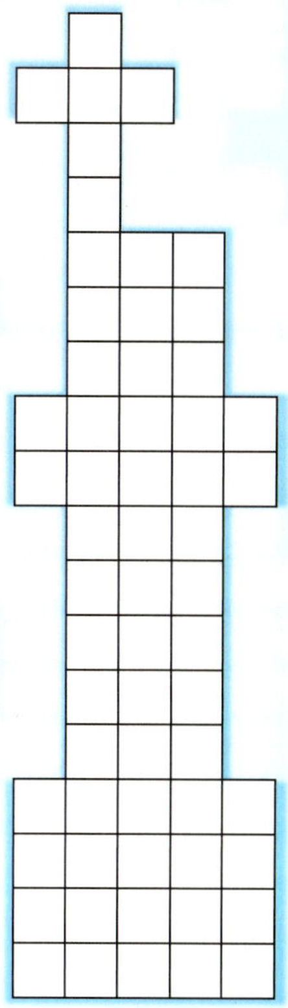

4 Geometrische Grundbegriffe

In diesem Kapitel wiederholst du verschiedene geometrische Figuren. Du lernst, besser mit Geodreieck und Zirkel umzugehen und die Eigenschaften von Figuren zu beschreiben.

4.1 Grundbegriffe und Figuren

Auftrag 1 **Körper und Netze**

Wähle eine der Figuren aus und zeichne diese vergrößert auf Karopapier: Die Länge eines Kästchens in der Zeichnung soll zwei Kästchen auf Karopapier entsprechen. Schneide die Figur aus und baue daraus einen Körper. Denke auch an Klebefalze.

Welche Körper ergeben sich bei dir und deinen Mitschülern?
Welche Flächen erkennst du? Beschreibe sie.

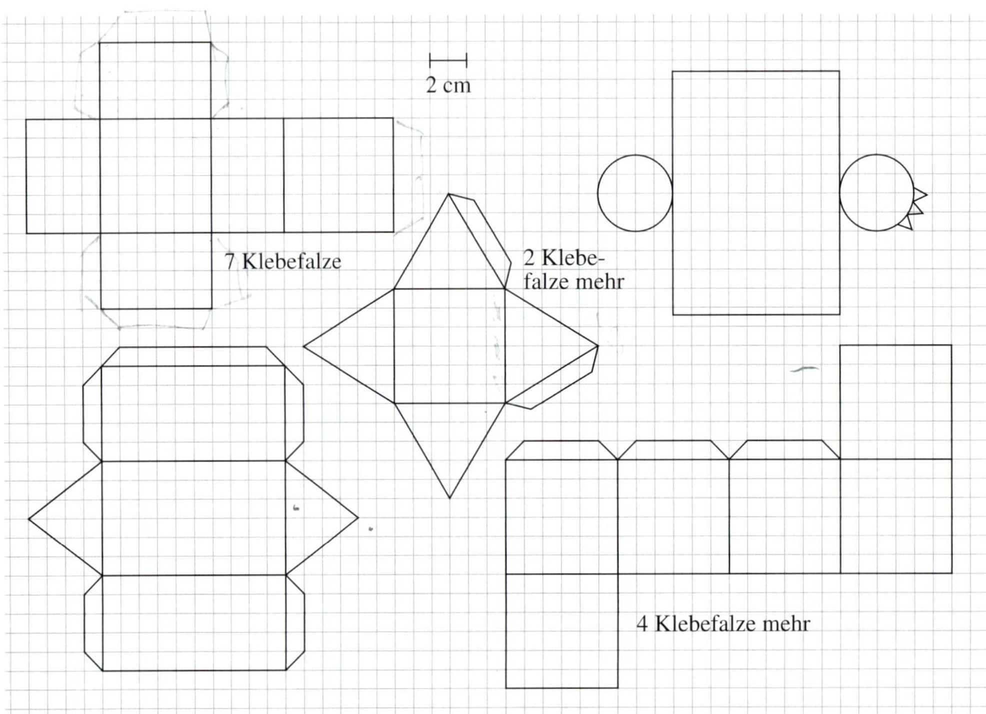

Verpackungen

Auftrag 2

Bringt von zu Hause saubere Verpackungen aus Pappe mit. Wählt unterschiedliche Verpackungsformen. Schneidet die Verpackungen an den Kanten auf, so dass ihr sie flach hinlegen könnt, und vergleicht diese Figuren miteinander. Welche Flächen erkennst du?

Schreibt die Maße auf, die der Hersteller der jeweiligen Verpackung kennen muss.

Fischparkett

Auftrag 3

Für ein Parkett aus „Fischen" benötigst du einen Zirkel und Karopapier. Zeichne vier Kreise, deren Mittelpunkte die Eckpunkte eines Quadrats sind und deren Radius eine halbe Quadratseite beträgt. Aus Teilen der Kreislinien ergibt sich ein Fisch.

Zeichne das Parkett aus Fischen. Beschreibe das entstandene Muster. Für die Zeichnung kannst du auch einen Computer mit einem Geometrie-Programm verwenden.

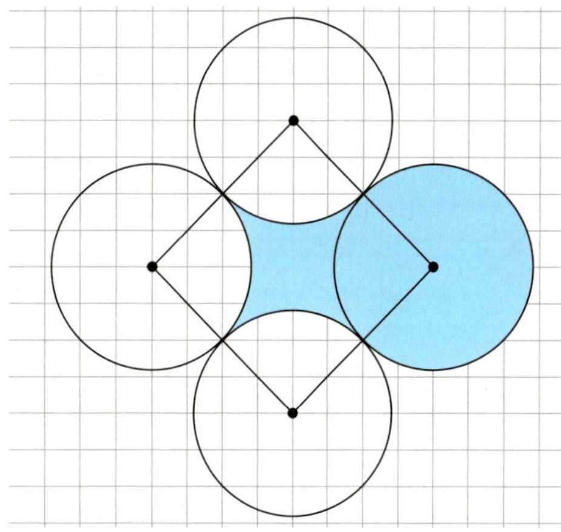

Auftrag 4 Würfel und Rechteck

Zeichne die Bastelvorlage für einen Würfel mit der Kantenlänge 52 mm auf Zeichenkarton und denke auch an Klebefalze. Bastle den Würfel.

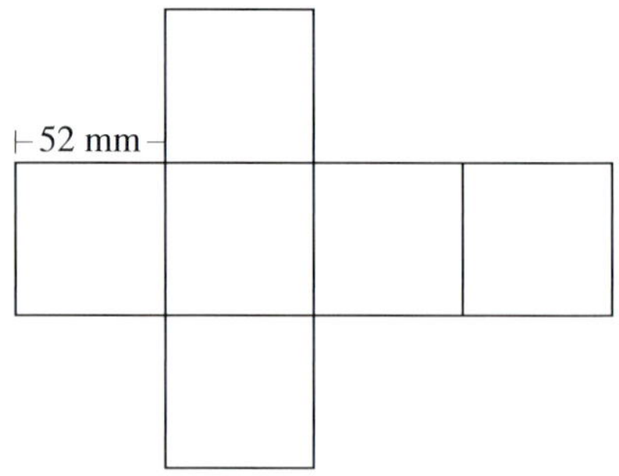

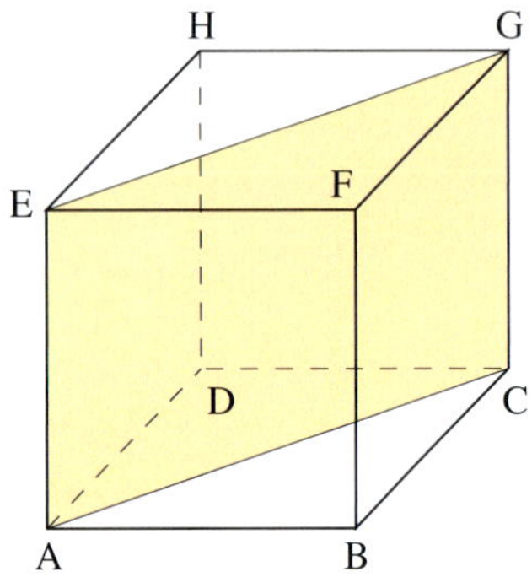

Wie lang und wie breit ist das Rechteck *ACGE*? Zeichne es.
Falte ein DIN-A5-Blatt so oft, dass es so groß wie das Rechteck *ACGE* ist. Wie oft hast du es gefaltet?

Schneide aus dem gefalteten Blatt zwei Viertelkreisflächen aus und falte die Seite auseinander.
Beschreibe das Muster und vergleiche es mit dem deiner Klassenkameraden.

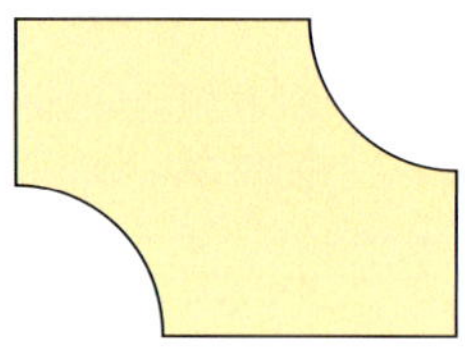

Bearbeitung

Auftrag 4 Würfel und Rechteck

Das **Netz** eines Körpers erhält man, wenn man alle Begrenzungsflächen in eine Ebene klappt.
Umgekehrt kann man aus dem Netz eines Körpers den Körper bauen.

Am Würfelnetz müssen noch sieben Klebefalze angebracht werden. Dafür gibt es verschiedene Möglichkeiten. Du musst dabei aufpassen, dass du immer nur an eine von zwei Seiten, die zu einer Kante geklebt werden, einen Klebefalz zeichnest.

Das Rechteck *ACGE* hat die Seiten [*AC*], [*CG*], [*EG*] und [*AE*]. Immer zwei Seiten sind gleich lang. [*CG*] und [*AE*] sind Kanten des Würfels, sie sind 52 mm lang. Man schreibt: $\overline{CG}$ = 52 mm.

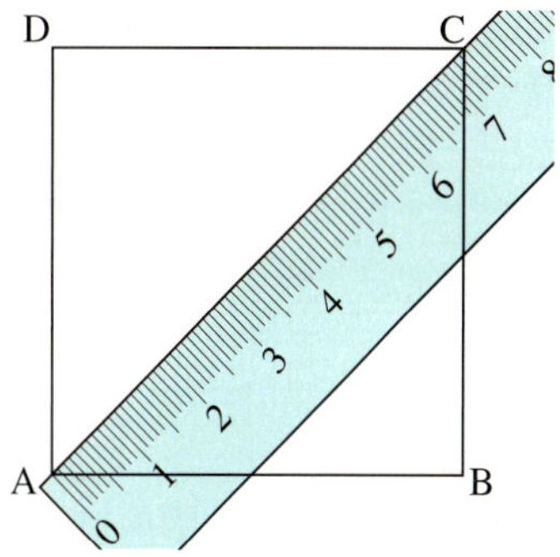

Jede Seite ist eine **Strecke**, das ist die geradlinige und damit die kürzeste Verbindung zweier Punkte. Die Strecke [*AC*] hat den Anfangspunkt *A* und den Endpunkt *C*. Sie heißt **Diagonale** des Quadrats *ABCD*. Mit dem Lineal kannst du messen, dass $\overline{AC}$ etwa 74 mm misst. Schreibt man [*CA*] statt [*AC*], so sind Anfangs- und Endpunkt der Strecke vertauscht.

Nun kannst du das Rechteck zeichnen.

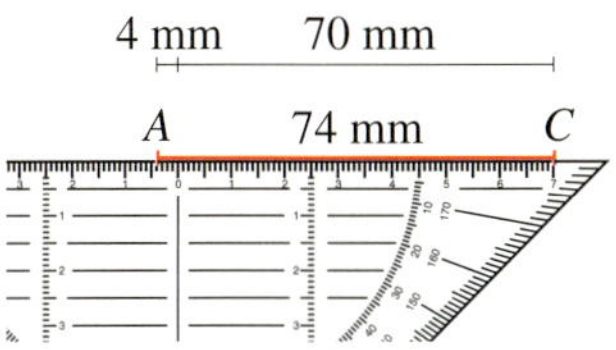

Mit dem Geodreieck oder dem Lineal zeichnest du die Strecke [*AC*] mit der Länge $\overline{AC}$ = 74 mm.

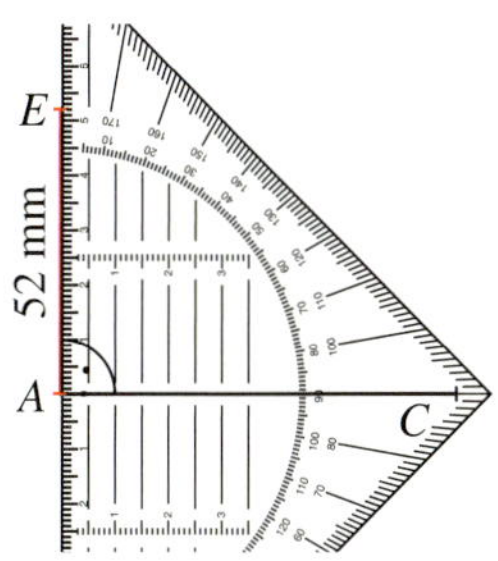

Mit dem Geodreieck kannst du [*AE*] **senkrecht zu** [*AC*] zeichnen. Als Symbol für zueinander senkrechte Strecken verwendet man in der Zeichnung ⦜.
Man schreibt: [*AE*] ⊥ [*AC*]
[*AC*] heißt auch das **Lot** auf [*AE*].

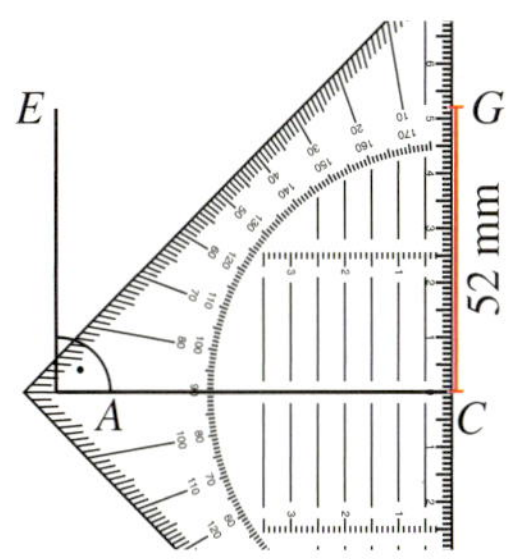

Die Strecke [*CG*] ist ebenfalls senkrecht zu [*AC*].
Die Strecken [*AE*] und [*CG*] sind dann **zueinander parallel**.
Man schreibt: [*AE*] ∥ [*CG*]

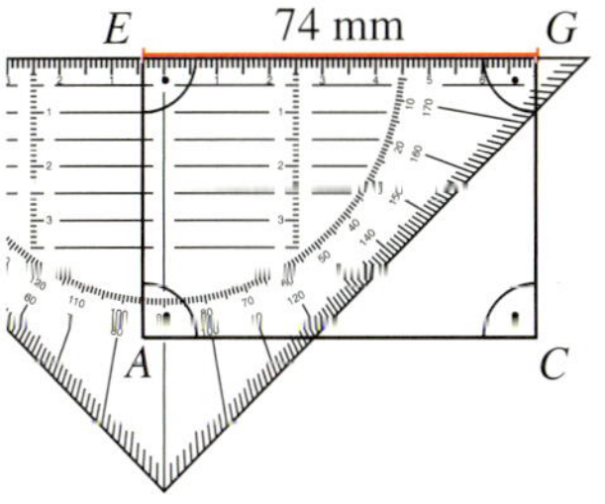

Gegenüberliegende Seiten eines Rechtecks sind zueinander parallel und gleich lang. Benachbarte Seiten sind zueinander senkrecht. Sind benachbarte Seiten auch gleich lang, so ist das Rechteck sogar ein Quadrat. Das Quadrat ist ein Sonderfall des Rechtecks.

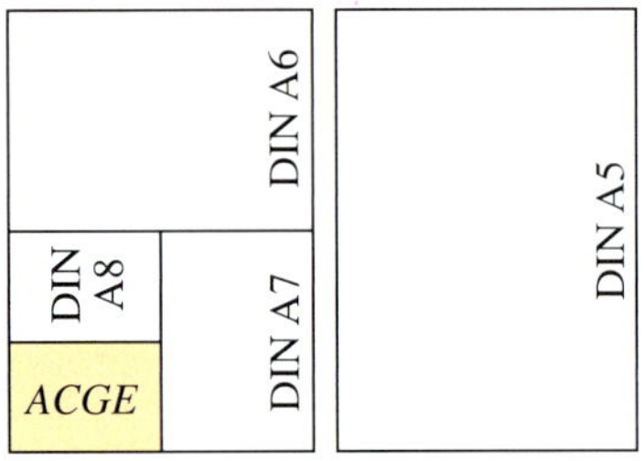

Ein DIN-A5-Blatt musst du dreimal falten, damit es so groß wie das Rechteck *ACGE* ist. Das Rechteck aus dem Würfel hat das Seitenformat DIN A8.

Aus dem gefalteten DIN-A5-Blatt kannst du nach Augenmaß zwei Viertelkreisflächen ausschneiden.

Das Muster, das du erhältst, hängt davon ab, an welchen gegenüberliegenden Ecken der gefalteten Seite die Viertelkreise ausgeschnitten werden.
Im Beispiel sind nach dem Auseinanderfalten eine Kreisfläche und sechs Halbkreisflächen ausgeschnitten.

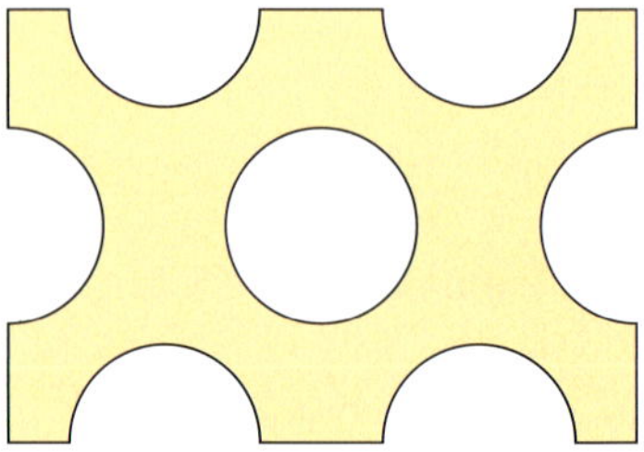

Einen ersten Schritt weitergedacht: Wenn du einen **Kreis** – beispielsweise mit dem Radius 5 cm – genau zeichnen willst, so verwendest du einen Zirkel.

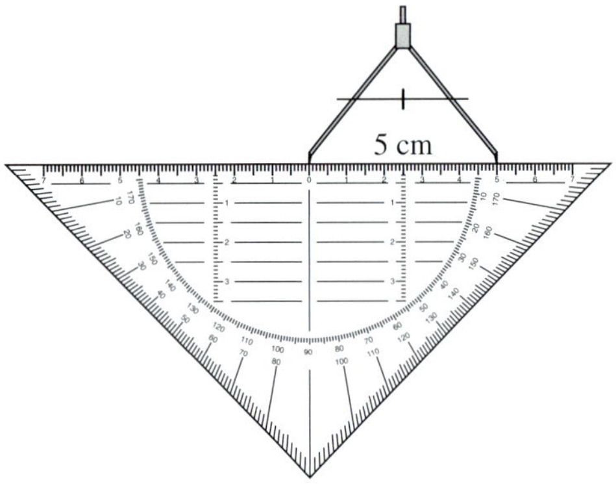

Übernimm vom Maßstab des Geodreiecks eine 5 cm lange Strecke in den Zirkel.

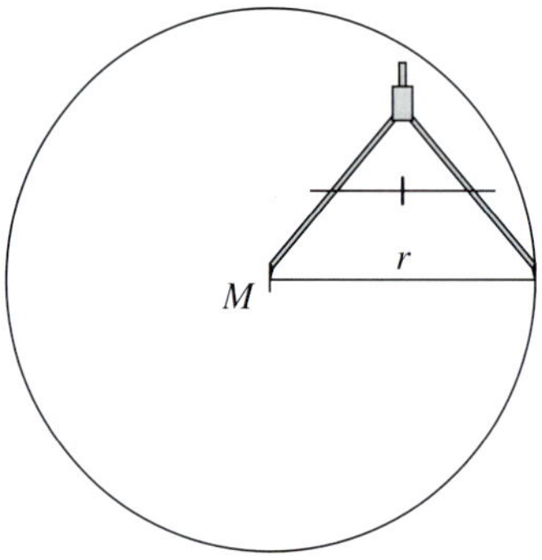

Gib den Mittelpunkt *M* an und zeichne um ihn den Kreis mit dem Radius 5 cm.

Einen zweiten Schritt weitergedacht:
Verlängerst du eine Strecke über ihre Endpunkte hinaus, so erhältst du eine **Gerade**, hier die Gerade ***AB***. Sie besitzt weder Anfangs- noch Endpunkt. Beim Zeichnen kann man immer nur einen Teil einer Geraden darstellen.

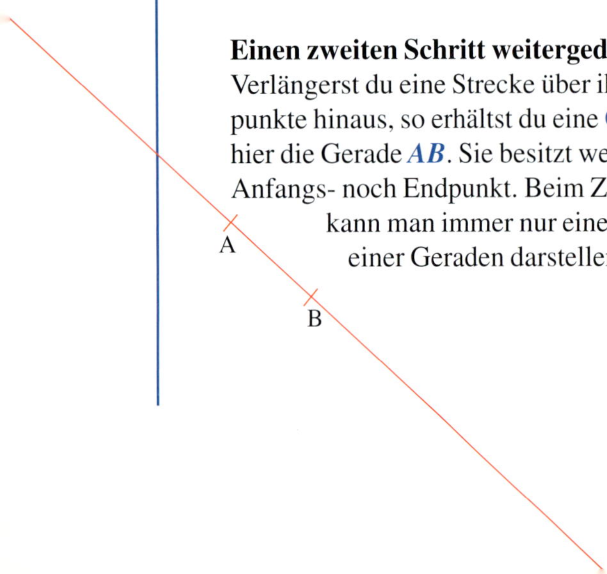

Verlängerst du eine Strecke über einen Endpunkt *B* hinaus, so erhältst du die **Halbgerade [*AB***. Sie besitzt einen Anfangspunkt, aber keinen Endpunkt. Auch hier kann man nur einen Teil darstellen.

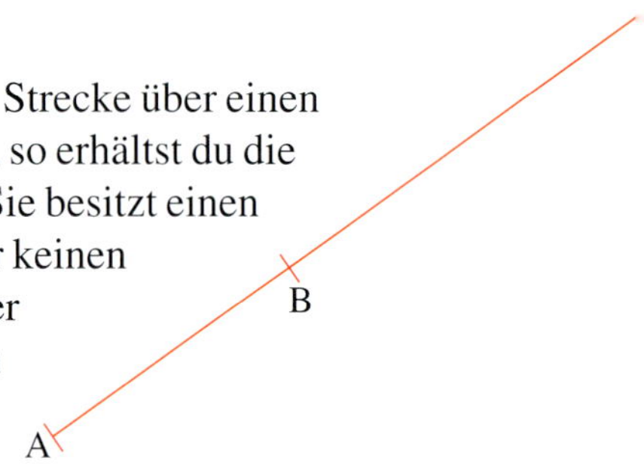

Den **Abstand** von zwei Punkten A und B kannst du leicht messen, indem du die Länge der Strecke $[AB]$ misst. Aber wie misst man den Abstand eines Punktes von einer Geraden oder den Abstand paralleler Geraden?

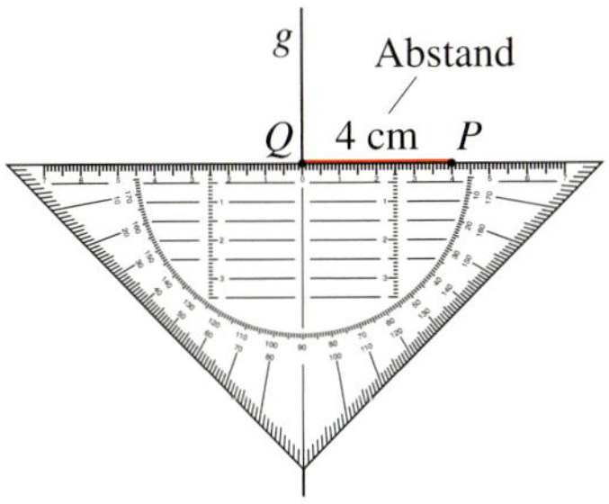

Der Abstand des Punktes P von der Geraden g beträgt 4 cm. Der Abstand ist die Länge der Strecke $[PQ]$, die senkrecht zur Geraden g ist.

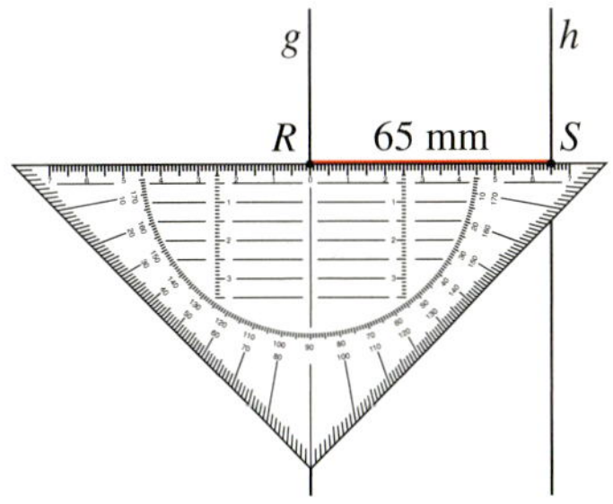

Der Abstand der parallelen Geraden g und h beträgt 65 mm. Der Abstand ist die Länge jeder Verbindungsstrecke zwischen g und h, die senkrecht zu g und senkrecht zu h ist.

Grundbegriffe und Figuren

Zusammenfassung

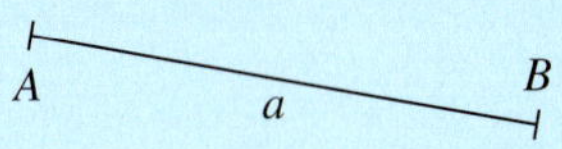

Eine **Strecke** a oder $[AB]$ ist die gradlinige Verbindung zweier Punkte.

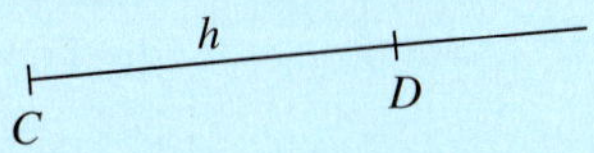

Eine **Halbgerade** h oder $[CD$ hat einen Anfangs-, aber keinen Endpunkt.

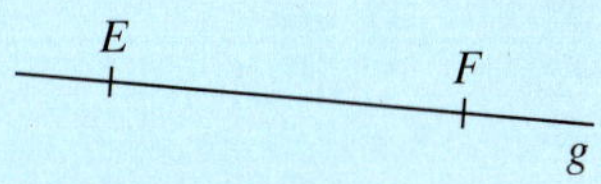

Eine **Gerade** g oder EF hat keinen Anfangs- und keinen Endpunkt.

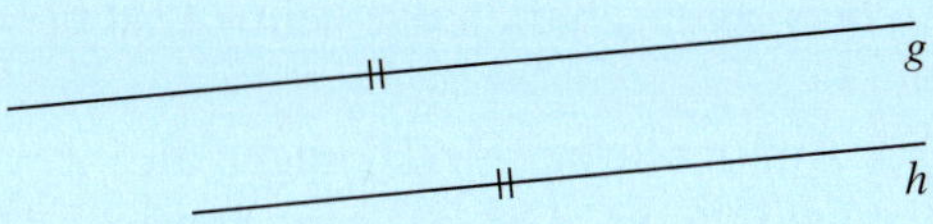

Die Geraden g und h sind **zueinander parallel**, man schreibt $g \parallel h$.

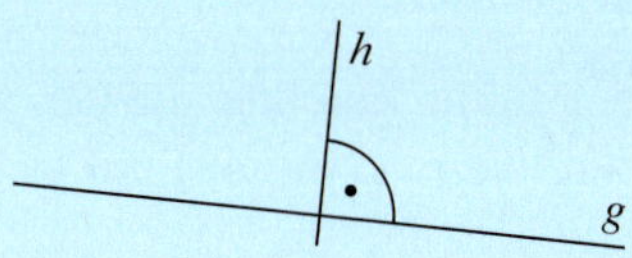

Die Geraden g und h sind **zueinander senkrecht**, man schreibt $g \perp h$.

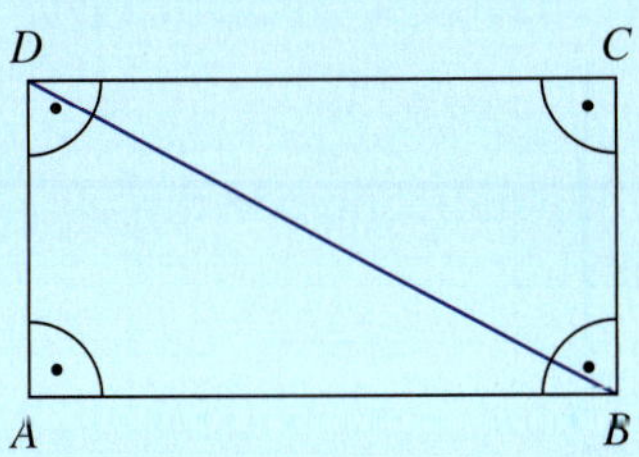

$[AB] \parallel [CD]$
$[AB] \perp [BC]$
Streckenlängen:
$\overline{AB} = \overline{CD}$; $\overline{BC} = \overline{AD}$

Eine **Diagonale im Rechteck** verbindet zwei gegenüberliegende Eckpunkte.

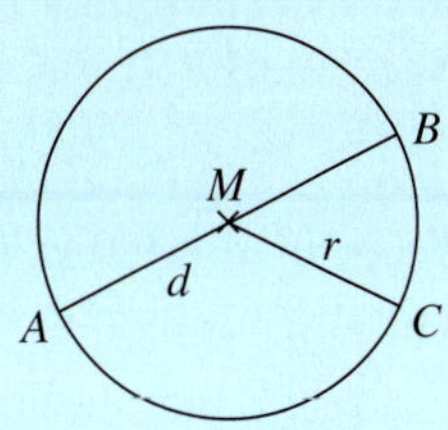

$[MC]$ nennt man **Radius** r des Kreises, $[AB]$ **Durchmesser** d.

Aufgaben **Trainieren** Anwenden Verknüpfen

1 Zeichne die Figuren mit Geodreieck oder Zirkel.

a) Quadrat mit der Seitenlänge $s = 4$ cm
b) Rechteck mit $l = 4$ cm und $b = 6$ cm
c) Kreis mit dem Radius $r = 42$ mm
d) Kreis mit dem Durchmesser $d = 7$ cm
e) Kreis, auf dem die Eckpunkte des in b) gezeichneten Rechtecks liegen

2 Wie viele Rechtecke erkennst du in dieser Figur? Gib ihre Eckpunkte an.

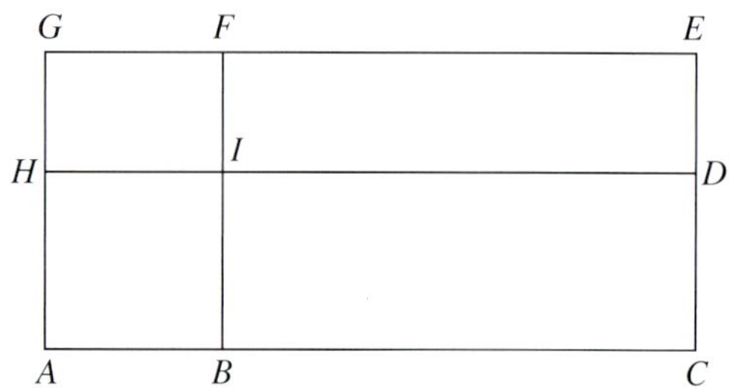

3 Gib Gegenstände in deinem Klassenzimmer an, die die Form geometrischer Grundfiguren und Körper haben.

4 Punkte und Geraden:

a) Zeichne drei Punkte. Zeichne alle Geraden, die durch je zwei dieser Punkte verlaufen, und benenne sie.
b) Zeichne vier Punkte und alle Geraden, die durch je zwei Punkte verlaufen.

5 Lege im Heft zwei Punkte A und B fest. Zeichne eine Gerade (Kreis), die (der)

a) weder durch A noch durch B geht,
b) durch A, aber nicht durch B geht,
c) nicht durch A, aber durch B geht,
d) durch A und durch B geht.

6 Zeichne eine Gerade e und einen Punkt R, der nicht auf e liegt. Zeichne eine Gerade f durch R, die parallel zu e verläuft. Miss den Abstand der Geraden.

7 Beschreibe das Eurozeichen mit den Begriffen Gerade, Strecke, Halbgerade, Kreis, Rechteck, zueinander parallel, zueinander senkrecht.

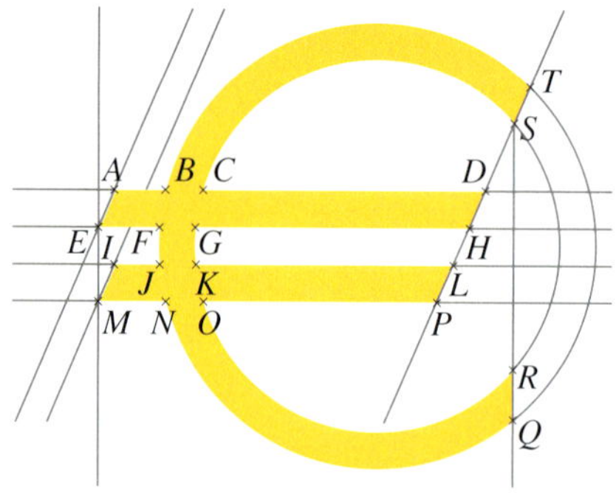

8 Untersuche die Diagonalen im Quadrat und im Rechteck.

a) Zeichne ein Quadrat mit den Eckpunkten A, B, C, D und die Diagonalen $[AC]$ und $[BD]$. Wie liegen die Diagonalen zueinander?

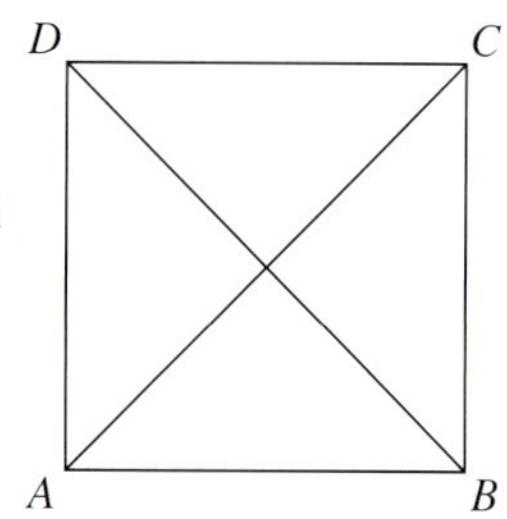

b) Zeichne ein Rechteck, das kein Quadrat ist. Haben die Diagonalen dieselben Eigenschaften wie beim Quadrat?

9 Auf der Strecke $[AD]$ liegen die Punkte B und C. Gib alle Strecken an, für die je zwei der Punkte A, B, C, D Anfangs- und Endpunkt sind. Ordne sie der Länge nach.

10 Find sets of parallel lines in this picture of a cuboid.

a) Which three lines are parallel to AB?
b) Which three lines are parallel to BC?
c) Name another set of parallel lines.

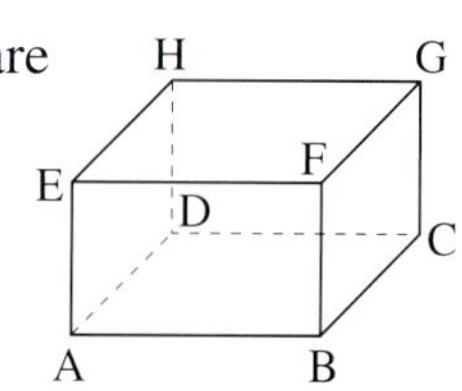

Noch fit?

I Beschreibe die Zahlenfolge in Worten. Gib drei weitere Zahlen an.

a) 1, 2, 3, 4, …
b) 1, 3, 5, 7, 9, …
c) 2, 3, 5, 7, 11, 13, …
d) 1, 4, 9, 16, 25, …
e) 1, 8, 27, 64, 125, …

II Gib alle Teiler der Zahl 12, der Zahl 29 und der Zahl 60 an.

III Gib alle Vielfachen von 3 zwischen 52 und 71 an.
Welche Zahlen zwischen 19 und 31 sind keine Vielfachen von 3?

Trainieren **Anwenden** **Verknüpfen**

11 Zeichne mit dem Zirkel eine Rosette. Finde andere Figuren, die nur mit dem Zirkel gezeichnet werden können.

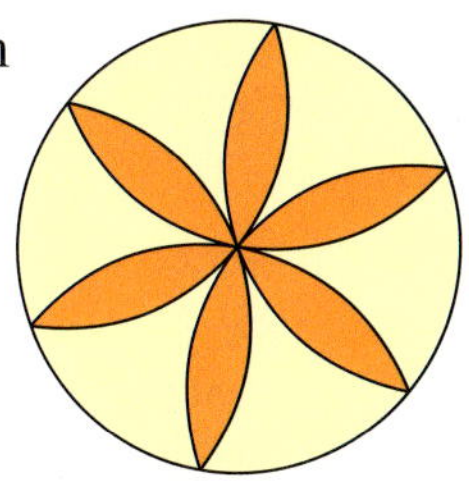

12 Zeichne die Figur mit Zirkel und Geodreieck nach.

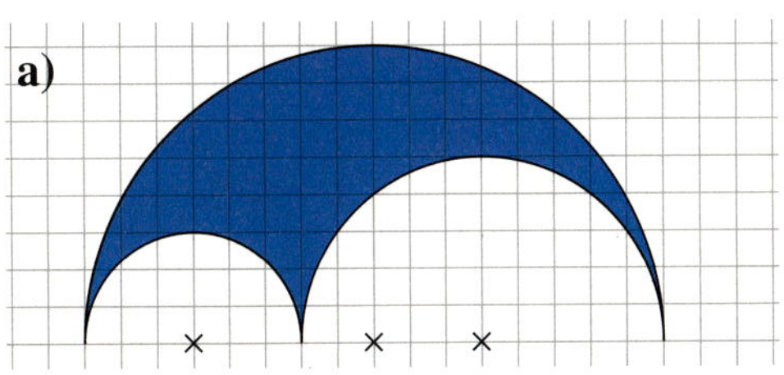

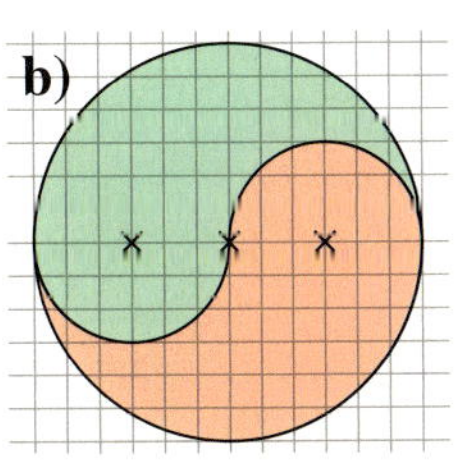

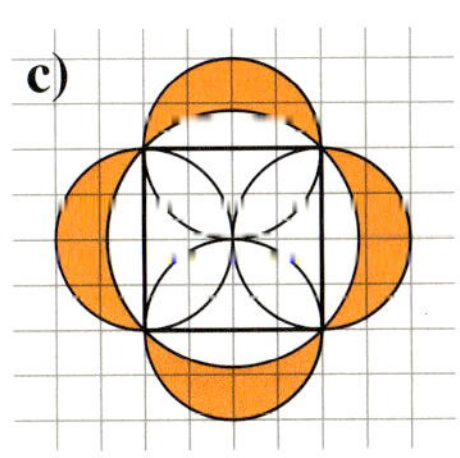

13 Übertrage die Figur in dein Heft und vervollständige das Parkett. **Aufgaben**

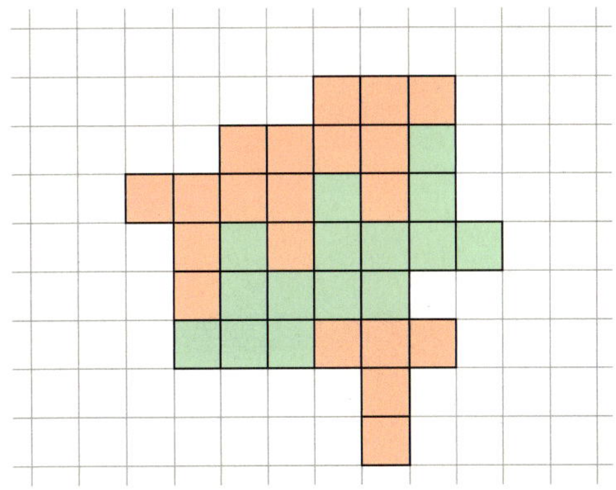

14 Strecken im Koordinatensystem:

a) Welche Koordinaten haben die Anfangs- und Endpunkte der Strecken [AB], [CD], [EF], [GH], [IK], [LM]?
b) Welche Strecken sind zueinander parallel, welche zueinander senkrecht?
c) Welche geometrischen Figuren erkennst du?
d) Gib die Koordinaten der Punkte an, in denen sich Strecken schneiden.

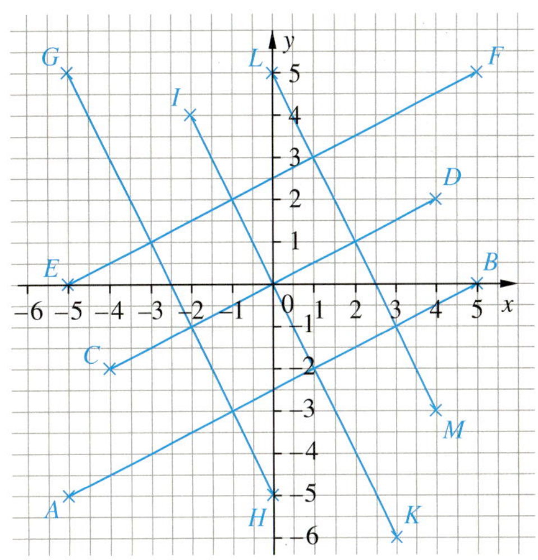

15 Zeichne ein Koordinatensystem und trage die Punkte $A\,(-3\,|\,1)$, $B\,(-3\,|\,-4)$, $C\,(-3\,|\,-6)$, $D\,(3\,|\,2)$, $E\,(-1\,|\,-5)$, $F\,(5\,|\,-5)$, $G\,(1\,|\,-3)$, $H\,(6\,|\,-1)$, $J\,(5\,|\,2)$, $K\,(1\,|\,6)$ ein. Trage die Strecken [AB], [CD], [EF], [GH], [JK] ein. Miss alle Streckenlängen.

Aufgaben

16 Zeichne mit dem Geodreieck eine Gerade *g* und einen Punkt *P*, der folgenden Abstand von *g* hat.

a) 15 mm **b)** 25 mm **c)** 35 mm

17 Auf dem Geodreieck findest du zueinander parallele Strecken, die jeweils 5 mm Abstand voneinander haben.

Die Strecke [*CD*] ist zur Strecke [*AB*] parallel und hat von [*AB*] einen Abstand von 25 mm.

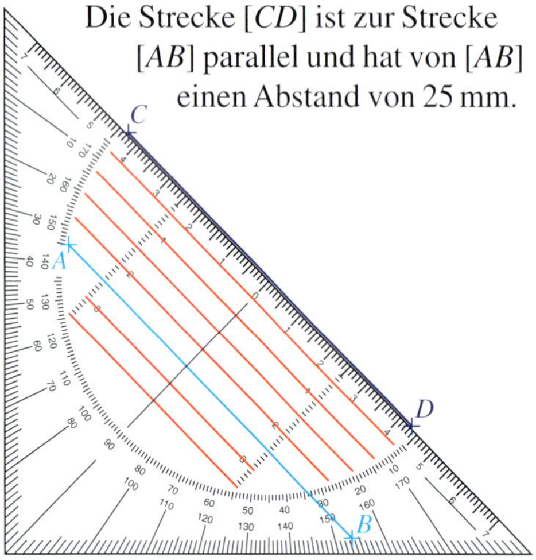

a) Zeichne zwei zueinander parallele Strecken mit 15 mm Abstand.
b) Zeichne zwei zueinander parallele Strecken mit 45 mm Abstand.
c) Zeichne zwei zueinander parallele Strecken mit der Länge 10 cm, die 13 mm Abstand voneinander haben.
d) Zeichne zwei zueinander parallele Strecken mit der Länge 10 cm, die 6 cm Abstand voneinander haben.
e) Zeichne zehn zueinander parallele Strecken mit einem festen Abstand zwischen den benachbarten Strecken.

18 Skizziere die Figur in dein Heft. Zeichne vier Geraden, von denen keine zwei parallel zueinander sind. Durch jede Nelke soll mindestens eine der vier Geraden gehen.

19 Übertrage die Figur in dein Heft. Verbinde *A*, *B*, *C*, *D* und *E* wie in der Zeichnung. Du darfst dabei den Stift nicht absetzen und jede Strecke nur einmal durchfahren.
Miss die Längen aller Strecken. Welche Strecken sind zueinander parallel, welche sind zueinander senkrecht?

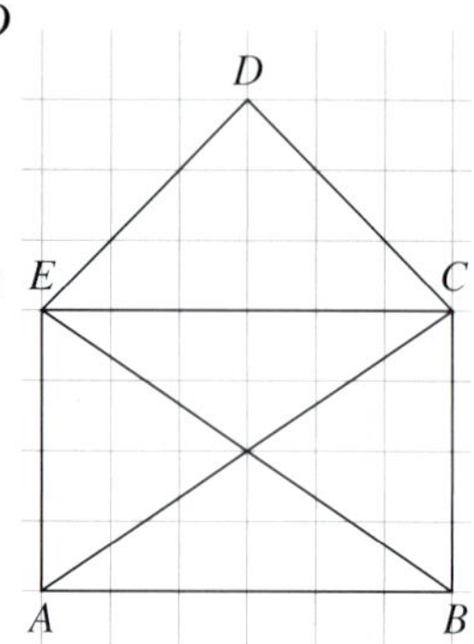

20 Aus Schaschlik-Stäbchen und Knetmasse kannst du Kantenmodelle bauen.

a) Baue einen Würfel.
b) Baue einen Quader.
c) Baue eine Pyramide aus gleich langen Stäbchen.
d) Baue einen Körper, der weder Quader noch Pyramide ist, und beschreibe ihn.
e) Wie viele Stäbchen brauchst du mindestens, um einen Körper zu bauen?

21 Die Seiten [*BC*] und [*CD*] ergeben eine Quaderkante, wenn du in Gedanken aus dem Netz den Quader baust.
Gib alle weiteren Seitenpaare an, aus denen eine Quaderkante entsteht.

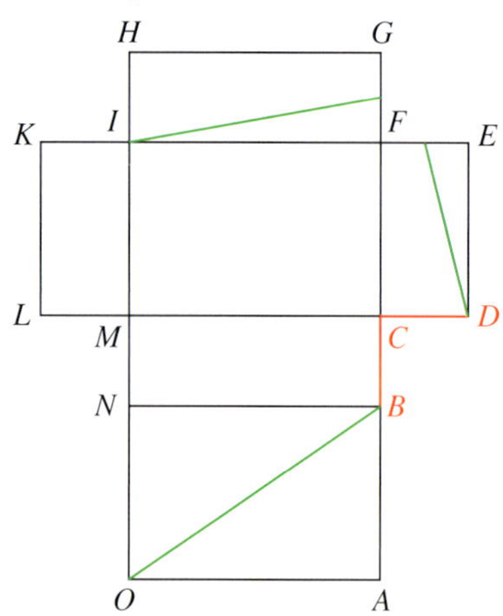

Ergeben die grünen Linien am Quader einen geschlossenen Streckenzug?

Trainieren Anwenden **Verknüpfen**

22 Zeichne das **Schrägbild** des Quaders in dein Heft. Fülle den Lückentext aus.

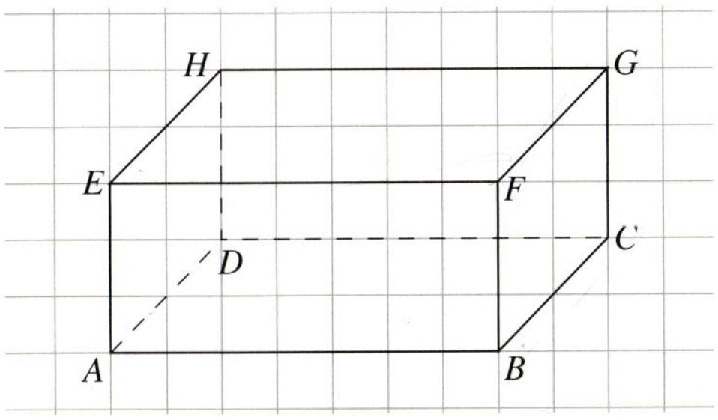

So zeichnest du das Schrägbild eines ?:
- Die Rechtecke *ABFE* und ? werden in wirklicher Größe gezeichnet.
- ?, die „nach hinten verlaufen“, werden schräg und verkürzt dargestellt.
  Man zeichnet sie diagonal durch die Quadrate des ?. Zum Beispiel zeichnet man diagonal durch zwei Kästchen, wenn die Kante in Wirklichkeit ? Kästchen lang ist.

23 Zeichne das Schrägbild in dein Heft.

a) Quader mit der Länge $l = 4$ cm, der Breite $b = 6$ cm und der Höhe $h = 8$ cm
b) Würfel mit $s = 8$ cm

24 In einem Koordinatensystem mit der Einheit 1 cm ist ein Netz eines Quaders gegeben.
Welche Länge, Breite und Höhe hat der Quader in Wirklichkeit?
Zeichne zwei andere Netze für den Quader.

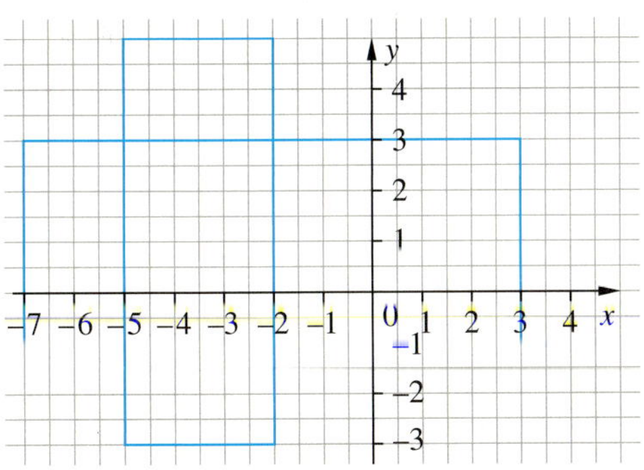

Aufgaben

25 Schülerinnen und Schüler, die besonders an Mathematik interessiert sind, können am Bundeswettbewerb Mathematik teilnehmen. Dies ist das Logo des Wettbewerbs.

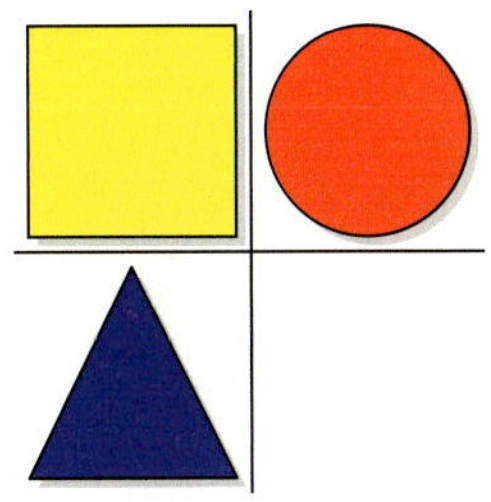

So sieht es aus, wenn du die drei Figuren aufeinander legst:

Zeichne das Logo des Bundeswettbewerbs; wähle als Seitenlänge des Quadrats 5 cm. Die Zeichnung kannst du auch am Computer anfertigen.
Wie groß sind Radius und Durchmesser des Kreises?
Miss die Seitenlängen des Dreiecks.

Aufgabe der Woche

Zeichne das Netz zweimal auf Karopapier. Denke an Klebefalze. Schneide die Netze aus und fertige zwei gleiche Körper an.
Beschreibe die entstandenen Körper.
Welche anderen Körper kannst du aus den beiden zusammensetzen?

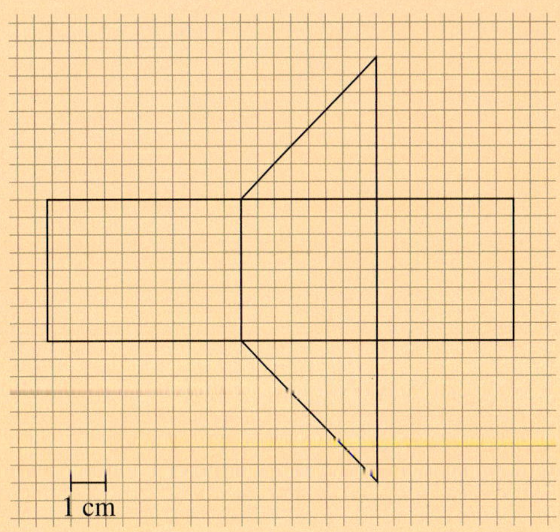

4.2 Winkel

Auftrag 1 Uhrzeit

Die beiden Zeiger schließen einen Winkel ein. Wie kann man die Größe dieses Winkels mit einem Geodreieck messen?

Gib eine andere Uhrzeit an, bei der die Zeiger einen Winkel mit derselben Größe einschließen. Wie kannst du den Winkel, den die Zeiger um 16:00 Uhr einschließen, zeichnen und seine Größe messen?

Wie groß ist der Winkel, den die Zeiger um 16:12 Uhr einschließen?

Auftrag 2 Schiefe Türme

Die Einwohner von Suurhusen (Ostfriesland) behaupten, dass ihr Kirchturm der schiefste Turm der Welt ist.

In der Abbildung findest du einen Winkel, der ungefähr so groß ist wie der Winkel, unter dem sich der Kirchturm von Suurhusen neigt. Übertrage den blauen Winkel auf Karopapier. Wie kannst du ihn mit dem Geodreieck messen?

Der schiefe Turm von Pisa ist etwa um 4 Grad geneigt. Wie kannst du diesen Winkel zeichnen?

Labyrinth

Auftrag 3

Conrad steht am Eingang eines Labyrinths und wird von Julia übers Handy geführt:

- „Gehe fünf Schritte geradeaus.“
- „Drehe dich um 65 Grad gegen den Uhrzeigersinn und gehe vier Schritte weiter.“
- „Drehe dich um 155 Grad im Uhrzeigersinn. Gehe dann sechs Schritte weiter.“
- „Drehe dich um 90 Grad …“

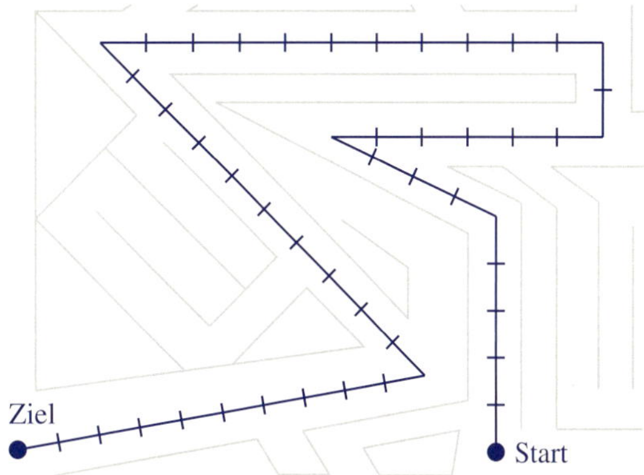

Führe Conrad weiter zum Ziel.

Zeichne selbst ein Labyrinth und führe jemanden mit Anweisungen hindurch.

Auftrag 3 **Labyrinth**

Bearbeitung

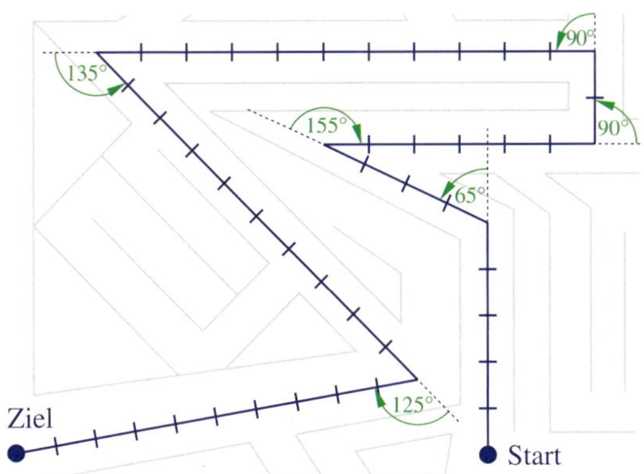

Die letzten vier Anweisungen lauten:

- „Drehe dich um 90 Grad gegen den Uhrzeigersinn. Gehe zwei Schritte.“
- „Drehe dich um 90 Grad gegen den Uhrzeigersinn. Gehe elf Schritte.“
- „Drehe dich um 135 Grad gegen den Uhrzeigersinn. Gehe zehn Schritte.“
- „Drehe dich um 125 Grad im Uhrzeigersinn und gehe zehn Schritte. Nun bist du am Ziel!“

Wie weit sich Conrad im oder gegen den Uhrzeigersinn drehen soll, wird durch die Größe eines **Winkels** beschrieben. Der Winkel entsteht durch die Drehung einer Halbgeraden um ihren Anfangspunkt. Damit alle zu gleichen Winkeln kommen, wird vereinbart, die Drehungen immer entgegen dem Uhrzeigersinn vorzunehmen.

Ein Winkel ist durch zwei Halbgeraden mit gemeinsamem Anfangspunkt festgelegt.
Der Anfangspunkt heißt **Scheitel** des Winkels.
Die beiden Halbgeraden heißen **Schenkel**.

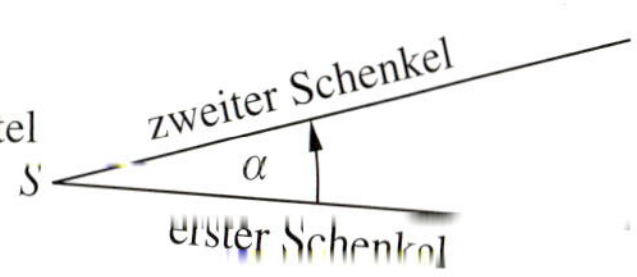

Winkel werden meist mit kleinen griechischen Buchstaben bezeichnet. Die ersten fünf Buchstaben dieses Alphabets sind $\alpha, \beta, \gamma, \delta, \varepsilon$ (Alpha, Beta, Gamma, Delta, Epsilon).

Winkel können auch durch den Scheitel und je einen Punkt der Schenkel bezeichnet werden. Geht man vom ersten zum letzten Punkt, so durchfährt man den Winkel entgegen dem Uhrzeigersinn (im positiven Drehsinn): $\gamma = \sphericalangle CAB$

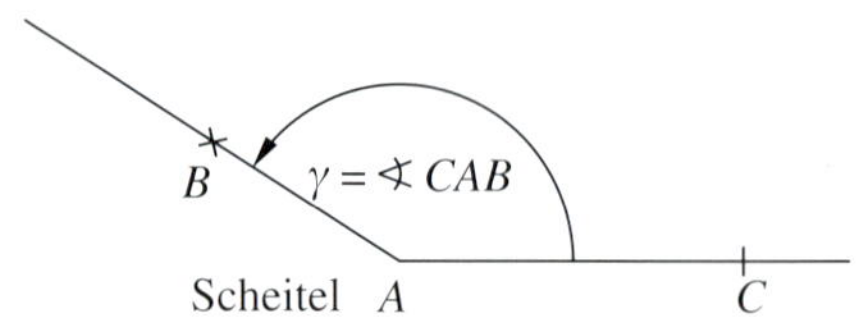

Um Conrad richtig durch das Labyrinth zum Ziel führen zu können, musst du die Winkel messen, um die er sich drehen soll.

Auf dem Geodreieck befinden sich dazu zwei Skalen von 0° bis 180°. Mit ihnen kannst du Winkel messen und zeichnen. Zum Messen legst du die längste Seite des Geodreiecks so auf einen Schenkel, dass der Nullpunkt auf dem Scheitel liegt.

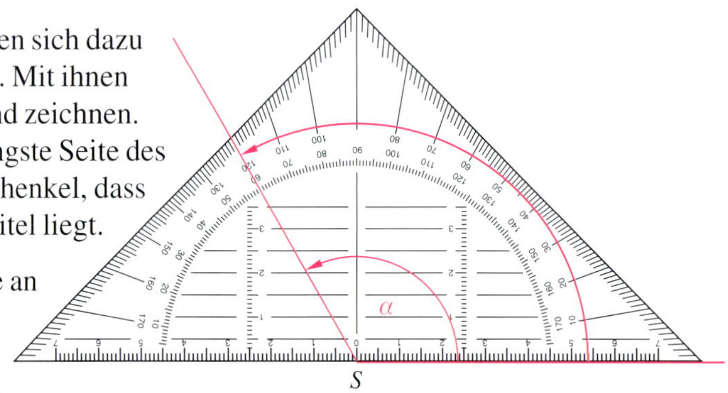

Nun wählst du die Skala, die an diesem Schenkel mit 0° beginnt. Der zweite Schenkel des Winkels ist dann wie ein Zeiger, an dem du die Größe des Winkels ablesen kannst. Manchmal musst du dazu den zweiten Schenkel etwas länger zeichnen.

Für den Winkel α liest du auf der oberen Skala 120° ab.
Man schreibt: $\alpha = 120°$

Auf der inneren Skala kannst du dann ablesen, um wie viel Grad der Winkel α kleiner als 180° ist.
Du liest ab, dass der Winkel α um 60° kleiner als 180° ist.
Die auf den beiden Skalen abgelesenen Werte müssen sich immer zu 180° ergänzen.

Ein Winkel wie β, dessen Größe zwischen 0° und 90° liegt, heißt **spitzer Winkel**.

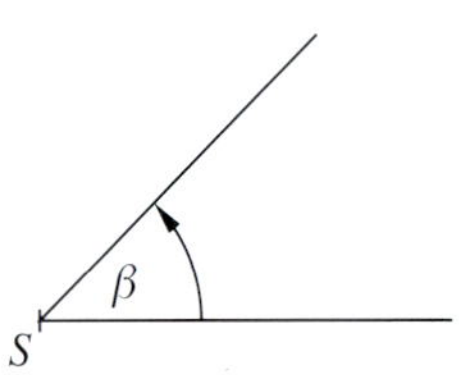

Die Größe eines **stumpfen Winkels** wie α liegt zwischen 90° und 180°.

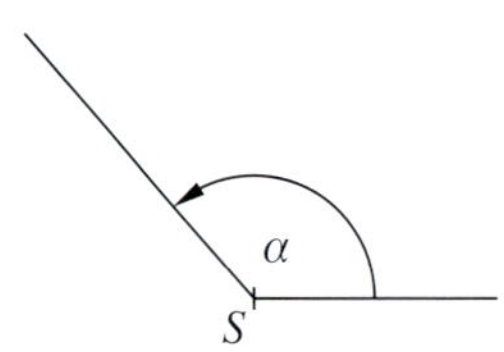

Sind die Schenkel zueinander senkrecht, so schließen sie einen **rechten Winkel** ein. Er misst 90°.

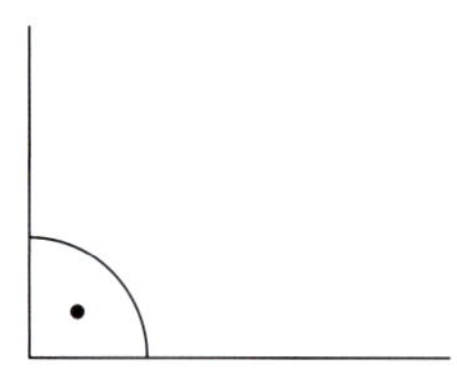

Einen Winkel von 180° nennt man **gestreckten Winkel**.

Es soll ein Winkel $\alpha = 60°$ gezeichnet werden.

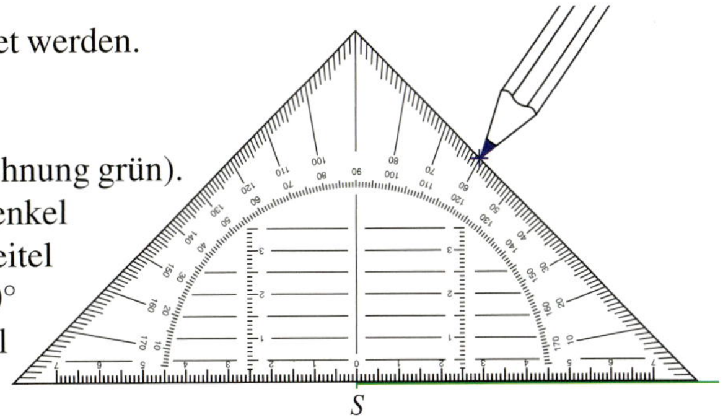

Eine Möglichkeit geht so:
Zeichne einen Schenkel (in der Zeichnung grün). Lege das Geodreieck so an den Schenkel an, dass der Nullpunkt auf dem Scheitel liegt. Markiere einen Winkel von 60° am Rand der Skala, die am Schenkel mit 0° beginnt. Verbinde dann den markierten Punkt mit dem Scheitel.

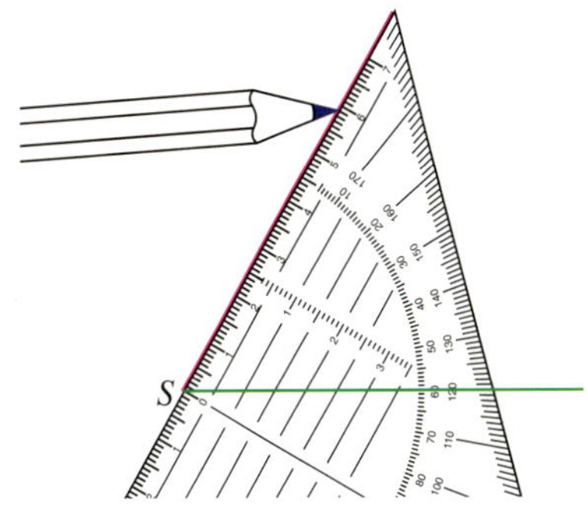

Eine andere Möglichkeit geht so:
Zeichne einen Schenkel (in der Zeichnung grün). Lege das Geodreieck mit dem Nullpunkt so auf den Scheitel, dass der gezeichnete Schenkel auf der inneren Skala durch die Markierung für 60° geht. Zeichne den zweiten Schenkel (in der Zeichnung rot).

Winkel

Zusammenfassung

Die Halbgeraden [SA und [SB schließen einen **Winkel** ein. Die Halbgeraden heißen **Schenkel**, der gemeinsame Anfangspunkt S heißt **Scheitel**. Der Winkel entsteht auch durch Drehung der Halbgerade [SA um ihren Anfangspunkt S.

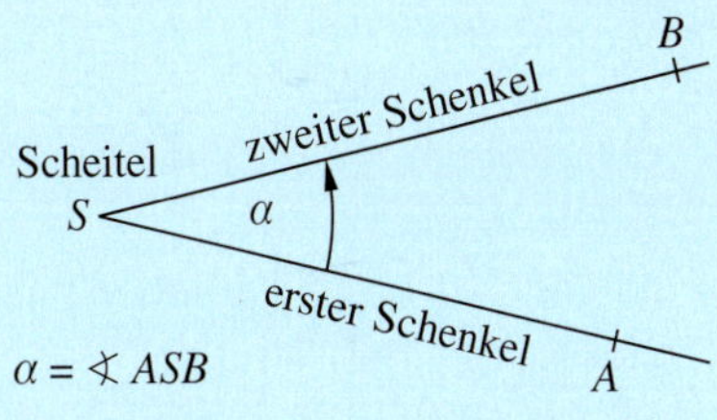

Du kennst bisher folgende Arten von Winkeln:

Nullwinkel	**spitzer Winkel**	**rechter Winkel**	**stumpfer Winkel**	**gestreckter Winkel**
$\alpha = 0°$	$0° < \beta < 90°$	$\gamma = 90°$	$90° < \delta < 180°$	$\varepsilon = 180°$
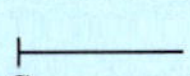 S	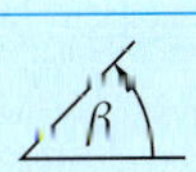 S	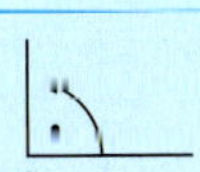 S	 S	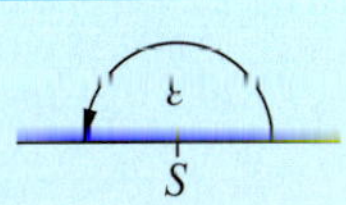 S

Aufgaben **Trainieren** **Anwenden** **Verknüpfen**

1 Miss die Winkel und gib ihre Art an.

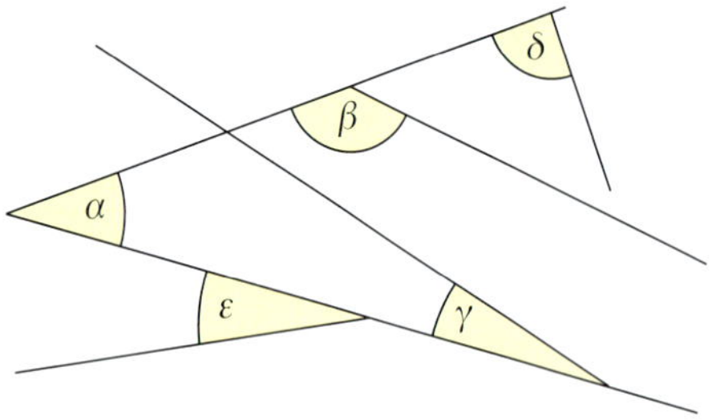

2 Zeichne den Winkel.

a) $\alpha = 60°$
b) $\beta = 145°$
c) $\gamma = 18°$
d) $\delta = 100°$
e) $\varepsilon = 30°$

3 Winkel in Dreieck und Viereck:

a) Zeichne ein beliebiges Dreieck ABC und miss die Winkel $\sphericalangle BAC$, $\sphericalangle CBA$ und $\sphericalangle ACB$.
b) Zeichne ein beliebiges Viereck $ABCD$ und miss die Winkel $\sphericalangle BAD$, $\sphericalangle CBA$, $\sphericalangle DCB$ und $\sphericalangle ADC$.

4 Fülle die Lücken im Heft aus.

a) Ein Winkel von 90° ist ein ? Winkel.
b) Ein Winkel von 180° ist ein ? Winkel.
c) Ein Winkel von 157° ist ein ? Winkel.
d) Ein Winkel von 43° ist ein ? Winkel.

5 Die Winkel α_1, α_2, α_3, α_4, α_5 und α_6 sind gleich groß und ergeben zusammen einen gestreckten Winkel.
Berechne die Größe der Winkel.

a) $\alpha_2 + \alpha_3$
b) $\alpha_1 + \alpha_2 + \alpha_3 + \alpha_4$
c) $\alpha_3 + \alpha_4 + \alpha_5$

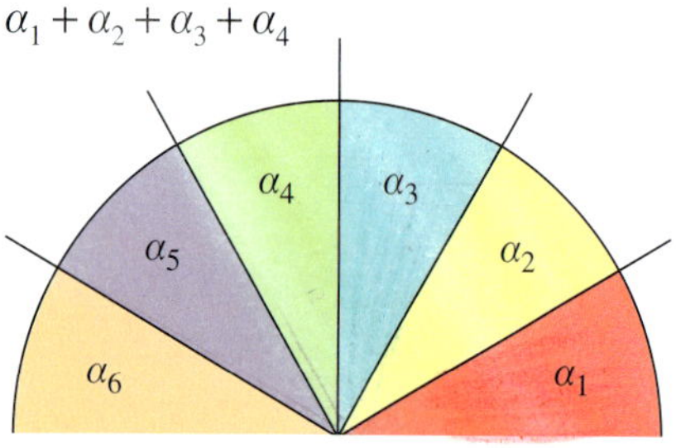

6 Einen gestreckten Winkel kann man in 6 gleich große Winkel zu je ×° zerlegen.
Finde andere Zerlegungen:
Ein gestreckter Winkel kann in × gleich große Winkel zu je ×° zerlegt werden.

7 Zeichne zwei sich schneidende Geraden. Miss die Winkel α, β, γ und δ.

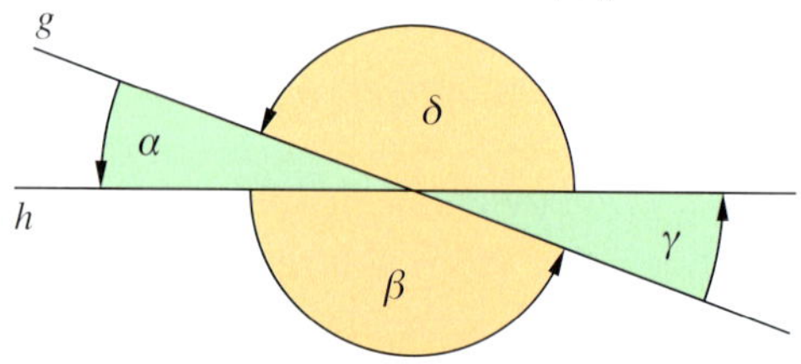

8 Drei Winkel α, β und γ ergeben zusammen einen gestreckten Winkel.
Ergänze die Tabelle.

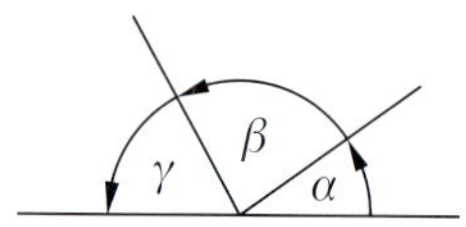

α	β	γ
17°	××××××××××	82°
×××××	rechter Winkel	55°
×××××	$\beta = \alpha$	100°
$\alpha = \beta$	$\beta = \gamma$	×××

Noch fit?

I Lies die Zahlen und trage sie in eine Stellenwerttafel ein.

a) 5 432 100
b) 700 700 700
c) $17 \cdot 10^3$
d) $9 \cdot 10^5$

II Schreibe mit Zehnerpotenzen.

a) 4 200 000
b) 456 000 000 000
c) 59 500 000 000

III Was haben die Zahlen gemeinsam?
sechshundertdrei Millionen vierhundertvierundachtzigtausenddreihundertsechs; fünf Millionen achthundertsechsunddreißigtausenddreihundertfünfundachtzig; zweitausendzwei

Trainieren Anwenden Verknüpfen

9 Bestimme die Maße der Winkel, die die Zeiger der Uhren einschließen.

10 Winkel in Dreieck und Viereck:

a) Zeichne ein Dreieck ABC mit den Winkeln $\sphericalangle BAC = 42°$, $\sphericalangle CBA = 63°$. Miss die Größe des Winkels $\sphericalangle ACB$.

b) Zeichne ein Viereck $ABCD$ mit den Winkeln $\sphericalangle BAD = 78°$, $\sphericalangle CBA = 90°$, $\sphericalangle DCB = 64°$. Wie groß ist $\sphericalangle ADC$?

11 ∢BAC ist ein spitzer Winkel. Gib alle spitzen, rechten und stumpfen Winkel an, die du an dem Quader findest.

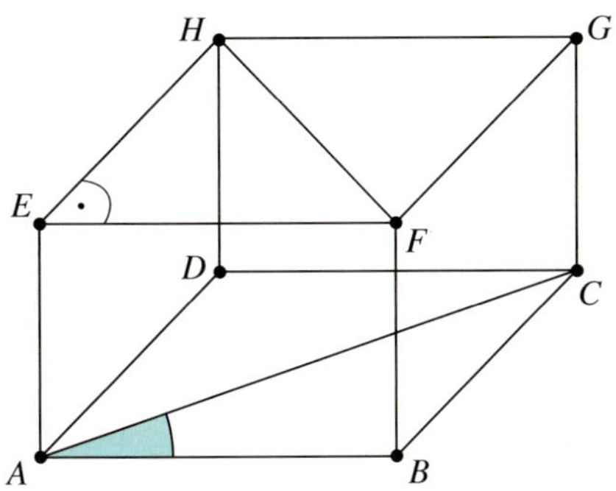

12 Zeichne die Punkte in ein Koordinatensystem.
Bestimme die Streckenlängen $\overline{AB}$, $\overline{BC}$, $\overline{CD}$, $\overline{DA}$ und die Größen der Winkel $\sphericalangle DAD$, $\sphericalangle CDA$, $\sphericalangle DCB$, $\sphericalangle ADC$.

a) $A(1|1)$, $B(5|1)$, $C(7|3)$, $D(3|3)$
b) $A(3|0)$, $B(0|3)$, $C(-3|0)$, $D(0|-3)$
c) $A(-2|-4)$, $B(2|-2)$, $C(2|2)$, $D(-2|4)$

Aufgaben

13 Je ein Schenkel des Winkels α verläuft senkrecht zu je einem Schenkel des Winkels β. Zeichne zwei Winkel mit dieser Eigenschaft und miss, wie groß sie sind.

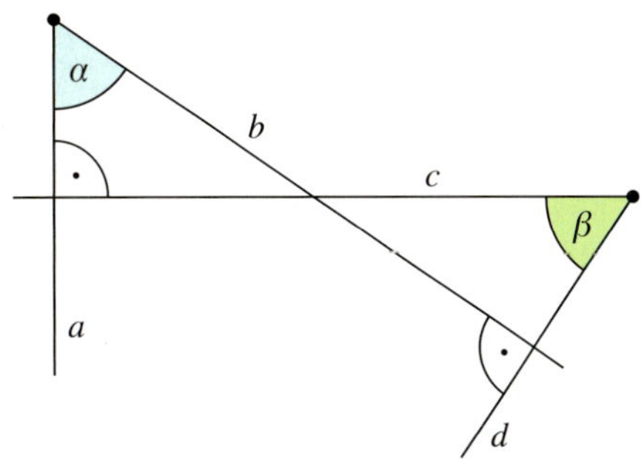

Finde die zweite mögliche Zeichnung, die zur Beschreibung oben passt.

14 Zeichne ein Rechteck $ABCD$ mit den Seitenlängen $\overline{AB} = 8$ cm und $\overline{BC} = 6$ cm. Zeichne die Diagonalen $[AC]$ und $[BD]$. Miss die Winkel α, β, γ und δ.

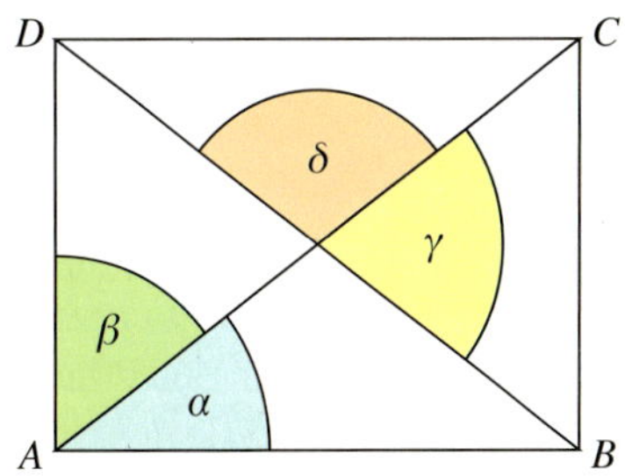

Gib in deinem Rechteck andere Winkel an, die genauso groß sind wie die Winkel α, β, γ oder δ.

15 Früher übermittelten die Matrosen auf einem Schiff Nachrichten mit Winkzeichen. Ähnlich dem Morsealphabet gibt es ein Alphabet für die Haltung der Arme.
Schätze die Größe der Winkel, die Arme und Flaggen bei jedem Buchstaben des Wortes „Winkel" einschließen.

Aufgaben Trainieren Anwenden Verknüpfen

16 Zeichne eine Gerade g und darauf einen Punkt A.
Zeichne eine zu g senkrechte Gerade h durch A.
Zeichne auf h von A aus eine 3 cm lange Strecke $[AB]$.
Zeichne einen Kreis k mit dem Mittelpunkt B und dem Radius $r = 6$ cm.
Der Kreis k und die Gerade g schneiden sich in zwei Punkten C und D.
Zeichne das Dreieck ABC.
Miss die Winkel $\sphericalangle CBA$ und $\sphericalangle ACB$.

17 Bei einem Elfmeter im Fußball gelten diese Bedingungen:

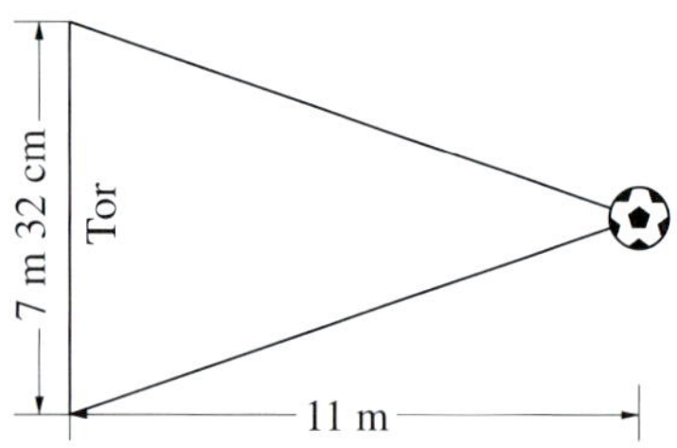

Fertige eine Zeichnung an. 1 cm in deiner Zeichnung soll für 1 m in der Wirklichkeit stehen. Miss die Größe des Schusswinkels.
Hat der Torwart einen Vorteil, wenn er einen Schritt nach vorne geht? Begründe.

18 Gib die Größen der Winkel zwischen den Himmelsrichtungen an.

	O	NNO	WNW
N	90°	XXXX	XXXX
ONO	XXX	XXXX	XXXX
NW	XXX	XXXX	XXXX

19 Die Oberfläche der Bundesrepublik Deutschland beträgt rund 350 000 Quadratkilometer. In der Abbildung ist davon anteilmäßig die Oberfläche des Bundeslandes Bayern gegeben. Bestimme sie.

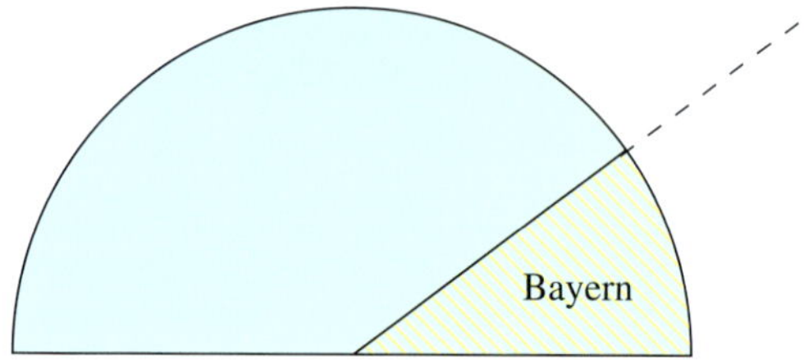

20 Fällt das Licht zweier Lichtquellen auf einen Gegenstand, so entstehen hinter dem Gegenstand Kernschatten und Halbschatten. Fertige eine ähnliche Zeichnung an und miss die Größen aller Winkel.

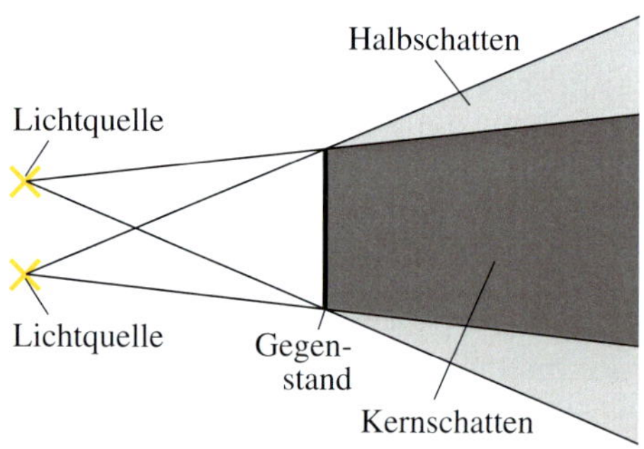

Aufgabe der Woche

Welche Winkel kannst du an einem Fahrrad messen? Bezeichne sie und miss.
Fertige eine Zeichnung des Fahrrads an.
Du kannst dafür den Computer benutzen.

4.3 Achsensymmetrische Figuren

Bello

Auftrag 1

Hier siehst du Bello, der wachsam um die Hausecke blickt.
Wie kannst du Bellos Gesicht vervollständigen?
Zeichne das ganze Gesicht von Bello in dein Heft.
Warum geht das?

Welche anderen Möglichkeiten gibt es, solch eine Zeichnung anzufertigen?

Rettungswagen

Auftrag 2

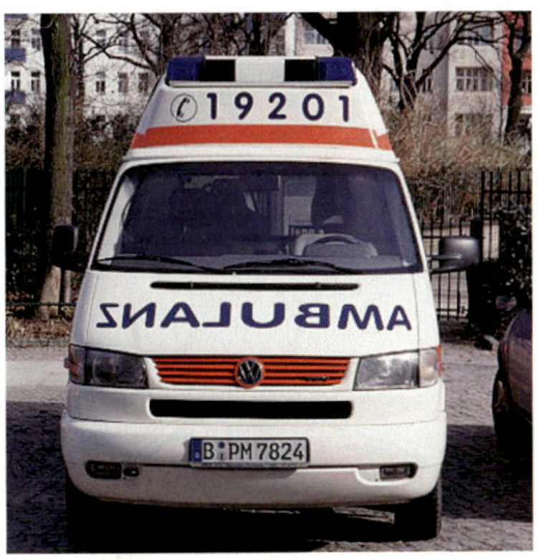

Durch das Hinterfenster des Autos sieht Juliane dieses Fahrzeug und hört eine Sirene.
Um welches Fahrzeug handelt es sich?

Schreibe deinen Namen so auf ein Blatt Papier, dass du ihn im Spiegel richtig lesen kannst.
Was musst du dabei beachten?
Finde Wörter und Zahlen, die sich beim Betrachten im Spiegel nicht ändern.

Schmetterling

Auftrag 3

Das Bild des Schmetterlings soll entlang der Geraden *g* gefaltet werden. Dabei soll die linke Seite deckungsgleich auf die rechte Seite passen. Aber es gibt noch einige Fehler …
Wie viele Fehler findest du? Beschreibe sie.

Zeichne eine Figur, bei der man zwei Hälften durch Falten des Papiers entlang einer Geraden zur Deckung bringen kann.

Nenne Beispiele für Figuren mit dieser Eigenschaft.

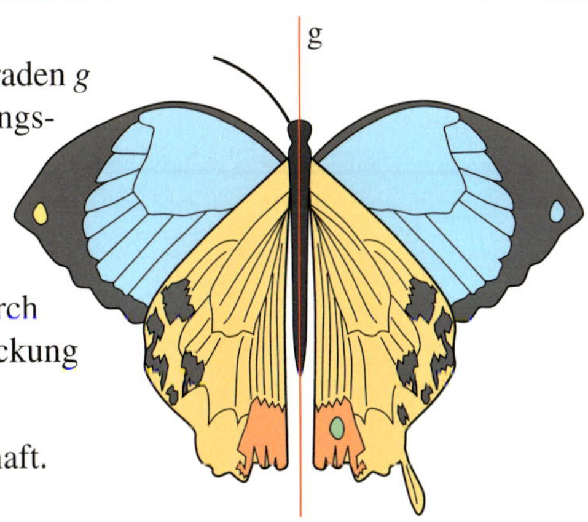

Bearbeitung

Auftrag 1 **Bello**

Wenn du entlang der Hauskante senkrecht zur Buchseite einen kleinen Spiegel aufstellst, so kannst du Bellos ganzes Gesicht betrachten.

Zeichnet man Bellos Gesicht auf ein Blatt Papier und faltet das Blatt dort, wo der Spiegel aufgestellt war, so liegen die beiden Gesichtshälften deckungsgleich aufeinander. Solche Figuren nennt man **achsensymmetrische Figuren**. Die Faltgerade heißt **Symmetrieachse** oder **Spiegelachse**.

Bellos linke Gesichtshälfte kannst du frei Hand auf ein Blatt Papier zeichnen oder auf ein Blatt Transparentpapier abpausen. Dann faltest du das Blatt entlang der Symmetrieachse und stichst mit einer Stecknadel möglichst viele markante Punkte auf die andere Seite durch. Mit Hilfe dieser Markierungen kannst du auch die rechte Gesichtshälfte zeichnen.

Mit dem Geodreieck kannst du das Gesicht auch so vervollständigen: Lege die Mittellinie des Geodreiecks auf die Symmetrieachse und wähle auf der linken Seite einen Punkt A. Der zugehörige **Bildpunkt** A' auf der rechten Seite hat den gleichen Abstand von der Symmetrieachse wie A und liegt auf der Geraden, die senkrecht zu g durch A verläuft. Wenn du genügend viele Punkte gespiegelt hast, kannst du den Rest des Gesichts zeichnen.

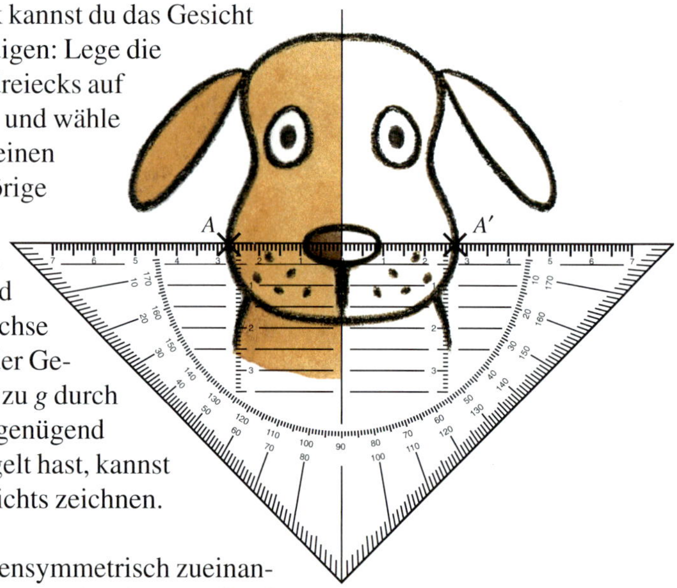

A und A' liegen achsensymmetrisch zueinander. A wird an der Symmetrieachse **gespiegelt**. Die Strecke $[AA']$ ist senkrecht zur Symmetrieachse und wird von ihr halbiert.

Achsensymmetrische Figuren

Zusammenfassung

Kann man die Zeichnung einer Figur entlang einer Geraden falten, so dass die beiden Hälften deckungsgleich aufeinander liegen, so nennt man die Figur **achsensymmetrisch**.

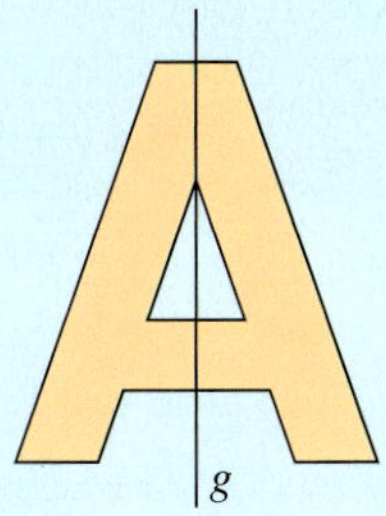

Bei einer achsensymmetrischen Figur gehört zu jedem Punkt auf einer Seite der Symmetrieachse ein **Bildpunkt** auf der anderen Seite.

Die Faltgerade bezeichnet man als **Symmetrieachse**.

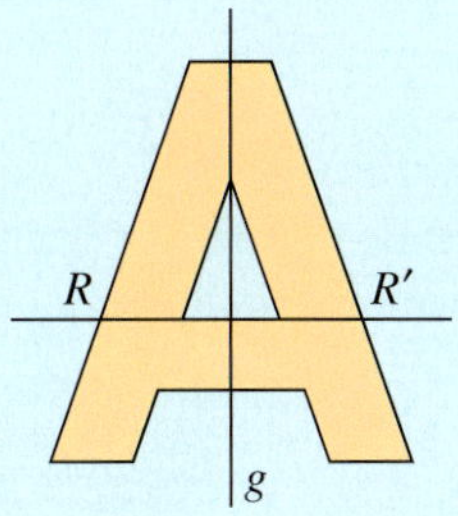

Der Bildpunkt R' hat den gleichen Abstand von der Symmetrieachse g wie der dazugehörige Punkt R. Die Strecke $[RR']$ ist senkrecht zu g.

Trainieren **Anwenden** **Verknüpfen**

1 Übertrage die Figur vergrößert in dein Heft. Trage die Bildpunkte von A, B, C, D, E, F und G bei Spiegelung an g ein.

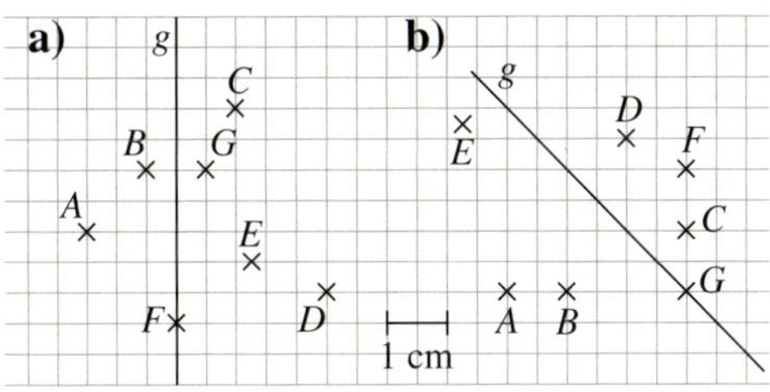

2 Zeichne eine Symmetrieachse g, die nicht auf den Kästchen liegt. Trage auf derselben Seite von g drei Punkte A, B, C ein. Bestimme die Bildpunkte A', B', C'.

3 Find capital letters of the alphabet which have line symmetry.

4 Suche in deinem Klassenzimmer Gegenstände, die achsensymmetrisch sind.

Aufgaben

5 Übertrage die Figur ins Heft. Ergänze sie so, dass eine achsensymmetrische Figur mit der Symmetrieachse g entsteht.

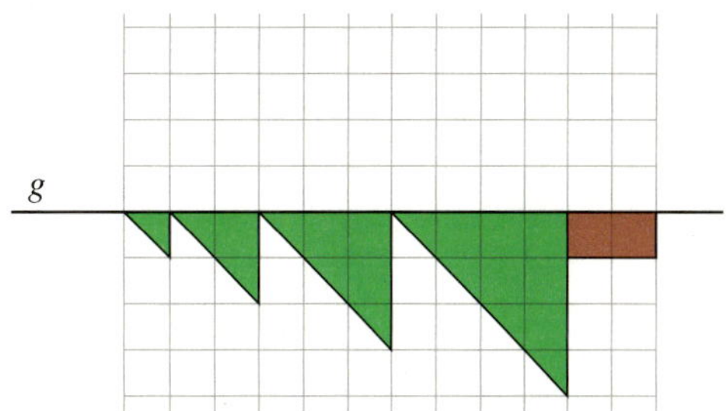

6 Trage im Heft alle Spiegelachsen ein.

Entwirf selbst solch eine Flagge.

Aufgaben

7 Falte ein Blatt Papier einmal. Schneide eine Figur so aus, dass beim Auseinanderfalten der Buchstabe A entsteht.
Mit welchen Buchstaben geht das noch?
Finde Ziffern, bei denen das funktioniert.

8 Übertrage die Zeichnung ins Heft.

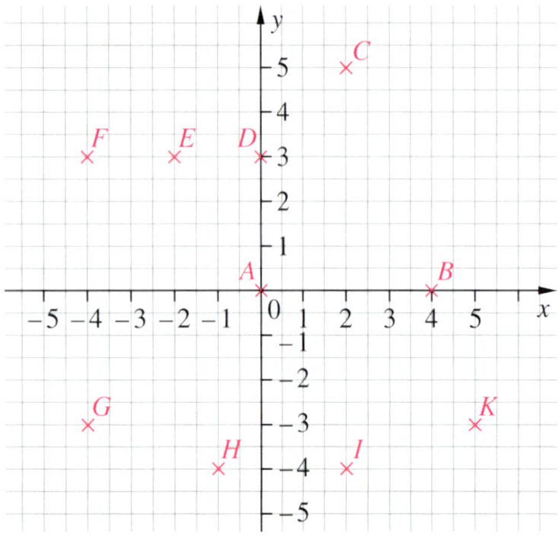

a) Spiegele die Punkte an der x-Achse. Gib die Koordinaten der Bildpunkte an und vergleiche sie mit den alten Koordinaten.
b) Spiegele die Punkte an der y-Achse. Was passiert mit den Koordinaten?

Noch fit?

I Fülle die Tabelle im Heft aus.

Vorgänger	Zahl	Nachfolger
1 010 101 010	×××	××××××
×××××××	10^2	××××××
×××××××	×××	24 350

II Addiere zu 500 000 000 die Zahlen

a) 100 000 **b)** 300 200 **c)** $31 \cdot 10^2$

III Gib alle natürlichen Zahlen an, für die gilt:

a) $20\,000 \cdot \boxtimes < 80\,000$
b) $5000 - \boxtimes > 4995$
c) $\boxtimes : 2 = 106$
d) $586\,000 + \boxtimes = 700\,000$

Trainieren Anwenden Verknüpfen

9 Zeichne die Gerade g durch $A(-4|-5)$ und $B(5|4)$ in ein Koordinatensystem.
Trage die Punkte $C(2|-2)$, $D(-1|-4)$, $E(-3|-2)$, $F(-4|2)$, $G(-2|4)$, $H(3|3)$, $I(2|1)$, $K(-1|-3)$ und $L(4|0)$ ein. Gib ihre Bildpunkte bei Spiegelung an g an.

10 Nimm zehn Streichhölzer weg, so dass vier Quadrate und die Achsensymmetrie erhalten bleiben.

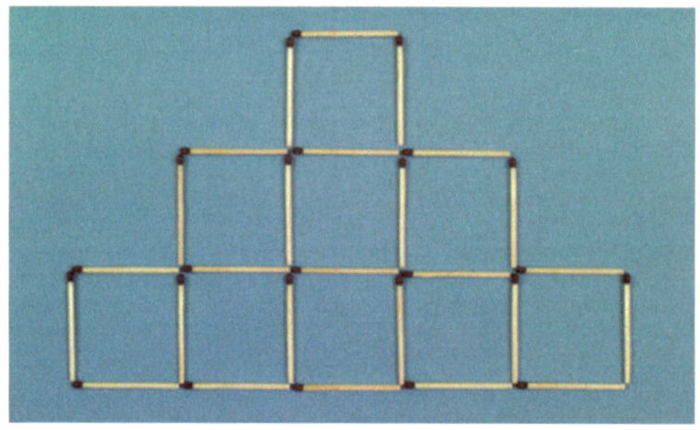

11 Mit einem gefalteten Blatt Papier und etwas Tinte oder Wasserfarbe kann man achsensymmetrische Figuren erzeugen.
Psychologen fragen nach den Gedanken, die Menschen mit solchen Bildern verbinden. Das nennen sie „Klecksografie“.
Fertige selbst eine Klecksografie an und finde heraus, woran dich das Bild erinnert.

12 Zeichne ein Rechteck $EFGH$ mit den Seitenlängen $\overline{FG} = 3$ cm und $\overline{EF} = 6$ cm. Bestimme mit dem Geodreieck den Bildpunkt F' bei Spiegelung von F an EG.

13 Bei welchen Motiven findest du Achsensymmetrie? Beschreibe sie.

Trainieren **Anwenden** **Verknüpfen**

14 Ergänze die Zeichenfolge im Heft. Finde dazu heraus, welche „Motive" in den ersten drei Feldern gespiegelt wurden.

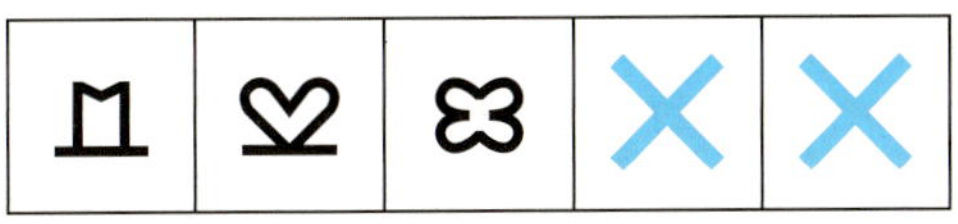

15 Zeichne zwei Punkte A und B. Finde die Symmetrieachse g so, dass B bei Spiegelung an g der Bildpunkt von A ist.

16 Übertrage die Zeichnung ins Heft. Spiegele die Figuren an der Geraden g.

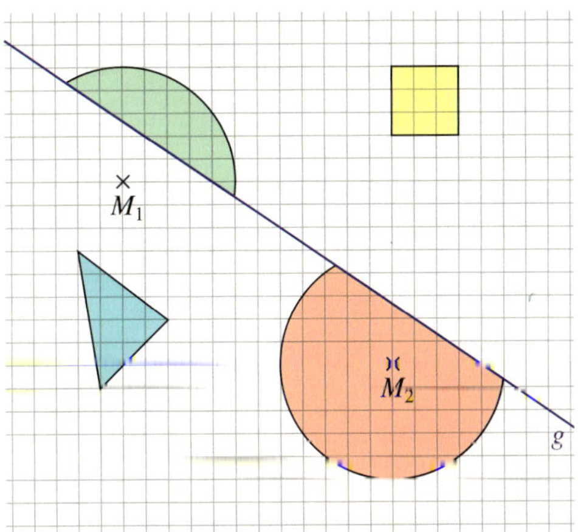

Aufgaben

17 L ist Bildpunkt zu A, D ist Bildpunkt zu H. Finde weitere Paare. Wo liegt die Spiegelachse?

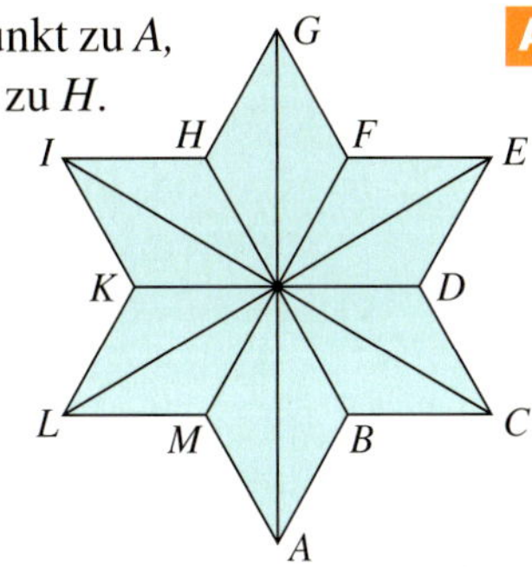

18 Wie viele Symmetrieachsen kannst du einzeichnen?

a) in ein Quadrat
b) in ein Rechteck, das kein Quadrat ist
c) in einen Kreis

Aufgabe der Woche

Die Kristallografie beschreibt Aufbau und Entwicklung von Kristallen wie z. B. Schneekristallen. Welche geometrischen Eigenschaften erkennst du an diesem Kristall?

Zeichne den Kristall in dein Heft und ergänze die fehlende rechte Seite.

Informiere dich über Schneekristalle.

1 Übertrage das Koordinatensystem mit dem Dreieck ABC ins Heft. **12 P**

a) Miss die Seitenlängen des Dreiecks.
b) Miss die Größen der Winkel $\sphericalangle BAC$, $\sphericalangle CBA$ und $\sphericalangle ACB$.
c) Spiegele das Dreieck ABC an der x-Achse. Gib die Koordinaten der Bildpunkte A', B', C' an.
d) Bestimme die Koordinaten von A'', B'' und C'' ohne zu zeichnen: Sie entstehen durch Spiegelung von A, B und C an der y-Achse.

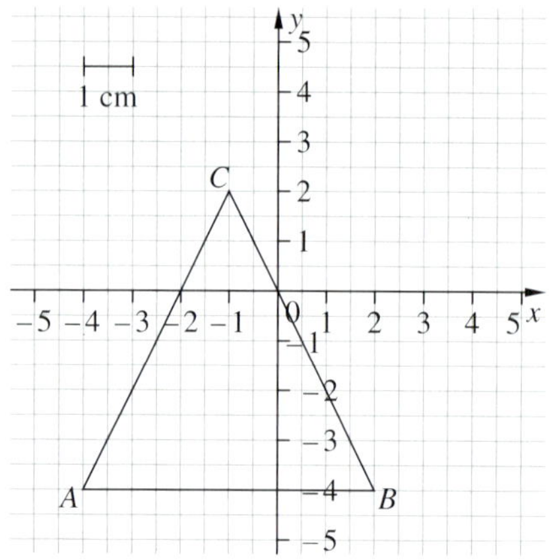

2 Ein Rechteck $ABCD$ hat die Seitenlängen $\overline{AB} = 4\,\text{cm}$ und $\overline{BC} = 3\,\text{cm}$. **10 P**

a) Zeichne das Rechteck.
b) Zeichne die Diagonalen ein und miss ihre Längen.
c) Zeichne alle Symmetrieachsen in das Rechteck $ABCD$ ein. Wie viele sind es?
d) Welche Winkel sind genauso groß wie $\sphericalangle BAC$? Begründe durch eine Spiegelung.
e) Zeichne ein Rechteck mit vier Symmetrieachsen.

3 Zeichne das Schrägbild eines Quaders mit den Kantenlängen $l = 5\,\text{cm}$, $b = 4\,\text{cm}$ und $h = 3\,\text{cm}$. Beschreibe, wie du vorgehst. **4 P**

4 Geraden, Winkel und Kreise im Koordinatensystem: **7 P**

a) Trage in ein Koordinatensystem die beiden Punkte $A\,(-5\,|\,-2)$ und $B\,(3\,|\,2)$ ein.
b) Zeichne die Halbgerade $[AB$.
c) Zeichne an $[AB$ einen Winkel α von 75° mit A als Scheitel.
d) Zeichne die zu $[AB$ parallele Gerade g durch den Punkt $C\,(-2\,|\,4)$.
e) Zeichne die Gerade h, die zu g senkrecht ist und durch C geht.
f) In welchem Punkt schneidet h die x-Achse? Zeichne um diesen Schnittpunkt einen Kreis mit dem Radius 3 cm.

17–22 Punkte

23–28 Punkte

29–33 Punkte

Systematisches Zählen

Auf dieser Seite erfahrt ihr, wie man größere Ansammlungen von Menschen, Tieren oder Dingen mit System abzählen kann.

Menschen stellen sich gerne in einer Traube an. Dann ist ihre Anzahl schwer zu bestimmen. Stellen sie sich dagegen geordnet in Reihen an, so kannst du sie leichter zählen.

Oft genügt es, eine Anzahl abzuschätzen. Bei Dingen, die keine Anordnung haben, kann dabei ein Gitternetz helfen.

- Zähle die Pinguine in einem Gitterfeld. Im blauen Feld links sind es 18.
- Bestimme die Zahl der Gitterfelder. Über das Bild wurden 9 Felder gelegt.
- Multipliziere die Anzahl der Pinguine in einem Feld mit der Anzahl der Felder. Hier sieht man etwa $18 \cdot 9 = 162$ Pinguine.

Wie viele Bienen krabbeln hier herum?

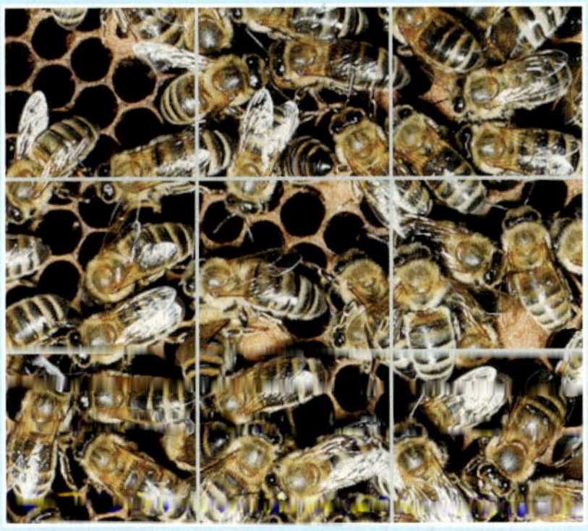

Wie viele weiße Blutkörperchen sind das?

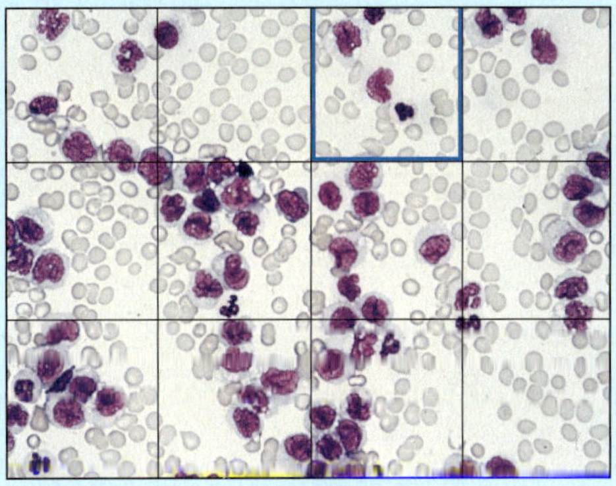

$a \cdot b$
$a : b$

5 Multiplikation und Division natürlicher Zahlen

In diesem Kapitel erfährst du mehr über das Multiplizieren und Dividieren natürlicher Zahlen und lernst Rechentricks kennen. Außerdem beschäftigst du dich mit Primzahlen, Potenzen und dem Zählprinzip.

5.1 Zerlegen in Faktoren

Auftrag 1 **Eine Tafel Schokolade**

Eine Herstellerfirma von Süßwaren möchte mit einer neuen Schokoladensorte viele Kunden hinzugewinnen.

Wie üblich sollen die Tafeln rechteckig sein, über die Anzahl der Stückchen pro Tafel ist man sich aber noch nicht ganz einig. Wahrscheinlich werden es 24 Stücke. Wie viele Stücke pro Reihe kann die Tafel dann enthalten?

Welche Gesamtzahlen von Stücken sind nicht geeignet für eine Schokoladentafel? Welche Stückchenzahl schlägst du vor?

Auftrag 2 **Gruppenarbeit**

Wahrscheinlich hat deine Klasse im Unterricht schon öfter in Gruppen gearbeitet. Dabei möchte man meist, dass die gebildeten Gruppen gleich groß sind. Welche Gruppengrößen sind dann bei einer Klasse mit 24 Schülern möglich?
Wie groß können die Gruppen sein, wenn ein Schüler fehlt?
Teilt auch eure Klasse in gleich große Gruppen ein.

Karten legen

Auftrag 3

Beim bekannten Spiel Memory werden zunächst alle Karten mit dem Bild nach unten als Rechteck auf den Tisch gelegt.
Welche Anordnungen sind bei 24 Karten möglich?
Welche Rechtecke lassen sich bilden, wenn eine Karte fehlt?
Probiere aus. Wenn du keine Karten zur Hand hast, kannst du stattdessen die Kästchen deines Mathematikhefts zu Hilfe nehmen.

Auftrag 3 Karten legen

Bearbeitung

24 Karten kann man als Rechteck legen, wenn man vier Reihen mit je sechs Karten bildet, d. h., auf dem Tisch liegen $6 + 6 + 6 + 6$ Karten.
Anders formuliert: Man hat 4 **mal** 6 Karten, d. h. $24 = 4 \cdot 6$.

$4 \cdot 6$ ist eine abkürzende Schreibweise für $6 + 6 + 6 + 6$, also für eine Summe aus vier gleichen Summanden:

$$4 \cdot 6 = \underbrace{6 + 6 + 6 + 6}_{\text{4 Summanden}}$$

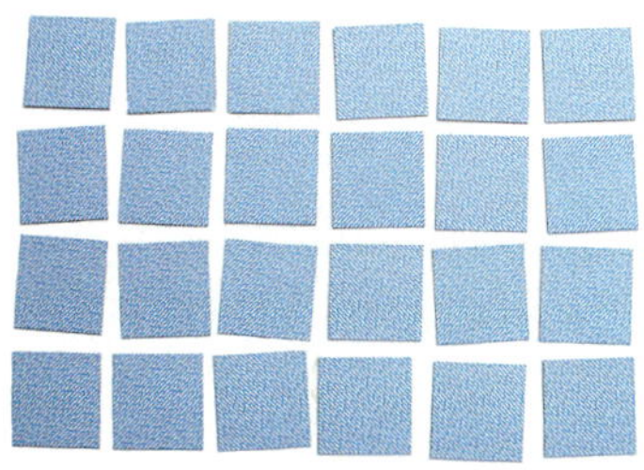

Dieses Rechenverfahren wird **Multiplikation**[1] genannt.

$$\overbrace{\underset{\text{1. Faktor}}{4} \cdot \underset{\text{2. Faktor}}{6}}^{\text{Produkt}} = \overset{\text{Wert des Produkts}}{24}$$

Blickt man von rechts auf die vier Reihen mit je sechs Karten, so erscheinen sechs Reihen mit je vier Karten, d. h. $4 \cdot 6$ Karten. Die Anzahl der Karten hat sich natürlich nicht verändert, deshalb ist

$$4 \cdot 6 = 6 \cdot 4$$

Du erkennst, dass – ebenso wie bei der Addition – auch bei der Multiplikation das **Kommutativgesetz** (Vertauschungsgesetz) gilt:

$$a \cdot b = b \cdot a$$

[1] multiplicare (lat.) vervielfachen, to multiply (engl.),
producere (lat.) hervorbringen, to produce (engl.); facere (lat.) ausführen

Lässt sich auch ein Rechteck mit drei Reihen bilden? Wie viele Karten befinden sich dann in einer Reihe? Man rechnet 24 : 3 = 8; die Division geht auf, es lässt sich ein Rechteck bilden. In jeder der drei Reihen müssen acht Karten liegen.

Dieses Rechenverfahren nennt man **Division**[2].

Quotient				Wert des Quotienten
24	:	3	=	8
Dividend		Divisor		

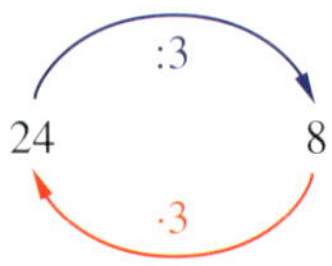

Die Division ist die Umkehrung der Multiplikation und die Multiplikation ist die Umkehrung der Division.

Das kannst du bei der Probe zu einer Division nutzen:
24 : 3 = 8 ist richtig gerechnet, denn 8 · 3 = 24.

Info

Der Dividend steht vor dem Divisor, genauso wie im Alphabet d vor s steht.

Mit 24 Karten lassen sich vier grundsätzlich unterscheidbare Rechtecke bilden. Auf diese Weise wird die Zahl 24 in Produkte aus je zwei Faktoren zerlegt:

24 = 1 · 24 = 2 · 12 = 3 · 8 = 4 · 6

Die dabei gefundenen acht Faktoren 1, 2, 3, 4, 6, 8, 12 und 24 sind die Teiler der Zahl 24.

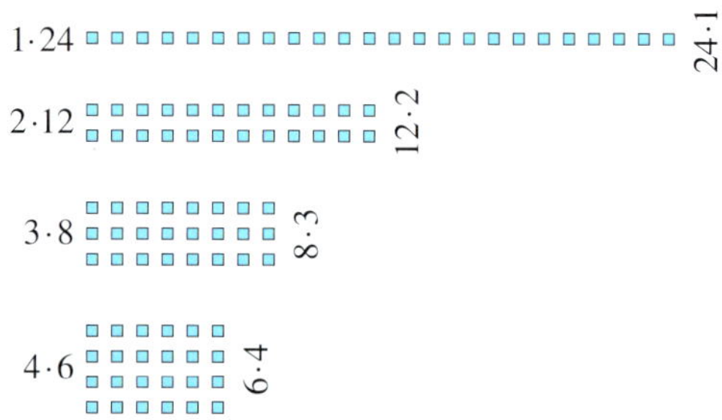

Fehlt von den 24 Karten eine, so bleibt zum Schluss des Spiels eine Karte übrig. Die verbleibenden 23 Karten können nur auf eine Art und Weise als Rechteck gelegt werden:

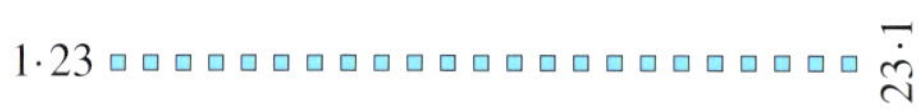

Die Zahl 23 besitzt also genau zwei Teiler, die Zahl 1 und sich selbst. Zahlen mit dieser Eigenschaft nennt man **Primzahlen**. Die zehn kleinsten Primzahlen sind 2, 3, 5, 7, 11, 13, 17, 19, 23 und 29. Die 1 ist keine Primzahl.

[2] dividere (lat.) teilen, to divide (engl.); quotiens (lat.) wie oft

Einen ersten Schritt weitergedacht:
Produkte wie $6 \cdot 4$ oder $2 \cdot 12$ können natürlich weiterzerlegt werden:

$$24 = 6 \cdot 4 = (2 \cdot 3) \cdot 4 \quad \text{und} \quad 24 = 2 \cdot 12 = 2 \cdot (3 \cdot 4)$$

Bei einem Produkt aus mehreren Faktoren kommt es nicht darauf an, in welcher Reihenfolge die einzelnen Multiplikationen ausgeführt werden. Die Faktoren dürfen beliebig mit Klammern zusammengefasst werden, ohne dass sich der Wert ändert:

$$2 \cdot 3 \cdot 4 = (2 \cdot 3) \cdot 4 = 2 \cdot (3 \cdot 4)$$

Wie bei der Addition gilt das **Assoziativgesetz der Multiplikation**:

$$a \cdot b \cdot c = (a \cdot b) \cdot c = a \cdot (b \cdot c)$$

Damit kannst du dir Rechenvorteile verschaffen: $17 \cdot 25 \cdot 4 = 17 \cdot (25 \cdot 4) = 17 \cdot 100 = 1700$

Die Zerlegungen der 24 lassen sich weiter verfeinern, bis nur noch Primzahlen auftreten:

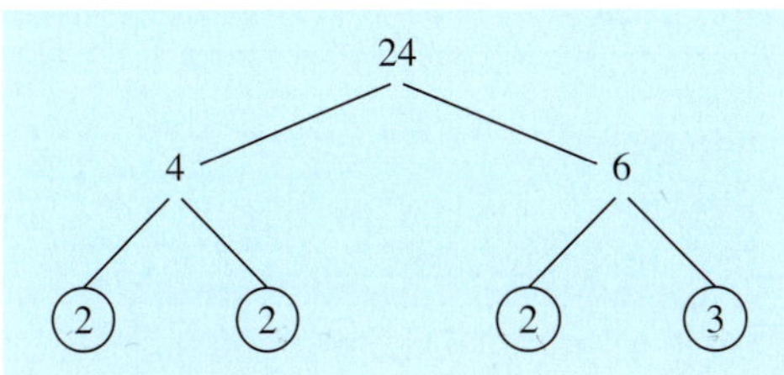

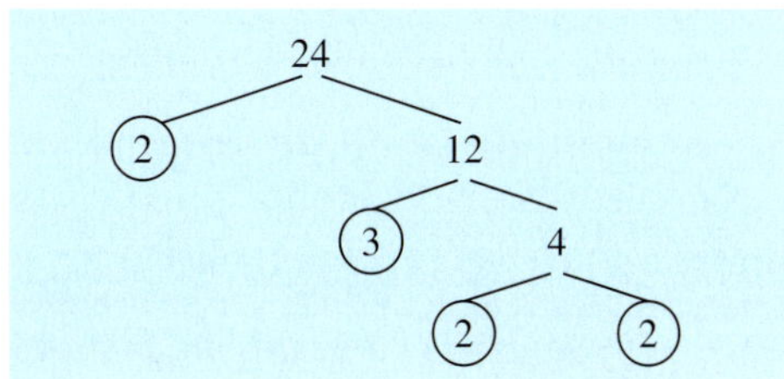

An den Enden der Teilerbäume stehen immer dieselben Faktoren. Die Zerlegung in ein Produkt aus Primzahlen nennt man **Primfaktorzerlegung**. Die Primfaktorzerlegung der Zahl 24 ist $2 \cdot 2 \cdot 2 \cdot 3$. Dabei wurden die Primfaktoren der Größe nach geordnet.

Einen zweiten Schritt weitergedacht:
Oft benutzt man bei Primfaktorzerlegungen die kürzere **Potenzschreibweise**[3]:

$$64 = 8 \cdot 8 = 2 \cdot 4 \cdot 2 \cdot 4 = \underbrace{2 \cdot 2 \cdot 2 \cdot 2 \cdot 2 \cdot 2}_{\text{6 gleiche Faktoren}} = 2^6$$

Die mathematischen Fachbegriffe beim **Potenzieren** lauten:

Exponent

$2^6 = 64$

Basis — Wert der Potenz

Potenz

Den Wert eines Produkts aus zwei gleichen Faktoren wie $4 \cdot 4 = 4^2 = 16$ oder $12 \cdot 12 = 12^2 = 144$ nennt man **Quadratzahl**, z. B. 1, 4, 9, 16, 25, 36, 49, 64, …

Bei Rechenausdrücken wie $2 \cdot 3^2 = 18$ musst du zuerst potenzieren und danach multiplizieren. Potenzieren hat Vorfahrt vor Multiplizieren und Dividieren!

---
[3] potentia (lat.) Macht, potency (engl.); basis (griech.) Grundlage, base (engl.); exponere (lat.) herausstellen, to expose (engl.)

Zusammenfassung

Zerlegen in Faktoren

Malnehmen nennt man **multiplizieren**, statt teilen sagt man **dividieren**.

$\underbrace{25 \cdot 4}_{\text{Produkt}} = 100$

25: 1. Faktor; 4: 2. Faktor

$\underbrace{100 : 4}_{\text{Quotient}} = 25$

100: Dividend; 4: Divisor

Multiplikation und **Division** sind zueinander entgegengesetzte Rechenarten. Das kann man für die Probe (Umkehraufgabe) nutzen.

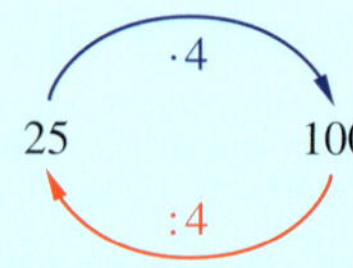

Ist der Dividend null, so ist auch das Ergebnis null. Division durch null ist nicht erlaubt.

$0 : 317 = 0$

~~317 : 0~~

Das **Kommutativgesetz der Multiplikation** erlaubt das Vertauschen zweier Faktoren innerhalb eines Produkts, ohne dass sich das Ergebnis ändert:

$$a \cdot b = b \cdot a \quad \text{mit} \quad a, b \text{ aus } \mathbb{N}_0$$

$4 \cdot 25 = 25 \cdot 4$

Nach dem **Assoziativgesetz der Multiplikation** kann man in einem Produkt aus mehreren Faktoren beliebig Klammern setzen oder weglassen, ohne dass sich das Ergebnis ändert:

$$(a \cdot b) \cdot c = a \cdot b \cdot c = a \cdot (b \cdot c) \text{ mit } a, b, c \text{ aus } \mathbb{N}_0$$

$(3 \cdot 8) \cdot 125 = 3 \cdot 8 \cdot 125$
$= 3 \cdot (8 \cdot 125)$

Primzahlen wie 2, 3, 5, 7, 11, … sind Zahlen, die genau zwei Teiler haben, nämlich die Zahl 1 und sich selbst.

Natürliche Zahlen lassen sich in Faktoren zerlegen. Durch schrittweise Verfeinerung einer Zerlegung gelangt man zur **Primfaktorzerlegung**, in der nur Primzahlen vorkommen. Tritt ein Primfaktor mehrfach auf, so nutzt man oft die kürzere **Potenzschreibweise**. Die Primfaktoren werden der Größe nach geordnet.

$810 = 10 \cdot 81$
$= 2 \cdot 5 \cdot 9 \cdot 9$
$= 2 \cdot 5 \cdot 3 \cdot 3 \cdot 3 \cdot 3$

$810 = 2 \cdot 3^4 \cdot 5$

Exponent

$3^4 = 3 \cdot 3 \cdot 3 \cdot 3 = 81$

Basis

Potenz

Quadratzahlen sind Potenzwerte mit 2 als Exponent.

$1^2 = 1;\ 2^2 = 4;\ 3^2 = 9 \ldots$

Beim Rechnen haben Potenzen Vorfahrt vor Produkten und Quotienten!

$7 \cdot 3^2 \cdot 5 = 7 \cdot 9 \cdot 5 = 315$

Trainieren Anwenden Verknüpfen

Aufgaben

1 Schreibe als Produkt.

a) $2+2+2+2+2$
b) $3+3+3+3+3+3+3+3+3$
c) $a+a+a+a+a+a+a$

2 Schreibe als Summe, wenn möglich.

a) $5 \cdot 5$ c) $3 \cdot 7$ e) $6 \cdot 6$
b) $7 \cdot 3$ d) $11 \cdot 101$ f) $1 \cdot 7$

3 Zerlege in möglichst viele verschiedene Produkte mit je zwei Faktoren.

a) 15 d) 12 g) 41
b) 13 e) 121 h) 171
c) 30 f) 72 i) 231

4 Three gangsters have robbed 48 000 $. Help them to share the money.

5 Berechne vorteilhaft.

a) $9 \cdot 2 \cdot 5$ e) $4 \cdot 2 \cdot 13 \cdot 25$
b) $(9 \cdot 25) \cdot 4$ f) $(125 \cdot 3) \cdot (8 \cdot 10)$
c) $50 \cdot 23 \cdot 2$ g) $5 \cdot (40 \cdot 8) \cdot 25$
d) $(125 \cdot 7) \cdot 8$ h) $5 \cdot 5 \cdot 2 \cdot 2 \cdot 5 \cdot 2$

Lösungswort: 90 (h); 900 (o); 1000 (r); 1200 (s); 2300 (l); 2600 (n); 4400 (i); 7000 (u); 30 000 (d); 40 000 (e)

6 Welche Zahl fehlt?

a) $8 \cdot \boxtimes = 72$ d) $96 : 32 = \boxtimes$
b) $\boxtimes \cdot 19 = 57$ e) $5 \cdot \boxtimes \cdot 7 = 140$
c) $\boxtimes : 7 = 11$ f) $(4 \cdot \boxtimes) : 3 = 12$

7 Führe eine Probe durch.

a) $56 : 6 = 9$ c) $168 : 12 = 12$
b) $123 : 7 = 19$ d) $2050 : 5 = 410$

8 Bei einem Umzug soll jeder Besucher im Durchschnitt 3 Bonbons erwischen können. Wie viele Bonbons muss jeder der 12 Umzugswagen dabeihaben?

9 Die 37 ist eine erstaunliche Zahl! Wie heißen die sechs nächsten Produkte?
$37 \cdot 3 = \boxtimes$, $37 \cdot 6 = \boxtimes$, $37 \cdot 9 = \boxtimes$, …

10 Berechne im Kopf.

a) $(90 : 3) : 3$ d) $(48 : 6) : (2 \cdot 4)$
b) $150 : (35 : 7)$ e) $[75 : (75 : 5)] : 5$
c) $4 \cdot (7 \cdot 25)$ f) $18 \cdot [8 : (36 : 9)]$

Lösungswort: 1 (l); 2 (t); 10 (q); 24 (i); 30 (u); 36 (e); 70 (c); 420 (h); 460 (k); 700 (a); 600 (r)

11 Schreibe alle Primzahlen kleiner als 30 auf und lerne sie auswendig.

12 Finde für $\boxtimes$ alle passenden Ziffern, egal für welche ganze Zahl $\triangle$ steht.

a) $2371\boxtimes = 3 \cdot \triangle$ c) $5 \cdot \triangle = 9\boxtimes75$
b) $\triangle \cdot 3 = 23\boxtimes21$ d) $3210\boxtimes23 = \triangle \cdot 2$

13 Finde alle Teiler der Zahl.

a) 6 c) 31 e) 28 g) 56
b) 35 d) 30 f) 43 h) 1025

14 Hier stimmt etwas nicht.

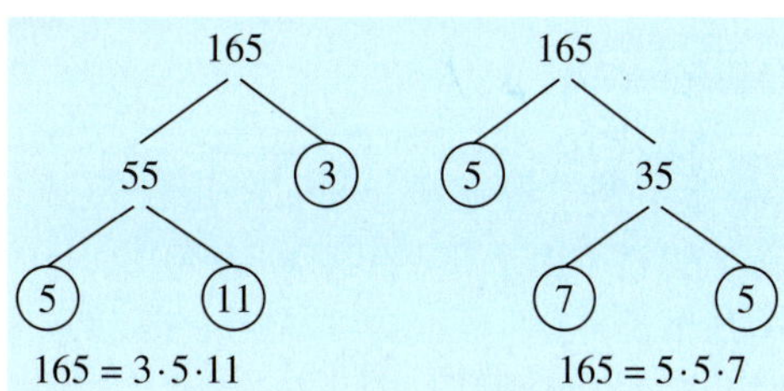

15 Zerlege die Zahl mit Hilfe eines Teilerbaums in Primfaktoren.

a) 15 c) 31 e) 32 g) 1000
b) 30 d) 28 f) 145 h) 3876

16 Zerlege in Primfaktoren und verwende die Potenzschreibweise.

a) 70 c) 16 e) 348 g) 714
b) 81 d) 225 f) 1014 h) 1024

17 Write down all the square numbers up to 625 and learn them by heart.

Aufgaben

18 Korrigiere die falschen und begründe die richtigen Aussagen.

a) 12 ist ein Teiler von 3.
b) 5 ist kein Teiler von 9 876 543 210.
c) 3 ist ein Teiler von 123 456 789.

19 Berechne und vergleiche.

a) 2^3; 3^2
b) 4^3; $4 + 3$
c) 7^2; $7 \cdot 2$
d) 1^{10}; $10 \cdot 1$
e) 2^8; 8^2; $2 \cdot 8$
f) $(2^2)^2$; $2 \cdot 2 \cdot 2$

20 Wie viele Muscheln befinden sich ungefähr auf dem Foto?

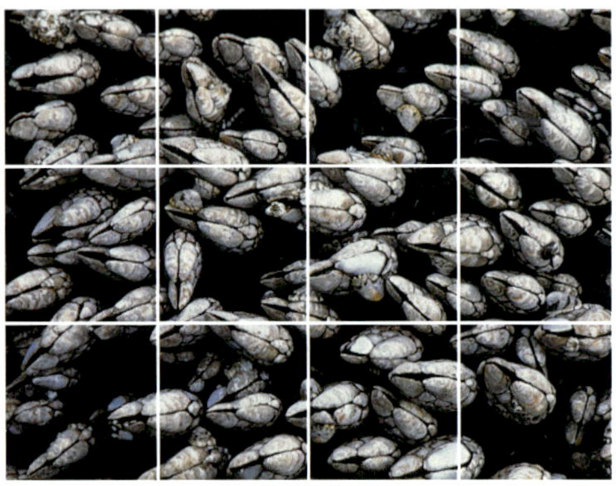

Noch fit?

I Nenne Vorgänger und Nachfolger.

a) 21 212 121
b) 999 999
c) dreißigtausend
d) – 2 468 000
e) – 272
f) – 999 999
g) 15 001 – (– 11)
h) 101 · 333
i) MDCCXXIV
j) MM

II Gib Vorgänger und Nachfolger an.

a) $3 \cdot 10^7$
b) $22 \cdot 10^3$
c) $7 \cdot 10^5$
d) $29\,979 \cdot 10^4$

III Schreibe den Vorgänger und den Nachfolger in Worten auf.

a) 9 753 100
b) eine Milliarde
c) 98 999 999
d) $33 \cdot 10^{11}$
e) Hat jede ganze Zahl einen Vorgänger und einen Nachfolger? Begründe.

Trainieren **Anwenden** Verknüpfen

21 Du sollst für 2 € 4 Vollkorn- und 4 Mohnbrötchen kaufen. Deine Freundin hat für 4 Brezeln und 6 Mehrkornbrötchen 5 € dabei. Wie verhältst du dich?

Brötchen	
normal	–,25
Mehrkorn	–,39
Laugen	–,35
Mohn	–,35
Vollkorn	–,39
Brezel	–,45

22 Am 1.1.2002 gaben 15 Länder eigene Euromünzen heraus. Uta möchte die Euromünzen aus all diesen Ländern sammeln.

a) Wie viele verschiedene Münzen hätte Uta dann in ihrer Sammlung?
b) Wie viel wäre ihre Sammlung wert, wenn sie keine Münze doppelt hat?
c) Aus welchen 15 Ländern stammen die gewünschten Münzen?
Welche Münzen wird sie wohl nur schwerlich bekommen?

23 Welches Ergebnis stimmt? Begründe.
24 : 6 : 2 = 24 : 3 = 8
24 : 6 : 2 = 4 : 2 = 2

24 Beim Dividieren kann auch ein Rest bleiben.

Beispiel:
34 : 8 = (32 + 2) : 8 = 4 R 2

a) 25 : 4
b) 31 : 7
c) 85 : 9
d) 128 : 8
e) 100 : 3
f) 170 : 13
g) 250 : 40
h) 901 : 3
i) 123 : 23

Lösungswort: 4 R 3 (ü); 4 (m); 5 R 8 (d); 6 R 1 (r); 6 R 10 (a); 9 R 4 (c); 13 R 1 (t); 16 (k); 33 R 1 (s); 99 R 5 (e); 300 R 1 (n)

25 Suche Beispiele und begründe.

a) Gibt es ein Kommutativgesetz der Division?
b) Gilt ein Assoziativgesetz der Division?

Aufgaben

26 Vor langen Zeiten hatte ein weiser Inder das Schachspiel erfunden und es seinem Maharadscha zum Geschenk gemacht. Diesem gefiel das Spiel so gut, dass er dem Erfinder einen Wunsch gestattete. Er erbat sich für das erste Feld ein Reiskorn, für das zweite doppelt so viele Körner wie für das erste, für das dritte doppelt so viele wie für das zweite …

Ein bescheidener Wunsch – oder?

27 Berechne und formuliere eine Regel.

a) $0 \cdot 3$, $17 \cdot 0$, $11 \cdot 0$, $0 \cdot 1$
b) $1 \cdot 7$, $77 \cdot 1$, $3 \cdot 1$, $1 \cdot 3450$
c) $17 : 1$, $111 : 1$, $13 : 1$, $979 : 1$
d) $37 \cdot 10$, $37 \cdot 100$, $37 \cdot 1000, \ldots$

28 Berechne durch geschicktes Zerlegen.

Beispiel:
$24 \cdot 125 = 3 \cdot 8 \cdot 125 = 3 \cdot 1000 = 3000$

a) $12 \cdot 25$ **d)** $32 \cdot 75$
b) $48 \cdot 50$ **e)** $52 \cdot 250$
c) $125 \cdot 64$ **f)** $125 \cdot 32 \cdot 25$

Lösungswort: 300 (s); 1200 (m); 2400 (t); 8000 (a); 13 000 (u); 60 000 (r); 100 000 (e)

29 Welche Ziffer kann an der Einerstelle eines Produkts aus einer zweistelligen Zahl und 7 stehen? Eine 0? Eine 7? Eine 2? Gib zu jeder Endziffer an, welche Zahlen als erster Faktor in Frage kommen.

30 Berechne wie im Beispiel:
$3 \cdot 2^3 = 3 \cdot (2 \cdot 2 \cdot 2) = 3 \cdot 8 = 24$

a) $5 \cdot 3^2$ **d)** $2^3 \cdot 2^4$ **g)** $2^5 : 8$
b) $13 \cdot 10^3$ **e)** $3^2 \cdot 2^3$ **h)** $(3 \cdot 4)^2$
c) $2^3 \cdot 3 \cdot 7$ **f)** $4^2 \cdot 2 \cdot 5^2$ **i)** $(3 \cdot 7^2) : 21$

Lösungswort: 4 (n); 7 (s); 45 (b); 72 (r); 128 (ü); 144 (i); 168 (d); 800 (f); 13 000 (e)

31 Löse das Zahlenrätsel.

a) Der Wert eines Produkts beträgt 221, der erste Faktor ist 17.
b) Bei einem Quotienten ist der Dividend dreimal so groß wie der Divisor.
c) Der Wert des Produkts beträgt 147, 3 und 7 sind zwei Faktoren.
d) Erfinde drei ähnliche Aufgaben.

32 Wie ändert sich der Wert

a) eines Produkts, wenn beide Faktoren verdoppelt werden?
b) eines Quotienten, wenn Dividend und Divisor verdoppelt werden?
c) eines Produkts, wenn der erste Faktor verdreifacht und der zweite Faktor vervierfacht werden?

Trainieren Anwenden Verknüpfen

33 Mit dem Sieb des **Eratosthenes** (griechischer Gelehrter, 276–194 v. Chr.) kann man Primzahlen auffinden:
1. Schreibe die ersten 100 natürlichen Zahlen in eine Tabelle wie abgebildet.
2. Da 1 keine Primzahl ist, wird sie gestrichen.
3. Die nächste noch nicht gestrichene Zahl ist eine Primzahl. Kreise sie ein.
4. Streiche alle Vielfachen dieser Primzahl und beginne wieder bei Schritt 3.

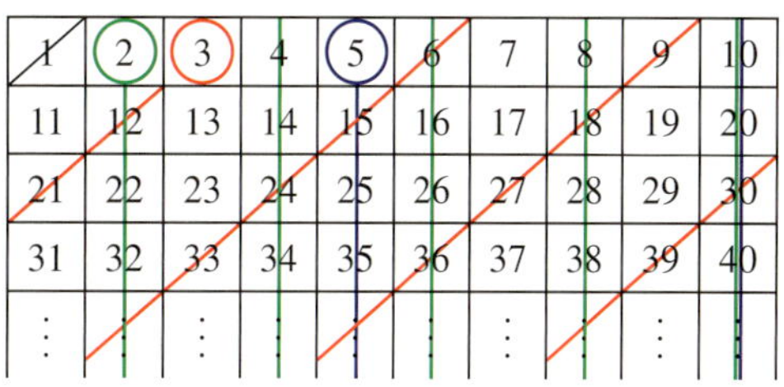

a) Ermittle mit Hilfe dieses Verfahrens alle Primzahlen zwischen 1 und 100.
b) Wann endet das Verfahren? Warum?
c) Ermittle genauso alle Primzahlen zwischen 101 und 200.

Aufgaben

34 Die Multiplikationsaufgabe $4 \cdot 3 = 12$ kann auf zwei Arten umgekehrt werden:

$12 : 3 = 4$ oder $12 : 4 = 3$

Kehre die Aufgaben $5 \cdot 0$ und $6 \cdot 0$ um. Warum ist nur eine der beiden Umkehrungen sinnvoll? Formuliere eine Regel für Quotienten, in denen die Null auftritt.

35 Zahnrad A macht 100 Umdrehungen. Wie viele Zähne hat Zahnrad C, wenn es dabei 70 Umdrehungen macht?

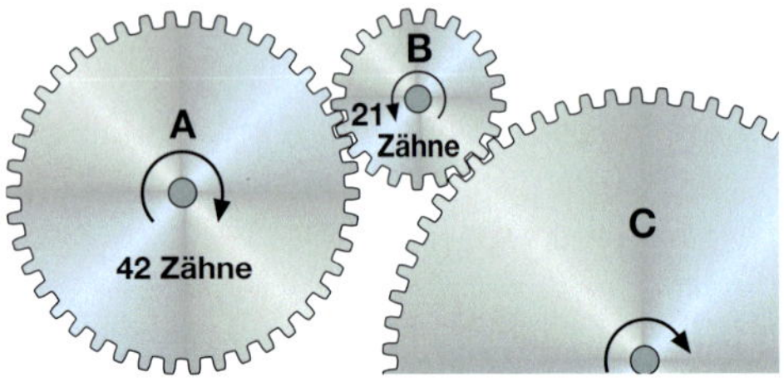

36 Bestimme mit Hilfe der Primfaktorzerlegung alle Teiler einer Zahl. Bilde dazu alle möglichen Produkte aus den auftretenden Primfaktoren.

Beispiel: $30 = 2 \cdot 3 \cdot 5$
$2 \cdot 3 = 6$; $2 \cdot 5 = 10$; $3 \cdot 5 = 15$
1, 2, 3, 5, 6, 10, 15, 30 sind alle Teiler der Zahl 30.

a) 10 **c)** 70 **e)** 60 **g)** 210
b) 42 **d)** 20 **f)** 36 **h)** 780

37 Notiere zehn Zahlen, die durch 6 teilbar sind. Sind diese auch durch die Primfaktoren von 6 teilbar? Formuliere eine Regel für die Teilbarkeit durch 6.

38 Begründe die Teilbarkeitsregel für 3. Zerlege dazu einige Zahlen wie im Beispiel, dividiere durch 3 und untersuche, welche Reste bleiben.

Beispiel:
$$487 = 4 \cdot 100 + 8 \cdot 10 + 7$$
$$= 4 \cdot 99 + 4 \cdot 1 + 8 \cdot 9 + 8 \cdot 1 + 7$$
$$= \underbrace{4 \cdot 99 + 8 \cdot 9}_{} + \underbrace{4 + 8 + 7}_{}$$

39 $2^{13466917} - 1$ ist die größte Primzahl, die bis zum Jahr 2001 entdeckt werden konnte. Zahlreiche Computer auf der ganzen Welt arbeiteten zusammen, um zu beweisen, dass diese Zahl eine Primzahl ist. Ein Rechner allein hätte dafür etwa 13 000 Jahre gebraucht.

a) Die genannte Primzahl hat 4 053 946 Stellen. Wie viele Tage würde es dauern, sie niederzuschreiben, wenn man pro Sekunde eine Ziffer schreibt?
b) Wurden mittlerweile größere Primzahlen gefunden?
c) Gibt es noch größere Primzahlen?

40 Wie viele Teiler hat eine Zahl, deren Primfaktorzerlegung ein Produkt ist aus

a) zwei verschiedenen Primzahlen?
b) zwei gleichen Primzahlen?
c) drei verschiedenen Primzahlen?
d) vier verschiedenen Primzahlen?
e) drei Primzahlen, von denen zwei übereinstimmen?
f) vier Primzahlen, von denen drei übereinstimmen?
g) vier Primzahlen, von denen je zwei übereinstimmen?

Aufgabe der Woche

Knack den Code!
Er besteht aus einer neunstelligen Zahl

ABCDEFGHI,

in der jede der Ziffern von 1 bis 9 einmal vorkommt.
Als Merkhilfe hat der Besitzer sich notiert:

$A - B = C$
$A + B = D$
$B \cdot E = F$
$G - H = I : B$

Kannst du sicher sein, dass du den richtigen Code gefunden hast?

5.2 Rechnen mit natürlichen Zahlen

Schnell rechnen

Auftrag 1

Ordne die Ergebnisse der vier Aufgaben möglichst schnell der Größe nach.

I. $102 \cdot 13$
II. $14\,300 : 13$
III. $(170 \cdot 35) - (140 \cdot 35)$
IV. $170 \cdot 35 - 140 \cdot 35$

Einkaufen

Auftrag 2

Sandro hat von seinem Vater 10 € und eine Einkaufsliste erhalten. Nun steht er im Supermarkt, betrachtet die Preise der einzelnen Produkte und überschlägt im Kopf, dass ihm das Geld vielleicht gerade so eben nicht reichen könnte. Um es genauer zu wissen, holt er seinen kleinen Taschenrechner hervor und tippt ein:

149 ⊞ 4 ⊠ 48 ⊞ 72 ⊞ 305 ⊞ 4 ⊞ 6 ⊠ 39 ⊟

Erfreut über das Ergebnis 956 geht er zur Kasse. Doch dort muss er feststellen, dass die Kasse 11,08 € anzeigt.

Bearbeitung **Auftrag 2** **Einkaufen**

Sandros Überschlagsrechnung könnte so ausgesehen haben:

$150 + (4 \cdot 50) + 70 + 300 + (6 \cdot 40) + (4 \cdot 40) = 150 + 200 + 70 + 300 + 400 = 1120$

Da manchmal auf- und manchmal abgerundet wurde, wird das Ergebnis 11,20 € sicher in der Nähe des tatsächlichen Preises liegen.

Mit dem Taschenrechner möchte Sandro auf Nummer sicher gehen. Er gibt den Term

$$149 + 4 \cdot 48 + 72 + 305 + 4 + 6 \cdot 39$$

ein. Nach dem Drücken der =-Taste zeigt der Taschenrechner 956 an, d. h. 956 Cent. Der Unterschied zu den 11,08 € der Supermarktkasse kommt dadurch zu Stande, dass bei Termen bestimmte Vorfahrtsregeln vereinbart sind, die Sandro nicht beachtet hat. Sein Taschenrechner hat nur die Zahl 6, aber nicht die Zahl 4 mit 39 multipliziert.
Er hält sich dabei an die Vereinbarung **Punkt vor Strich**: Multiplikation und Division haben Vorfahrt vor Addition und Subtraktion. Sandro hätte also einen anderen Term eingeben müssen, beispielsweise

$$149 + 4 \cdot 48 + 72 + 305 + (4 + 6) \cdot 39$$

Grundsätzlich gelten folgende Vereinbarungen:
- Klammern zuerst
- Potenzen vor Punktrechnungen vor Strichrechnungen
- von links nach rechts rechnen

Wenn du Rechenvorteile nutzt, kannst du manche dieser Vereinbarungen abändern.

Sandro kann zum Beispiel zusammenfassen, da der Preis für eine Brezel mit dem für ein Vollkornbrötchen übereinstimmt: $6 \cdot 39 + 4 \cdot 39 = 10 \cdot 39$. Warum darf man das?

$$\begin{aligned} 6 \cdot 39 + 4 \cdot 39 &= \quad \downarrow \text{ ausführliche Schreibweise} \\ 39 + 39 + 39 + 39 + 39 + 39 + 39 + 39 + 39 + 39 &= \quad \downarrow \text{ abkürzende Schreibweise} \\ 10 \cdot 39 & \end{aligned}$$

Es gilt das **Distributivgesetz**[4] oder Verteilungsgesetz.

$$6 \cdot 39 + 4 \cdot 39 = (6 + 4) \cdot 39 = 10 \cdot 39 \qquad a \cdot c + b \cdot c = (a + b) \cdot c$$

Dieses Gesetz ist das einzige, in dem mehrere Rechenarten zugleich auftreten.

[4] distribuere (lat.) verteilen, to distribute (engl.)

In umgekehrter Richtung kannst du das Distributivgesetz beim Kopfrechnen nutzen:

$$103 \cdot 27 = (100 + 3) \cdot 27 = 100 \cdot 27 + 3 \cdot 27 = 2700 + 81 = 2781$$

Das Distributivgesetz lässt sich also in beide Richtungen anwenden:

Ausmultiplizieren →	Ausmultiplizieren →
$(a+b) \cdot c = a \cdot c + b \cdot c$	$(6+4) \cdot 39 = 6 \cdot 39 + 4 \cdot 39$
← **Ausklammern**	← Ausmultiplizieren

Das Gesetz ist auch dann gültig, wenn die Klammer der zweite Faktor ist oder in der Klammer eine Differenz steht.
Sandro erleichtert sich so die Berechnung, wie viel vier Becher Joghurt kosten:

$$4 \cdot 48 = 4 \cdot (50 - 2) = 4 \cdot 50 - 4 \cdot 2 = 200 - 8 = 192$$

Einen Schritt weitergedacht:
Beim Kopfrechnen kann man das **Distributivgesetz der Division** nutzen:

$$(a+b) : c = a : c + b : c$$
$$12\,036 : 6 = (12\,000 + 36) : 6 = 12\,000 : 6 + 36 : 6 = 2000 + 6 = 2006$$

Es gilt jedoch nicht, wenn der Divisor eine Summe ist:

$$24 : (2+6) = 24 : 8 = 3, \quad \text{aber} \quad 24 : 2 + 24 : 6 = 12 + 4 = 16$$

Die Reihenfolge bei der Berechnung eines Terms kann man übersichtlich darstellen, wenn man den Term **gliedert**. Wie bei Summen und Differenzen bestimmt die Rechenart, die zuletzt ausgeführt wird, den Namen des Terms.

Der Term $(6+4) \cdot 39$ ist ein Produkt. Der erste Faktor ist die Summe aus den Summanden 6 und 4, der zweite Faktor ist 39.

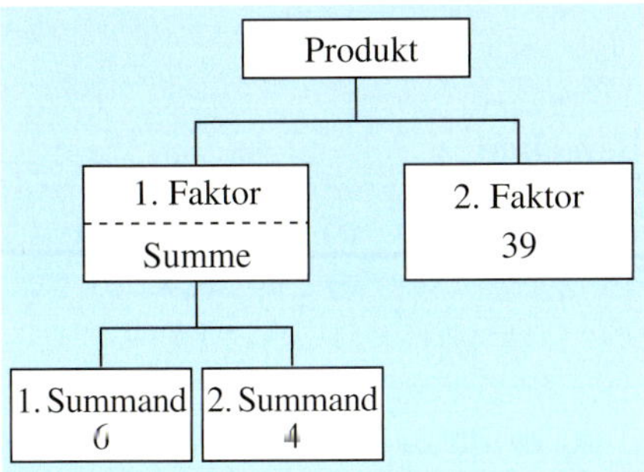

Der Term $6 \cdot 39 + 4 \cdot 39$ ist eine Summe. Der erste Summand ist das Produkt aus den Faktoren 6 und 39, der zweite Summand ist das Produkt aus den Faktoren 4 und 39.

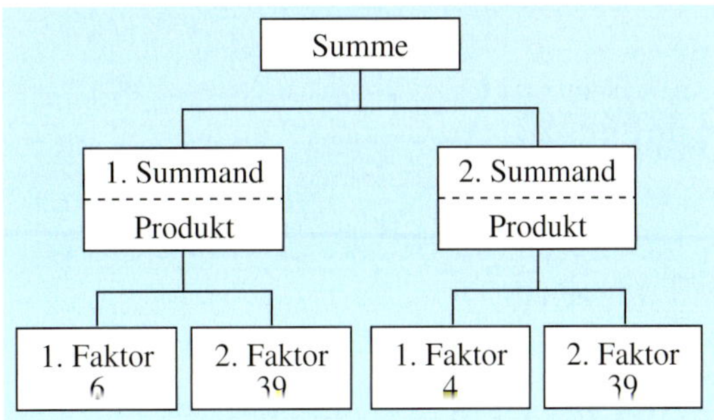

Zusammenfassung Rechnen mit natürlichen Zahlen

Beim Rechnen mit Termen, die mehrere Grundrechenarten enthalten, ist zu beachten:

$165 : (13 - 8) - 2^3 \cdot 4 + 3$

- Nutze Rechenvorteile, falls möglich.
- Behandle Klammern zuerst. $= 165 : 5 - 2^3 \cdot 4 + 3$
- Potenzen vor Punktrechnungen $= 165 : 5 - 8 \cdot 4 + 3$
- Punkt- vor Strichrechnung $= 33 - 32 + 3$
- Rechne von links nach rechts. $= 4$

Es gilt das **Distributivgesetz**: Eine Summe wird mit einer Zahl multipliziert, indem man den Faktor auf die Summanden „verteilt“:

$a \cdot (b + c) = a \cdot b + a \cdot c$ mit a, b, c aus $\mathbb{N}_0$ $\qquad 7 \cdot (10 + 3) = 7 \cdot 10 + 7 \cdot 3$

Weitere Versionen des Distributivgesetzes sind:

$(a + b) \cdot c = a \cdot c + b \cdot c$ $\qquad (7 + 4) \cdot 13 = 7 \cdot 13 + 4 \cdot 13$

$(a + b) : c = a : c + b : c$ mit $c \neq 0$ $\qquad (30 + 6) : 3 = 30 : 3 + 6 : 3$

Diese Regeln sind auch dann gültig, wenn in der Klammer eine Differenz steht. $\qquad 6 \cdot (19 - 7) = 6 \cdot 19 - 6 \cdot 7$

Die **Gliederung eines Terms** lässt sich als „Baum“ darstellen.

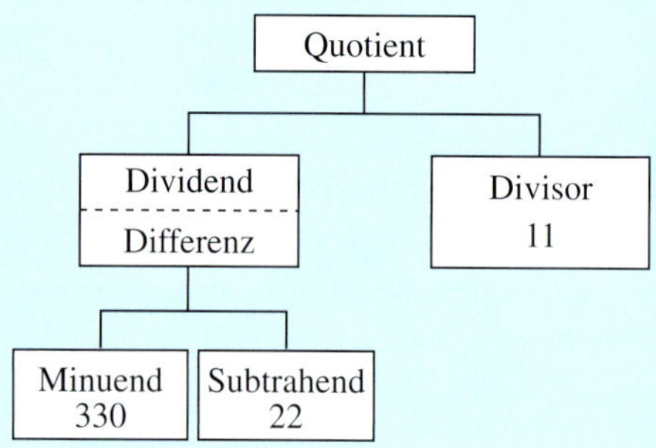

Der Term (330 – 22) : 11 ist ein Quotient. Der Dividend ist die Differenz mit dem Minuenden 330 und dem Subtrahenden 22. Der Divisor ist 11.

Aufgaben Trainieren Anwenden Verknüpfen

1 Berechne.

a) $33 + 122 + 77$ **e)** $777 - 7 - 77$
b) $93 - (45 + 17)$ **f)** $29 - (29 - 29)$
c) $45 + 328 - 79$ **g)** $790 + (170 - 90)$
d) $235 - (199 + 35)$ **h)** $217 - 33 - 17$

Lösungswort: 0 (l); 1 (k); 29 (t); 31 (i); 65 (w); 167 (e); 232 (d); 294 (s); 693 (e); 870 (t)

2 Berechne.

a) $91 : 7 \cdot 5$ **d)** $(576 : 24) \cdot 11$
b) $105 : 3 : 5$ **e)** $294 : (14 : 7)$
c) $100 \cdot (100 : 5)$ **f)** $294 : 14 : 7$

Lösungswort: 3 (r); 7 (a); 65 (z); 66 (q); 123 (i); 147 (e); 264 (d); 693 (u); 2000 (n)

3 Berechne.

a) $435 - 25 \cdot 3$ **c)** $550 : 11 - 45 \cdot 3$
b) $160 + 169 : 13$ **d)** $34 \cdot 5 - 1212 : 6 \cdot 3$

4 Berechne im Kopf.

a) $13 \cdot 7 + 13 \cdot 3$ **d)** $165 : 11 - 55 : 11$
b) $9 \cdot 125 - 125 \cdot 4$ **e)** $17 \cdot 33 + 3 \cdot 33$
c) $3 \cdot 45 + 2 \cdot 45$ **f)** $175 : 7 + 525 : 7$

Lösungswort: 1 (s); 10 (h); 12 (o); 130 (f); 100 (r); 225 (t); 625 (a); 660 (e); 1000 (c)

5 Berechne die Aufgabe geschickt im Kopf.

a) $(90 + 8) \cdot 4$ **d)** $(390 + 39) : 13$
b) $(480 - 16) : 8$ **e)** $13 \cdot (100 + 30 + 1)$
c) $24 \cdot (20 - 2)$ **f)** $(100 - 3) \cdot 34$

Lösungswort: 4 (b); 33 (i); 58 (a); 392 (k); 404 (a); 432 (b); 845 (m); 1703 (n); 3298 (e)

6 Stelle den Term auf und berechne.

a)

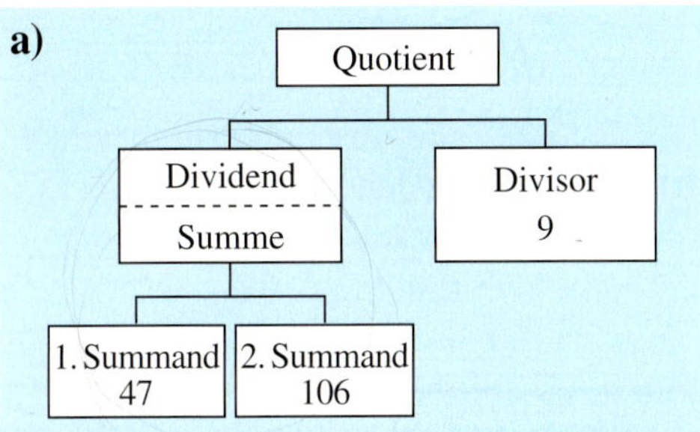

b)

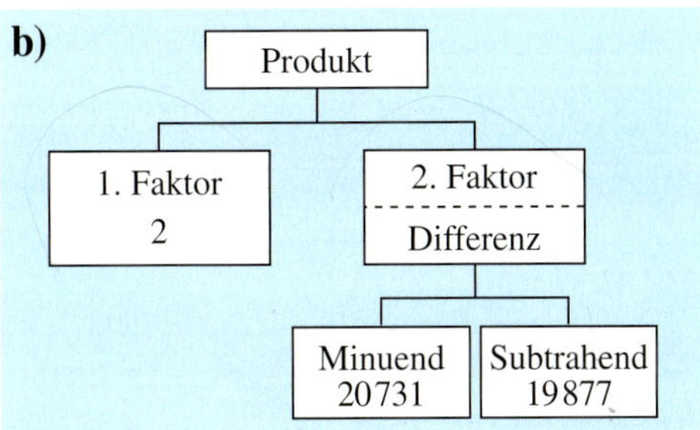

c)

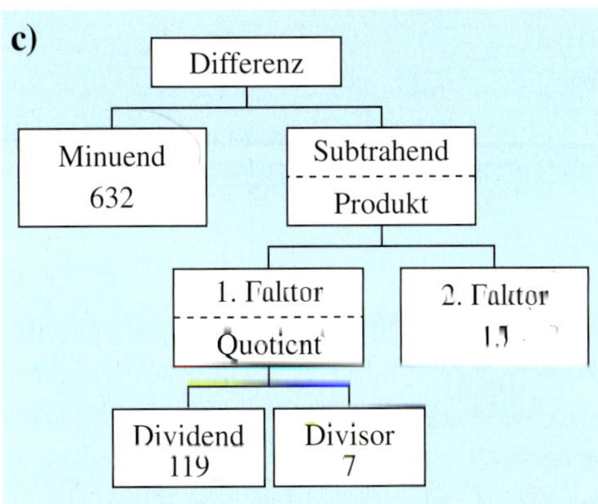

7 Berechne und vergleiche. Gliedere den Term und beschreibe ihn mit Worten.

Aufgaben

a) $(64 - 16 : 2) + 6$ **c)** $64 - 16 : (2 + 6)$
b) $(64 - 16) : 2 + 6$ **d)** $(64 - 16) : (2 + 6)$

8 Berechne.

a) $(18 + 12) \cdot (32 - 27)$
b) $(2003 - 1875) : 2 + 102$
c) $(140 - 132) : (33 - 29)$
d) $36 + 4 \cdot (3^4 - 70)$
e) $71 + 8 \cdot 21 - 19$
f) $(269 - 4^4) \cdot (3 + 8)$
g) $140 - 132 : 33 - 29$
h) $7482 - 7482 : (1512 - 1510)$
i) $5041 + (5^3 - 2^6) \cdot 40$

Lösungswort: 0 (u); 2 (e); 80 (r); 107 (a); 143 (b); 150 (o); 166 (d); 168 (i); 220 (n); 510 (c); 3741 (l); 7481 (l)

9 Berechne und vergleiche.

a) $90 : 3 + 2 \cdot 6$ **e)** $1 \cdot 1 + 1 : 1$
b) $90 : (3 + 2) \cdot 6$ **f)** $1 \cdot (1 + 1) : 1$
c) $(90 : 3 + 2) \cdot 6$ **g)** $(1 \cdot 1 + 1) : 1$
d) $90 : (3 + 2 \cdot 6)$ **h)** $1 \cdot (1 + 1 : 1)$

Noch fit?

I Die Tabelle zeigt, wo Unfälle in der Schule passieren.
Es ist angegeben, wie viele Unfälle es in den verschiedenen Bereichen an deutschen Schulen im Jahr 2001 gab.

	Anzahl der Unfälle
Schulweg	142 000
Schulgelände	80 400
Spiel und Sport	678 100
Veranstaltungen	55 300
Pause	359 400
Unterricht	245 900

nach Globus 8370

Auf welche Stelle wurde gerundet?
Zeichne ein Diagramm.
Wie viele Unfälle passierten 2001 insgesamt an deutschen Schulen?

Aufgaben Trainieren Anwenden Verknüpfen

10 Berechne vorteilhaft.

a) $27 \cdot 13 + 27 \cdot 87$
b) $17 \cdot 199$
c) $(140 - 14) : 7$
d) $103 \cdot 28$
e) $31 \cdot 8 + 72 \cdot 31$
f) $8 \cdot (100 + 21)$
g) $3 \cdot 7 + (11 - 3) \cdot 7$
h) $(62 + 25) \cdot 8 - 8 \cdot 62$

Lösungswort: 7 (h); 9 (s); 18 (m); 77 (e); 200 (r); 968 (t); 2480 (u); 2700 (c); 2884 (p); 3383 (o)

11 Stelle den Term auf und berechne.

a) Addiere zur Differenz aus 131 und 17 die Zahl 89.
b) Multipliziere die Zahl 7 mit dem Quotienten aus 196 und 14.
c) Addiere zur Differenz aus 67 und 31 das Produkt aus 11 und 9.
d) Subtrahiere den Quotienten aus 121 und 11 von der Differenz der Zahlen 1011 und 977.
e) Multipliziere die Summe aus 17 und 983 mit dem Dreifachen des Quotienten aus 128 und 16.
f) Quadriere die Zahl 8 und addiere dazu das Produkt aus 19 und 7.
g) Zum Produkt aus 17 und der Differenz der Zahlen 111 und 94 soll der Quotient aus 361 und 19 addiert werden.

12 Berechne.

a) $99 : 9 + 9 \cdot 9 - 9$
b) $(44 : 4 - 4) \cdot 4 + 4$
c) $642 : 321 + 642 : 2 - 46$
d) $50 + (263 - 9 \cdot 7) : 50$
e) $24 - (4 \cdot 13 - 16) : 6$
f) $(205 : 5 + 19) : 12 + 7$
g) $140 - 132 : (33 - 29) - 24$
h) $10\,001 - 7482 : (504 \cdot 3 + 2229)$
i) $42 : [(86 - 51) : 5] + 3 \cdot 18$
j) $21 \cdot 6 - 1032 \cdot [11 - (3 \cdot 5 - 4)]$

Lösungswort: 12 (r); 18 (e); 32 (i); 54 (t); 60 (l); 81 (u); 83 (w); 126 (d); 277 (n); 999 (m); 9999 (a)

13 Setze eine passende natürliche Zahl ein, wenn möglich.

a) $(3 \cdot ✕ - 33) : 5 = 0$
b) $5 : (3 \cdot ✕ - 33) = 0$
c) $(35 - ✕ : 3) : 18 = 0$
d) $✕ : ✕ - 1 = 0$

14 Übertrage den „Baum" in dein Heft und vervollständige ihn.

a) Der Term hat den Wert 18.

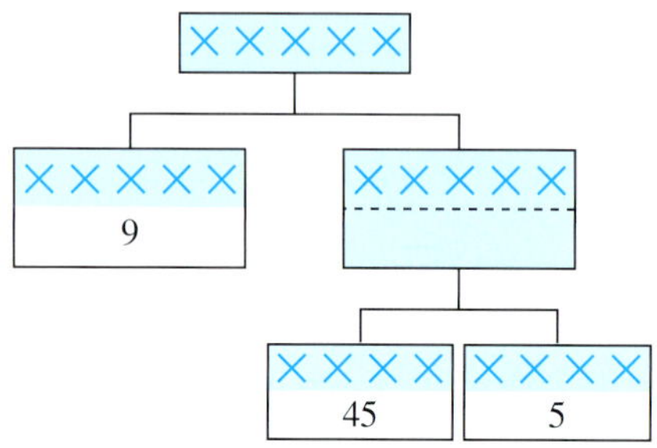

b) Der Term hat den Wert 99.

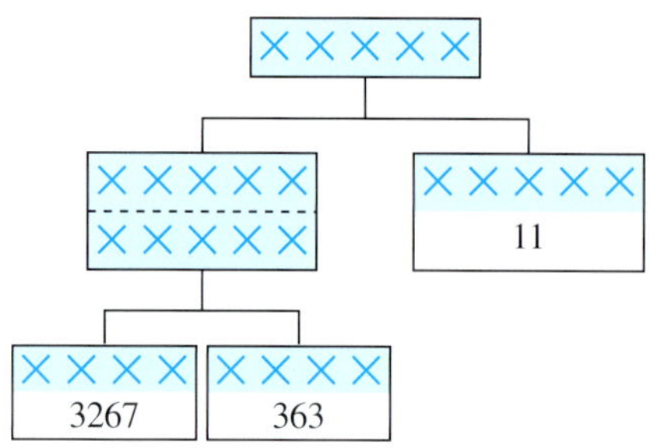

15 Berechne.

a) $2^7 : 2^5$
b) $(3^3 - 15) : 2^2$
c) $(90 - 3^4) \cdot (3 \cdot 2^2 - 3)$
d) $6^3 : 2^3 : 3^2$
e) $2^7 : (2^5 - 2^3 - 8) \cdot 3^2$

Lösungswort: 1 (m); 3 (e); 4 (b); 18 (k); 24 (a); 48 (l); 72 (n); 81 (s); 108 (i)

16 Gliedere den Term mit Worten.

a) $3600 : 6 - 96$
b) $45 \cdot 3 + 84 : 21$
c) $(97 + 27) : (1 \cdot 31)$
d) $80 - 5 \cdot 9 : 3$
e) $40 \cdot 3 : 60 \cdot 47$

Trainieren Anwenden Verknüpfen

17 1923/24 breitete sich diese Aufgabe in den USA wie ein Lauffeuer aus. Manche Freunde fingen sogar an, sich mit „Hello, how old is Anne?“ zu begrüßen.
“Mary is twice the age Anne was when Mary was as old as Anne is now. If Mary is 24 how old is Anne?”

18 Gedanken zum Distributivgesetz:

a) Patrick überlegt, ob das Distributivgesetz auch so gilt:

$$(8 \cdot 4) \cdot 3 \overset{?}{=} 8 \cdot 3 \cdot 4 \cdot 3$$

Was meinst du?

b) Stefanie überlegt, ob man das Distributivgesetz auch dann anwenden darf, wenn in der Klammer mehr als zwei Summanden vorkommen. Sie testet ihre Vermutung an einem Beispiel:

$$(100 + 20 + 8) \cdot 3 \overset{?}{=} 100 \cdot 3 + 20 \cdot 3 + 8 \cdot 3$$

Finde weitere Beispiele.

19 Zahlenrätsel:

a) Welche Zahl muss man von der Summe aus 73 und 119 subtrahieren, um den Quotienten aus 117 und 9 zu erhalten?
b) Durch welche Zahl muss man die Differenz aus 139 und 75 dividieren, um das Produkt aus 4 und 8 zu erhalten?
c) Welche Zahl muss man zum Produkt aus 5 und 49 addieren, um die Differenz aus 327 und 9 zu erhalten?
d) Entwirf ein ähnliches Zahlenrätsel.

20 Herr Müller arbeitet 35 Stunden pro Woche bei einem Stundenlohn von 19 €. In den letzten drei Wochen hat er insgesamt 2115 € verdient.
Wie viele Überstunden hat er in dieser Zeit zusätzlich gearbeitet, wenn er pro Überstunde 20 € erhält?

Aufgaben

21 In einer Packung sind 24 Kekse.

a) Nicole und Tim wollen sie im Verhältnis 1 : 1 zwischen sich aufteilen.
b) Nicole und Tim haben eine Wette abgeschlossen. Wer gewinnt, erhält den größeren Teil der Kekse. Sie wollen im Verhältnis 1 : 2 teilen.
c) Nicole, Tim und Uli machen ein Wettrennen. Der Erste soll am meisten Kekse erhalten, der Letzte am wenigsten. Sie wollen im Verhältnis 3 : 2 : 1 teilen.

22 Dina verblüfft ihren Banknachbarn: „Denk dir eine natürliche Zahl. Addiere dazu das Tausendfache der gedachten Zahl. Dividiere das Ergebnis durch die gedachte Zahl. Wetten, dass dein Ergebnis 1001 ist?“

Aufgabe der Woche

a) Wie groß ist die Summe der ungeraden Zahlen von 1 bis 9?
Was hat diese Berechnung mit dem Quadrat in der Zeichnung zu tun?

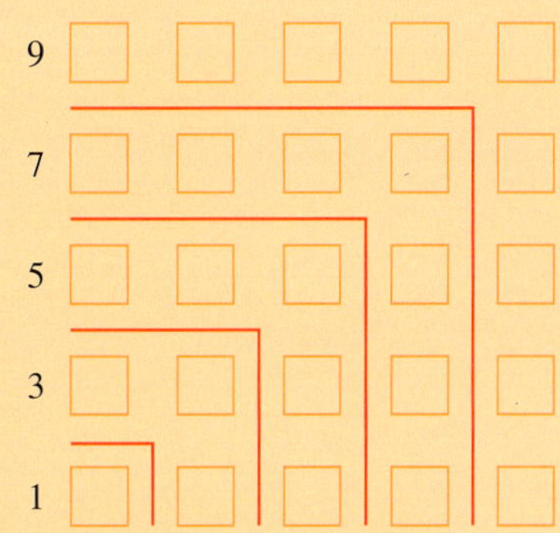

b) Wie groß ist die Summe der ungeraden Zahlen von 1 bis 99? Welche „Seitenlänge“ hat das Quadrat, das zu dieser Rechnung gehört?
c) Wie groß ist die Summe der ungeraden Zahlen von 1 bis zu einer größeren ungeraden Zahl a?
d) Wie groß ist die Summe der ungeraden Zahlen von 39 bis 111?

5.3 Schriftliche Multiplikation und Division

Auftrag 1 Konrad Zuse und sein legendärer Z3

Am 12. Mai 1941 wurde in Berlin der erste funktionsfähige, frei programmierbare Rechner der Welt vorgeführt, der Z3.
Konstrukteur war der Erfinder und Unternehmer **Konrad Zuse**, der von 1910 bis 1995 lebte.
Dieser Computer benötigte für eine Addition oder Subtraktion etwa 0,7 Sekunden, für eine Multiplikation oder Division dagegen etwa 3 Sekunden.
Erkläre diese Zeitunterschiede anhand der Aufgaben

571 · 32 und 9750 : 26

Auftrag 2 Lückenfüller

Übertrage die Aufgaben mit Lücken in dein Heft. Welche Ziffern fehlen?

```
7 ☒ 9 5 · ☒ ☒
-------------
☒ ☒ ☒ ☒ ☒
    ☒ ☒ ☒ ☒
-------------
2 2 ☒ 1 4 ☒
```

```
4 ☒ 7 ☒ : ☒ ☒ = 3 ☒ ☒
☒ 2
---
  3 ☒
  ☒ ☒
  ---
    ☒ ☒
    ☒ ☒
```

Auftrag 3 Der Taschenrechner kann das nicht!

Berechne.

251 251 251 251 251 · 32
156 156 156 156 156 : 12

Die erste Rechenmaschine der Welt

Auftrag 4

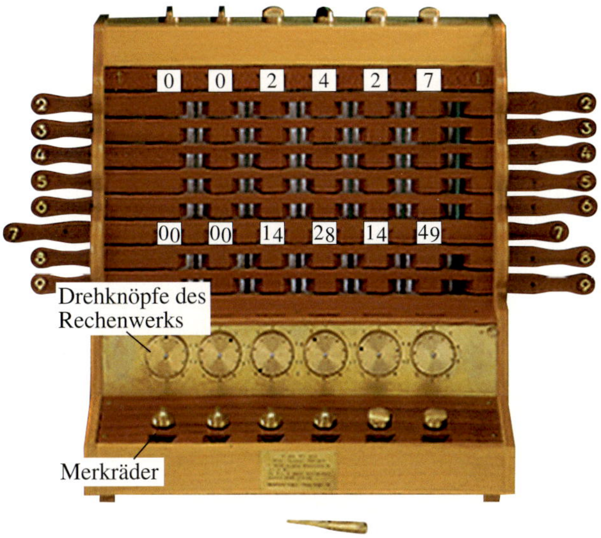

Im Jahr 1623 konstruierte Wilhelm Schickard die erste mechanische Rechenmaschine der Welt, mit der man problemlos addieren und subtrahieren kann, da ihr Rechenwerk den automatischen Zehnerübertrag beherrscht. Auch die Multiplikation zweier Zahlen ist möglich, wenn auch nicht vollautomatisch.

Info

Wilhelm Schickard (1592–1635) war Professor für orientalische Sprachen und Astronomie an der Universität Tübingen.
Von seiner Rechenmaschine ist nur eine Beschreibung erhalten. Erst 1960 konnte sie rekonstruiert werden.

Beispiel: 2427 · 7

Der erste Faktor wird in den oberen Fenstern eingestellt:

0	0	2	4	2	7

Nun wird für den zweiten Faktor Schieber 7 gezogen.
In den dadurch geöffneten Fenstern erscheint

00	00	14	28	14	49

Die Drehknöpfe des Rechenwerks werden nun per Hand auf dieses Ergebnis gestellt. An jedem Drehknopf kann nur eine Ziffer eingestellt werden.
Wie muss man dabei vorgehen?

Wie kann der Wert des Produkts 2427 · 37 bestimmt werden?
Wie kann die Maschine bei der Division eingesetzt werden?
Zeige es am Beispiel 65 824 : 32.

Auftrag 1 **Konrad Zuse und sein legendärer Z3**

Bearbeitung

In beiden Aufgaben kommen so große Zahlen vor, dass man am besten schriftlich rechnet.

571 · 32
= 571 · (30 + 2)
= 571 · 30 + 571 · 2
= 17 130 + 1142
= 18 272

Ausführliche Schreibweise:

571 · 32
571 · 30 = 17 130
571 · 2 = 1 142
18 272

Wie gewohnt:

571 · 32
1713
+ 1142
18272

In der ausführlichen Rechnung links wurde das Distributivgesetz ausgenutzt. Der zweite Faktor 32 wurde in die Summe 30 + 2 zerlegt, die Summanden 3 (bzw. 30) und 2 wurden einzeln mit 571 multipliziert. Anschließend wurden die beiden Ergebnisse addiert.

In dieser Multiplikation mit einem zweistelligen zweiten Faktor stecken zwei Multiplikationen mit einem einstelligen zweiten Faktor und eine Addition. Nimmt man an, dass die Multiplikation mit einem einstelligen Faktor etwa 1 Sekunde dauert (etwas länger als eine Addition), so erklärt sich die längere Rechenzeit für eine Multiplikation mit mehrstelligen Faktoren.

Ähnlich sieht es bei der Division aus:

$$\begin{aligned} & 9750 : 26 \\ = \; & (7800 + 1820 + 130) : 26 \\ = \; & 7800 : 26 + 1820 : 26 + 130 : 26 \\ = \; & 300 + 70 + 5 \\ = \; & 375 \end{aligned}$$

Wie gewohnt:

$$\begin{array}{lr} & 9750 : 26 = 375 \\ 3 \cdot 26 \rightarrow & -78\downarrow \\ & 195 \\ 7 \cdot 26 \rightarrow & -182\downarrow \\ & 130 \\ 5 \cdot 26 \rightarrow & -130 \\ & 0 \end{array}$$

In der linken Rechnung nutzt man wieder das Distributivgesetz. Hier wurde der Dividend 9750 in die Summe 7800 + 1820 + 130 zerlegt. Dabei wurden die Summanden so gewählt, dass sie durch den Divisor 26 teilbar sind. Jeder Summand wurde einzeln durch 26 dividiert, die Ergebnisse wurden anschließend addiert.

Beim schriftlichen Dividieren überlegt man sich Schritt für Schritt dieselben Summanden wie in der Zerlegung: Man betrachtet die ersten beiden Stellen des Dividenden 9750 und schätzt, wie oft der Divisor 26 hineinpasst. Die gefundene Zahl multipliziert man mit dem Divisor 26 und zieht das Ergebnis von den ersten beiden Stellen des Dividenden, also von 97, ab. In das Ergebnis dieser Subtraktion passt die 26 nicht mehr hinein, man holt die nächste Stelle des Dividenden herunter – das ist die 5 – und wiederholt das Vorgehen, bis bei der Subtraktion kein Rest mehr bleibt.

Die Division oben besteht aus vielen einfachen Multiplikationen mit 26 und aus drei Subtraktionen. Die Teilrechnungen sind hier einfacher als bei der schriftlichen Multiplikation, dafür muss man mehr Teilrechnungen ausführen. Die Rechenzeit ist etwa gleich lang.

Einige Schritte weitergedacht: Mit einer **Überschlagsrechnung** kannst du die Größenordnung der Ergebnisse bestimmen oder nach der Berechnung überprüfen:

107 · 34 514 = ?
Überschlag: 100 · 30 000 = 3 000 000 (das genaue Ergebnis ist 3 692 998).

65 824 : 32 = ?
Überschlag: 60 000 : 30 = 2000 (das genaue Ergebnis ist 2057).

Manchmal kann bei Überschlagsrechnungen ein **Abweichen von der Rundungsregel** sinnvoll sein: Bei der Division wurden beide Zahlen abgerundet, damit die Überschlagsrechnung leicht zu rechnen ist und aufgeht.

Beim Multiplizieren ist es oft sinnvoll, ein Aufrunden in einem Faktor durch ein Abrunden im zweiten Faktor auszugleichen:

> 459 · 2605 = ? (exaktes Ergebnis 1 195 695)
> Überschlag nach den üblichen Rundungsregeln: 500 · 3000 = 1 500 000
> Abweichen von der Rundungsregel: 400 · 3000 = 1 200 000

Der Fehler beträgt im ersten Fall 304 305 und im zweiten Fall nur 4305.
Beim Dividieren dagegen rundet man meist beide Zahlen ab oder beide Zahlen auf, um den Fehler möglichst klein zu halten.

Auch mit einer **Kontrolle der Endstelle** kannst du Ergebnisse schnell überprüfen:
Im Ergebnis von 107 · 34 514 muss an der Einerstelle eine 8 stehen, denn 7 · 4 = **28**.
Bei einer Divisionsaufgabe wie 65 824 : 32 bietet sich außerdem eine **Probe** an:

```
2057 · 32
  6171
   4114
 65 824
```

Einige Rechentricks können dir das schriftliche Rechnen erleichtern:
Die Aufgabe 107 · 34 514 kann man auf verschiedene Arten rechnen und aufschreiben.

```
107 · 34 514
  321
    428
      535
        107
          428
 3 692 998
```

ausführliche Schreibweise

```
34 514 · 107
   34514
    00000
     241 598
   3 692 998
```

Die kleinere Zahl wurde als zweiter Faktor gewählt.

```
34 514 · 107
   345140
     241598
  3 692 998
```

Die Null wurde von oben übertragen.

```
34514 · 107
         0
   241598
  3692998
```

Beginnt der zweite Faktor mit einer 1, so muss man das erste Teilergebnis nicht hinschreiben (Einservorteil).

Beim Dividieren kommt es vor allem darauf an, gut zu schätzen, wie oft der Dividend in die betrachtete Zahl hineinpasst.

```
65 824 : 32 = 2057
64
 182
 160
  224
  224
    0
```

Im zweiten Schritt ist 18 kleiner als 32. Eine neue Ziffer wird benötigt und im Ergebnis eine 0 notiert.

```
65 824 : 32 = 2057
64
 182
 160
  224
  224
```

Die Null kann man weglassen, wenn die letzten beiden Zahlen übereinstimmen.

```
65 824 : 32 = 2057
 182
  224
```

Hier wurden nur die Reste aufgeschrieben und der Rest im Kopf gerechnet.
Für diese Schreibweise solltest du schon sehr sicher rechnen können.

Zusammenfassung Schriftliche Multiplikation und Division

Schriftliche Multiplikation:

$$\begin{array}{r} \underline{1703 \cdot 239} \\ 3406 \\ 5109 \\ \underline{+\ \ 15327} \\ 407017 \end{array}$$

Überschlag: 2000 · 200 = 400 000

Schriftliche Division:

$$\begin{array}{lr} & 407017 : 239 = 1703 \\ 1 \cdot 239 \rightarrow & \underline{-239} \\ & 1680 \\ 7 \cdot 239 \rightarrow & \underline{-1673} \\ & 717 \\ 3 \cdot 239 \rightarrow & \underline{-717} \\ & 0 \end{array}$$

Überschlag: 400 000 : 200 = 2000

Bei der schriftlichen Multiplikation und Division kannst du mit einer **Überschlagsrechnung** die Größenordnung der Ergebnisse vorhersagen oder überprüfen.

Aufgaben Trainieren Anwenden Verknüpfen

1 Überschlage und berechne dann das genaue Ergebnis.

a) 96 · 8
b) 123 · 7
c) 13 · 31
d) 12 · 734
e) 431 · 62
f) 81 · 1741
g) 27 · 5241
h) 43 · 9742
i) 2678 · 53
j) 19 185 · 73
k) 12 · 41 345
l) 227 883 · 21

Lösungswort: 403 (m); 768 (d); 861 (a); 8808 (p); 26 722 (f); 141 021 (t); 141 507 (u); 141 934 (b); 418 906 (r); 496 140 (n); 1 400 505 (i); 4 785 543 (e)

2 Berechne schriftlich und überprüfe das Ergebnis mit einer Überschlagsrechnung. Mache danach auch die Probe.

a) 511 : 73
b) 529 : 23
c) 8393 : 11
d) 1625 : 13
e) 3478 : 47
f) 4840 : 88
g) 51 732 : 54
h) 27 468 : 36
i) 116 215 : 55
j) 298 149 : 69

Lösungswort: 7 (s); 23 (k); 55 (b); 74 (e); 125 (t); 763 (a); 958 (o); 2 113 (r); 4 321 (d)

3 Fülle das Kreuzzahlrätsel im Heft aus.

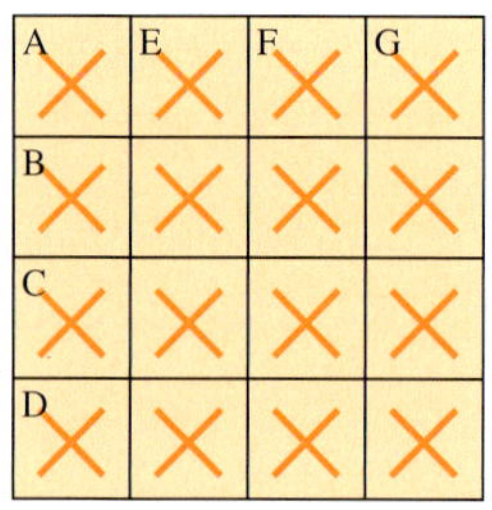

Waagrecht:
A 762 752 : 236
B 83 181 : 17
C 12 · 617
D 694 305 : 333

Senkrecht:
A 753 424 : 217
E 8 · 355
F 1 606 188 : 411
G 520 590 : 222

4 Berechne und überprüfe das Ergebnis mit einer Überschlagsrechnung.

a) 10 296 : 39
b) 88 467 : 111
c) 128 · 536
d) 609 543 : 99
e) 981 · 1572
f) 837 · 874
g) 65 790 : 102
h) 5129 · 742
i) 1 849 692 : 923
j) 857 · 13 166

Lösungswort: 264 (s); 645 (o); 797 (u); 2004 (a); 6157 (e); 68 608 (p); 84 718 (l); 731 538 (w); 1 542 132 (r); 3 805 718 (m); 11 283 262 (n)

5 Berechne und beschreibe deine Beobachtung in Worten.
221 : 13; 2210 : 130; 22 100 : 1300

Noch fit?

I Setze das Ornament im Heft fort. Spiegle dazu einmal an der Symmetrieachse und verschiebe dann.

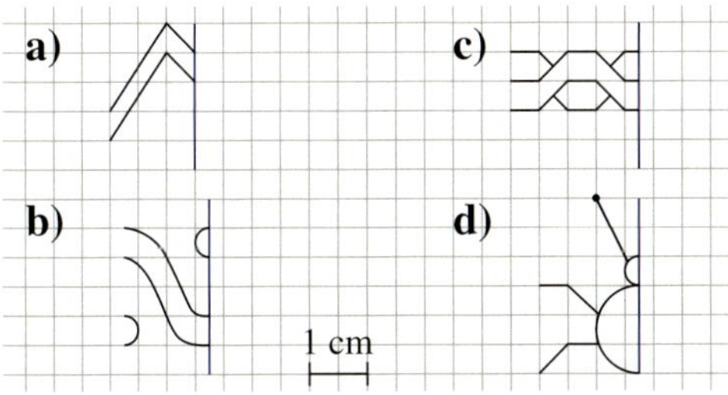

II Untersuche dieses Zopfmuster.

a) Ist es achsensymmetrisch?

b) Zeichne einen möglichst kleinen Baustein des Zopfmusters, aus dem es sich vollständig wiederherstellen lässt. Wie muss man dabei vorgehen?

Trainieren Anwenden Verknüpfen

6 Produkte aus vielen Einsen.

a) Berechne:
1 · 1
11 · 11
111 · 111
1111 · 1111
11 111 · 11 111

b) Stelle eine Vermutung auf für 11 111 111 · 11 111 111 und prüfe sie. Gib das Ergebnis in Wortform an.

7 Berechne und beschreibe das Ergebnis in Worten. Finde selbst weitere interessante Produkte.

a) 12 345 679 · 8 **e)** 12 345 679 · 36
b) 12 345 679 · 9 **f)** 12 345 679 · 45
c) 12 345 679 · 18 **g)** 12 345 679 · 54
d) 12 345 679 · 27 **h)** 12 345 679 · 63

Aufgaben

8 Bleibt bei der Division ein Rest, so führst du ihn im Ergebnis mit auf.

Beispiel: 3527 : 13 = 271 R 4
26
92
91
17
13
4

a) 2658 : 7 **d)** 8872 : 25
b) 956 : 12 **e)** 78 870 : 84
c) 3649 : 73 **f)** 39 831 : 27

Lösungswort: 9 R 1 (m); 49 R 72 (c);
79 R 8 (u); 232 R 283 (f); 354 R 22 (h);
379 R 5 (k); 938 R 78 (e); 1 475 R 6 (n)

9 Wähle den kürzeren Rechenweg und begründe deine Entscheidung.

a) 709 · 343 oder 343 · 709
b) 211 · 735 oder 735 · 211
c) 200 · 466 oder 466 · 200
d) 3542 · 13 oder 13 · 3542

10 Welche Ziffern fehlen?

a) 51⊠ : ⊠7 = 19 **c)** ⊠20 : 4⊠ = ⊠8
b) 3⊠ · 2⊠ = ⊠26 **d)** 1⊠3 · 4⊠ = 5⊠35

11 Deine Ausdauer wird belohnt:
4 119 345 674 893 · 2997

12 Ein Roman hat 246 Seiten, auf jeder Seite stehen im Durchschnitt 2615 Zeichen, davon etwa 435-mal ein e.
Wie lange bräuchte eine Sekretärin, um den gesamten Roman abzutippen, wenn sie in einer Minute 205 Anschläge schafft?

13 Unser Herz wiegt rund 300 Gramm und schlägt durchschnittlich 75-mal pro Minute.

a) Wie oft schlägt das Herz in einer Stunde, an einem Tag und in einem Jahr?
b) Das Herz einer Katze schlägt durchschnittlich 8400-mal in einer Stunde. Wie oft schlägt es in einer Minute?

Aufgaben Trainieren Anwenden Verknüpfen

14 Welche Ziffern fehlen?

a) 420x3 · 2x23	b) 2x4x0 · 56x4
8x146	14740x
4xx73	176880
84xx6	14x400
1x621x	117x20
89320xx9	1xxx799xx

Beschreibe in Worten, wie du beim Suchen der Ziffern vorgegangen bist.

15 Am 21. 12. 1937 kam Walt Disneys erster Zeichentrickfilm „Snow White and the Seven Dwarfs“ in die amerikanischen Kinos. Er dauert 79 Minuten. Vorher gab es Zeichentrickfilme nur als Kurzfilme.

Info Um im Kino die Illusion von bewegten Bildern zu erzielen, benötigt man 24 Einzelbilder pro Sekunde.

a) Wie viele Einzelbilder mussten für den Film mindestens gezeichnet werden?
b) Wie lange lief der Film bereits, nachdem 72 000 Bilder an die Wand projiziert wurden?
c) Aus Versehen läuft der Film 11 Minuten lang mit 12 Bildern pro Sekunde. Wie lange dauert die Vorführung dann insgesamt, wenn er die übrige Zeit in normaler Geschwindigkeit abgespielt wird?

16 Das Licht legt im Weltraum in einer Sekunde eine Strecke von 299 792 km zurück. (Runde das Ergebnis sinnvoll.)

a) Welche Entfernung legt ein Lichtsignal in einem Jahr zurück? Diese große Längeneinheit nennt man 1 Lichtjahr.
b) Der Stern Alpha Centauri ist etwa vier Lichtjahre von der Erde entfernt. Wie viele Kilometer sind das?

17 Warum ist es günstig, bei Überschlagsrechnungen für Divisionsaufgaben Dividend und Divisor in dieselbe Richtung zu runden (d. h. beide auf- oder beide abzurunden)? Warum sollte man bei Produkten anders vorgehen?

18 **Überschlagsspiel**
Der Spieler muss möglichst schnell aus den neun grünen Ergebniskarten

593 543 | 37 | 245 | 987 | 2083 | 4589 | 11 224 | 33 020 | 100 089

die fünf richtigen herausfinden und in die blauen Ergebnisfelder legen:

1011 · 99 = XXXXX
564 447 : 123 = XXXXX
130 · 254 = XXXXX
2813 · 211 = XXXXX
1 690 086 : 45 678 = XXXXX

Bastelt aus Papier ein ähnliches Rechenspiel und findet den schnellsten Überschlagsrechner in eurer Klasse.

19 Berechne.

a) (315 – 123) · 437
b) 13 314 531 – 4531 · 732
c) (217 + 1083) · (2435 – 1285)
d) 4011 · 254 – 254 · 2021
e) (222 · 635 + 10 087) – 10 108 : 19
f) 49 894 : (21 091 – 211 · 99)
g) 200 469 : 57 + 3 303 · 8 – 199 899 : 57

Lösungswort: 2 (ä); 247 (e); 554 (o); 999 (i); 26 434 (r); 83 904 (s); 150 525 (l); 251 121 (f); 505 460 (ü); 1 495 000 (h); 9 997 839 (c)

Aufgabe der Woche

Wenn man sich alle natürlichen Zahlen von 1 bis 1 000 000 fortlaufend nebeneinander geschrieben vorstellt, dann entsteht die Ziffernfolge
12345678910111213141516…
Welche Ziffer steht an der Stelle 300 001?

5.4 Das Zählprinzip

Pizza nach Lust und Laune

Auftrag 1

Die Speisekarte einer Pizzeria bietet ein Sonderangebot an. Neben den Grundzutaten Tomaten, Oregano und Käse kann sich der Kunde folgende Zutaten zusätzlich auf eine Pizza legen lassen:

- Vegetarisches: Mais, Kapern, Spinat oder Pilze
- Fleisch: Schinken oder Salami
- Fisch: Sardellen, Meeresfrüchte oder Thunfisch

Wählt man aus jeder der drei Gruppen eine Zutat aus, so muss man nur 0,50 € Aufpreis bezahlen.
Wie viele verschiedene Pizzen kann man sich bei diesem Sonderangebot bestellen?

Münzspielerei

Auftrag 2

Bei diesem Spiel musst du dreimal eine Münze werfen. Vorher sollst du das Ergebnis der Würfe vorhersagen. Du gewinnst, wenn du dein Ergebnis in der richtigen Reihenfolge vorausgesagt hast. Ein Ergebnis könnte beispielsweise lauten: 1. Wurf – „Bild“, 2. Wurf – „Zahl“, 3. Wurf – „Bild“

Wie viele verschiedene Vorhersagen sind möglich?

Kleider machen Leute

Auftrag 3

Alexander und Michaela spielen Verkleiden. In der Verkleidungskiste haben sie vier Hemden (rot, weiß, blau und gelb), zwei alte Hosen (kariert und gestreift) sowie drei Krawatten (grün, braun und grau) gefunden.
Auf wie viele verschiedene Arten kann sich Alexander damit verkleiden?

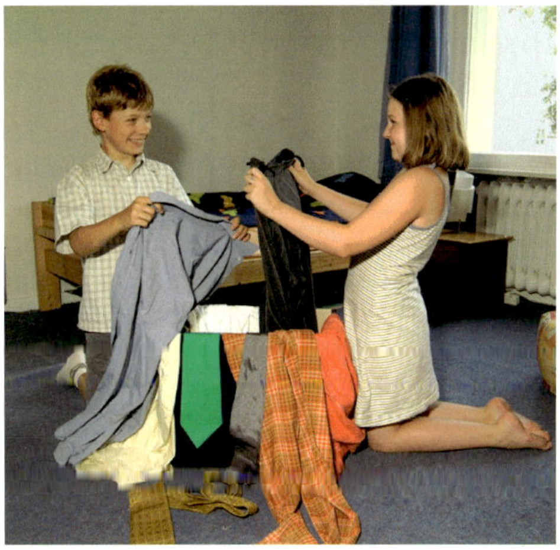

Bearbeitung

Auftrag 3 Kleider machen Leute

Bei der Wahl des Hemdes gibt es vier Möglichkeiten: rot, weiß, blau oder gelb.
Dann haben sie zwei Möglichkeiten, eine Hose auszusuchen: kariert oder gestreift.
Das ergibt $4 \cdot 2$ Fälle.
Als Letztes können sie eine der drei Krawatten wählen: grün, braun oder grau.
Das ergibt insgesamt $4 \cdot 2 \cdot 3 = 24$ Möglichkeiten.

Ein **Baumdiagramm** gibt einen Überblick über alle 24 Kombinationsmöglichkeiten:

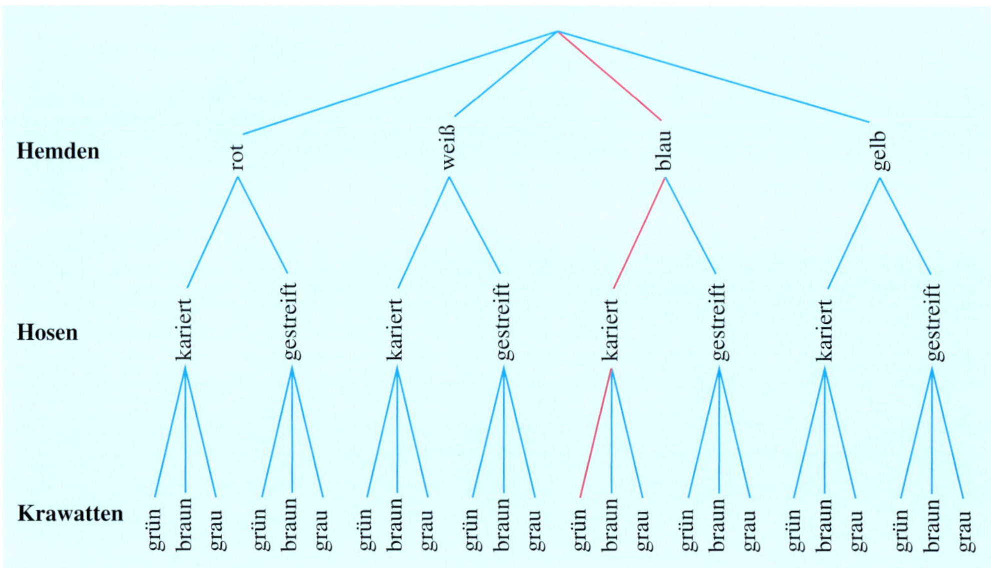

Jeder **Pfad** durch den Baum vom Start bis zu einem Endpunkt steht für eine Kleiderkombination. Zum Beispiel steht der rot markierte Pfad für die Kombination „blaues Hemd, karierte Hose, grüne Krawatte“.

Die Gesamtzahl der Möglichkeiten, verschiedene Dinge miteinander zu kombinieren, entspricht der Anzahl der Baumenden. Diese Vorgehensweise nennt man **Zählprinzip**: Die Anzahl aller Möglichkeiten erhält man, indem man die Anzahlen der Möglichkeiten auf jeder Stufe miteinander multipliziert; hier sind es $4 \cdot 2 \cdot 3 = 24$ Möglichkeiten.

Wenn sie die Reihenfolge beim Aussuchen verändern, ändert sich die Gestalt des Baumdiagramms. Zum Beispiel könnten sie zunächst eine Hose, danach erst ein Hemd und zuletzt eine Krawatte wählen:

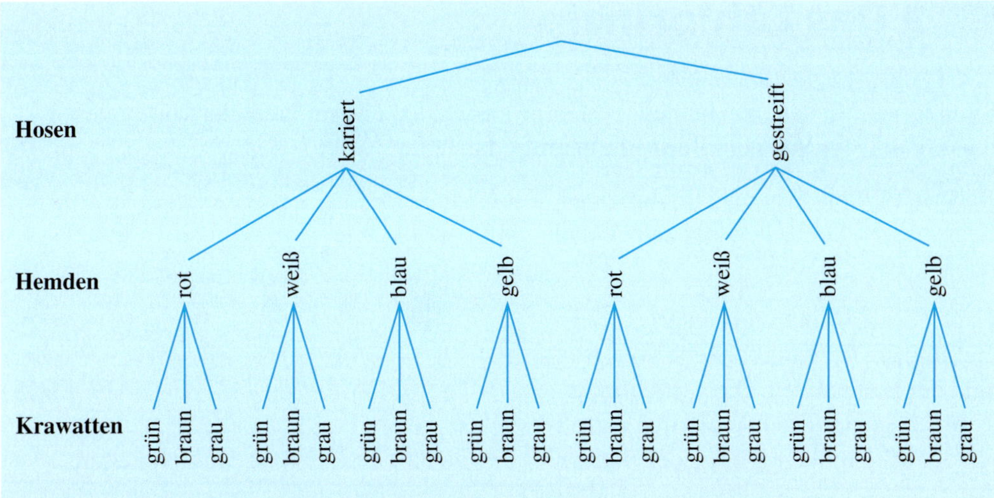

An der Zahl der Kombinationsmöglichkeiten ändert sich dadurch nichts.
Statt 4 · 2 · 3 führt hier das Produkt 2 · 4 · 3 zum gleichen Ergebnis 24.

Einen Schritt weitergedacht: Manche Zusammenstellungen von Kleidungsstücken finden Alexander und Michaela besonders lustig, manche eher langweilig. Michaela mag die Kombination aus rotem Hemd und brauner Krawatte sowie aus weißem Hemd und grauer Krawatte nicht; Alexander schließt die Kombination aus blauem Hemd und brauner Krawatte sowie aus gelbem Hemd und grüner Krawatte aus.
Das schränkt für jedes Hemd die Wahl der Krawatte ein. Für jede der 4 · 2 Zusammenstellungen aus Hemd und Hose kann nur noch eine von zwei Krawatten ausgewählt werden. Die Gesamtzahl der Kombinationen beträgt also 4 · 2 · 2 = 16.

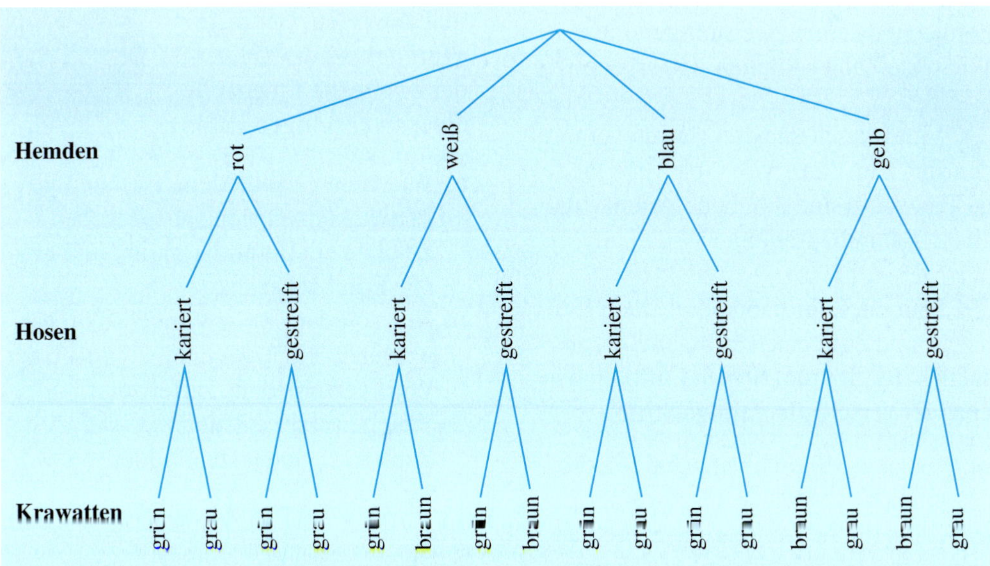

Beim Zählprinzip muss man darauf achten, ob die Entscheidung auf einer Stufe die Auswahlmöglichkeiten auf den weiteren Stufen beeinflusst.

Zusammenfassung Das Zählprinzip

Situationen, bei denen man mehrere Dinge auswählen und miteinander kombinieren muss, kann man in einem **Baumdiagramm** darstellen.

Beispiel: Wähle je eine Figur aus zwei Kreisen, drei Dreiecken und zwei Quadraten.

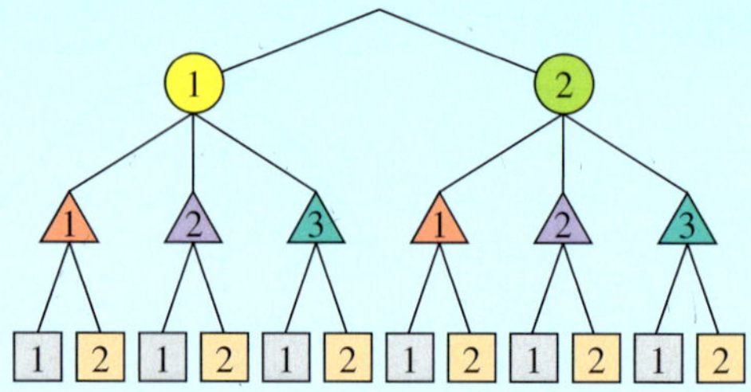

Es gibt $2 \cdot 3 \cdot 2 = 12$ Möglichkeiten.

Nach dem **Zählprinzip** entspricht die Gesamtzahl der Möglichkeiten der Anzahl der Baumenden. Die gesuchte Gesamtzahl ist das Produkt aus den Anzahlen der Möglichkeiten auf jeder Stufe.

Bei der Anwendung des Zählprinzips muss man immer darauf achten, ob die Wahl auf einer Stufe die weiteren Wahlmöglichkeiten einschränkt.

Aufgaben Trainieren Anwenden Verknüpfen

1 Ein Glücksrad mit den Ziffern 1 bis 9 wird zweimal gedreht. Die erste Ziffer steht an der Einerstelle, die zweite an der Zehnerstelle einer zweistelligen Zahl. Wie viele Zahlen können sich ergeben?

2 Vier Damen und drei Herren verabreden sich zum Tanz. Wie viele verschiedene Tanzpaare sind möglich? Zeichne dazu ein Baumdiagramm.

3 Jasmina soll für ein Spiel einen Luftballon und dazu einen farbigen Stift aussuchen. Es gibt fünf Sorten Luftballons und vier verschiedenfarbige Stifte.

a) Wie viele Möglichkeiten hat sie, die beiden Gegenstände auszuwählen?
b) Wähle für die Ballons und Stifte Farben aus. Wie viele Möglichkeiten hat sie nun, einen Ballon und einen Stift mit verschiedenen Farben zu kombinieren?

4 Beim Menü kann man aus zwei Vorspeisen, drei Hauptgängen und zwei Nachspeisen auswählen. Wie viele verschiedene Menüs ergeben sich?

5 Ein Würfel wird zweimal geworfen. Der erste Wurf besetzt die Zehner-, der zweite die Einerstelle einer zweistelligen Zahl.

a) Wie viele verschiedene zweistellige Zahlen können sich dabei ergeben? Zeichne ein Baumdiagramm und gib alle Ergebnisse an.
b) Nun soll der zweite Würfel so oft geworfen werden, bis er eine vom ersten Wurf verschiedene Ziffer zeigt. Welche verschiedenen zweistelligen Zahlen können jetzt gebildet werden?

6 In einer Schublade liegen acht Socken, die zu vier verschiedenen Paaren gehören.
Wie viele „falsche" Paare gibt es?

7 Auf einer Wanderkarte sind fünf Wege vom Tal zu einem höher gelegenen See eingezeichnet. Vom See aus kann man auf vier verschiedenen Wegen zu einem Sattel aufsteigen. Vom Sattel führen zwei Wege zum Berggipfel.

a) Wie viele verschiedene Routen sind vom Tal zum Berggipfel möglich?
b) Wie viele Routen bleiben für den Abstieg, wenn man keinen Wegabschnitt zweimal begehen möchte?

Noch fit?

I Berechne.

a) 9142 + 219 **e)** 6478 − 999
b) 5721 + 8743 **f)** 2132 − 1763
c) 38 973 + 1847 **g)** 3452 − 1655
d) 7695 + 15 019 **h)** 27 091 − 348

II Addiere und subtrahiere.

a) 7253 − 10 006 **e)** −63 568 − 21 333
b) 8942 − (−7489) **f)** −9647 + (−1943)
c) −3534 + 4253 **g)** −8051 − (−9200)
d) 4871 + (−8432) **h)** −7777 − (+8888)

III Eines der unteren sechs Bilder ist das Spiegelbild des oberen Bildes. Welches?

Trainieren Anwenden Verknüpfen — Aufgaben

8 Martina owns three pairs of trainers, four shirts, five pairs of shorts and three baseball caps. She wants to go out skating but doesn't know which clothes to wear. In how many ways can she dress herself?

9 Telefonnummern in Stadt und Land:

a) Wie viele fünfstellige Telefonnummern könnten für eine Stadt vergeben werden, wenn am Anfang keine Null, nicht 110 und nicht 112 stehen darf?
b) Wie viele fünfstellige Vorwahlnummern kann man bilden?

10 Vier Freunde spielen die „Reise nach Jerusalem". Sie stellen Stühle auf und lassen Musik laufen. Wer keinen Platz findet, wenn die Musik stoppt, der scheidet aus. In jeder Runde wird ein Stuhl entfernt.

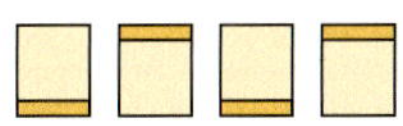

a) Auf wie viele verschiedene Arten können sie auf vier Stühlen Platz nehmen?
b) Der erste Stuhl wird weggenommen. Auf wie viele verschiedene Arten können die vier Freunde auf drei Stühlen Platz nehmen?
c) Auf wie viele Arten können sich drei Personen auf zwei Stühle setzen? Wie sieht es in der letzten Runde aus?

Info

Das Produkt 5 · 4 · 3 · 2 · 1 = 120 kann man auch kürzer schreiben als 5!, sprich „5 Fakultät". Genauso gilt:
4! = 4 · 3 · 2 · 1 = 24 oder
6! = 6 · 5 · 4 · 3 · 2 · 1 = 720
Überzeuge dich am Beispiel von 7!, 8!, 9! und 10!, dass der Wert der Produkte sehr schnell wächst.

Aufgaben

11 Beim Pferderennen kann man eine Dreierwette abschließen. Dabei müssen die ersten drei Pferde in der richtigen Reihenfolge getippt werden.

a) Wie viele verschiedene Dreierwetten können abgeschlossen werden, wenn nur vier Pferde teilnehmen? Zeichne dazu ein Baumdiagramm und gib alle Möglichkeiten an.
b) Wie viele verschiedene Dreierwetten können abgeschlossen werden, wenn zehn Pferde teilnehmen?

12 Wie viele vierstellige Zahlen lassen sich aus den Ziffern 1 bis 9 bilden,

a) wenn in jeder dieser Zahlen keine Ziffer mehrfach auftreten darf?
b) wenn jede Ziffer auch mehrmals verwendet werden darf?
c) wenn zusätzlich die Null zugelassen ist (aber nicht an erster Stelle) und jede Ziffer mehrfach auftreten darf?

13 Ein Autokennzeichen besteht aus einem Buchstabenkürzel für den Verwaltungsbezirk, einem oder zwei Buchstaben (nicht HJ, KZ, NS, SA, SS) und einer Zahl.

a) Wie viele verschiedene Autokennzeichen kann ein Verwaltungsbezirk herausgeben, wenn die Zahl aus höchstens drei Ziffern bestehen darf?
b) Wie viele Kennzeichen kommen neu hinzu, wenn die Zahl auch vierstellig sein darf?

14 Von 27 Schülerinnen und Schülern der Klasse 5 b haben drei im Dezember Geburtstag – jeweils an einem anderen Tag.
Wie viele Möglichkeiten für die drei Geburtstage im Dezember gibt es?

15 Eine Münze wird dreimal geworfen.

a) Die Wurfausgänge werden in der Reihenfolge des Werfens notiert:
Beispiel:
„B-B-Z“ steht für 1. Wurf – Bild, 2. Wurf – Bild und 3. Wurf – Zahl.
Wie viele verschiedene Ergebnisse sind möglich?
b) Wie viele verschiedene Ergebnisse gibt es, wenn man der Reihenfolge keine Bedeutung schenkt?
Gib diese Ergebnisse an.

16 Zieht man je eine Kugel aus jedem Becher, so kann man zweistellige Zahlen bilden. Nach dem Ziehen werden die Kugeln in ihren Becher zurückgelegt.

a) Wie viele verschiedene zweistellige Zahlen können entstehen, wenn die Kugel aus dem linken Becher immer als Zehnerstelle verwendet wird? Wie viele ergeben sich, wenn die Zehnerstelle aus dem rechten Becher kommt? Zeichne zu beiden Aufgabenstellungen ein Baumdiagramm.
b) Wie viele verschiedene zweistellige Zahlen können gebildet werden, wenn keine der Einschränkungen aus Teilaufgabe a) vorliegt?

Trainieren Anwenden Verknüpfen

17 Das Morse-Alphabet besteht aus zwei Elementen: Punkt und Strich. Zum Bilden eines Zeichens dürfen nicht mehr als fünf Elemente verwendet werden. Wie viele verschiedene Zeichen lassen sich bilden?

18 In der Blindenschrift bedient man sich einer von Louis Braille erfundenen Zelle, die aus sechs Punkten besteht. Indem man einen oder mehrere der sechs Punkte „erhöht“, entstehen verschiedene Zeichen, die mit den Fingerspitzen abgetastet werden.

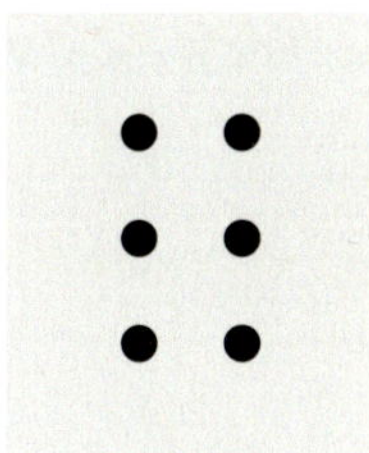

Wie viele verschiedene Zeichen gibt es in dieser Schrift?

19 Wie viele verschiedene Wörter kann man aus den Buchstaben bilden? Die Wörter müssen keinen Sinn ergeben.

a) MAN
b) SKATER
c) AFFE

20 Sabine will ein Tischtennisturnier organisieren. Es soll jeder einmal gegen jeden spielen. Wie viele Spiele finden statt,

a) wenn 4 Spieler teilnehmen?
b) wenn 6 Spieler teilnehmen?

21 Im Kader der D-Jugend des Fußballclubs Pasing sind fünf Stürmer. Gegen die SpVgg Unterhaching sollen drei Stürmer aufgestellt werden. Wie viele Möglichkeiten hat der Trainer, die drei Stürmer auszuwählen?

Aufgaben

22 Beim bekannten Spiel „Mäxchen“ werden zwei Würfel gleichzeitig geworfen. Aus den Augenzahlen bildet man eine möglichst große zweistellige Zahl.

a) Wie viele verschiedene Zahlen können im Spiel auftreten? Zähle sie auf.
b) Ein Pasch (zwei gleiche Augenzahlen) wird höher gewertet als die Zahl 65. Die 21 („Mäxchen“) übertrifft alle. Der Spieler vor dir gibt an, 54 gewürfelt zu haben. Wie groß schätzt du deine Chancen ein, ihn zu übertreffen?

23 Neun Kugeln, die von 1 bis 9 nummeriert sind, werden auf drei Becher verteilt. Zieht man je eine Kugel aus jedem Becher, kann man damit dreistellige Zahlen bilden. Nach jeder Ziehung werden die Kugeln in ihren Becher zurückgelegt.

a) Wie müssen die Kugeln auf die Becher verteilt werden, damit möglichst viele verschiedene dreistellige Zahlen gezogen werden können?
b) Nun wird eine weitere Kugel mit der Aufschrift 0 hinzugefügt. Wie müssen die Kugeln jetzt verteilt werden, damit möglichst viele dreistellige Zahlen gebildet werden können?

Aufgabe der Woche

Der runde Tisch

a) Auf wie viele verschiedene Arten können sechs Personen um einen runden Tisch gesetzt werden?

b) Wie viele Möglichkeiten bleiben, wenn zwei der Personen unbedingt nebeneinander sitzen wollen?
c) Wie sieht es aus, wenn zwei Personen nicht nebeneinander sitzen wollen?

1 Berechne. Nutze nach Möglichkeit Rechenvorteile und beschreibe diese in Worten. **4 P**

a) $8 \cdot 27 \cdot 125$ **c)** $99 \cdot 3 : 3$
b) $(130 + 52) : 13$ **d)** $256 - 56 : 7$

2 Primfaktoren und Teiler: **6 P**

a) Bestimme die Primfaktorzerlegung der Zahl 354.
b) Bestimme alle Teiler der Zahl 354.
c) Bestimme die Primfaktorzerlegung der Zahl 2025 und verwende die Potenzschreibweise.

3 Setze die Folge um acht weitere Zahlen fort. **6 P**

a) 2, 3, 5, 7, 11, …
b) 2, 4, 8, 16, …
c) 1, 4, 9, 16, 25, 36, 49, …

4 Zeichne einen „Baum“ und beschreibe den Term in Wortform. **4 P**

a) $25 \cdot (14 + 4)$ **b)** $(153 - 45) : 12$

5 Berechne schriftlich. **4 P**

a) $32 \cdot 5781$ **b)** $45\,627 : 67$

6 Wie ändert sich der Wert eines Produkts aus drei Faktoren, wenn man den ersten Faktor verdoppelt, den zweiten verdreifacht und den dritten halbiert? **4 P**
Überprüfe deine Vermutung an einem selbst gewählten Beispiel.

7 Vervollständige den Satz ähnlich wie in Aufgabe 6 und begründe: **4 P**
Wenn man in einem Produkt mit zwei Faktoren den ersten Faktor …
und den zweiten …, dann …

8 An einem heißen Tag im Juli möchte sich Tatjana ein Eis kaufen. Es stehen die Sorten Vanille, Schokolade, Erdbeer und Kirsch zur Auswahl. Dazu gibt es Schoko-, Pfefferminz- oder Erdbeersoße. **4 P**
Wie viele verschiedene Wahlmöglichkeiten hat sie für einen Eisbecher mit einer Sorte, mit Soße und Sahne?
Zeichne ein Baumdiagramm.

18 – 24 Punkte

25 – 30 Punkte

31 – 36 Punkte

Hop oder Top – Ein Spiel mit ganzen Zahlen

Dieses Spiel kann mit zwei oder mehr Personen gespielt werden. Ihr benötigt einen Spielwürfel und für jeden Mitspieler einen Spielstein.

Alle Spielsteine werden auf „Los geht's" gestellt. Der erste Spieler würfelt und entscheidet, ob die Augenzahl für das Quadrat ■ oder die Raute ◆ in den Term auf seinem Feld eingesetzt wird. Die zweite gewürfelte Zahl wird für den zweiten Platzhalter eingesetzt.
Dann wird der Wert des Terms berechnet.
Ist das Ergebnis eine positive Zahl, so wird der Spielstein um diese Zahl von Feldern in Plus-Richtung bewegt.
Ergibt sich eine negative Zahl, so wird der Spielstein um entsprechend viele Felder in Minus-Richtung bewegt.
Dann kommt der nächste Spieler an die Reihe. Wer als erster das „Top-Feld" erreicht oder am Ende einer vereinbarten Spielzeit am weitesten gekommen ist, hat gewonnen.
Wer auf das „Hop-Feld" zurückfällt, scheidet aus.

Weitere Spielregeln (z. B. was passieren soll, wenn sich ein Spieler verrechnet) könnt ihr selber festlegen.

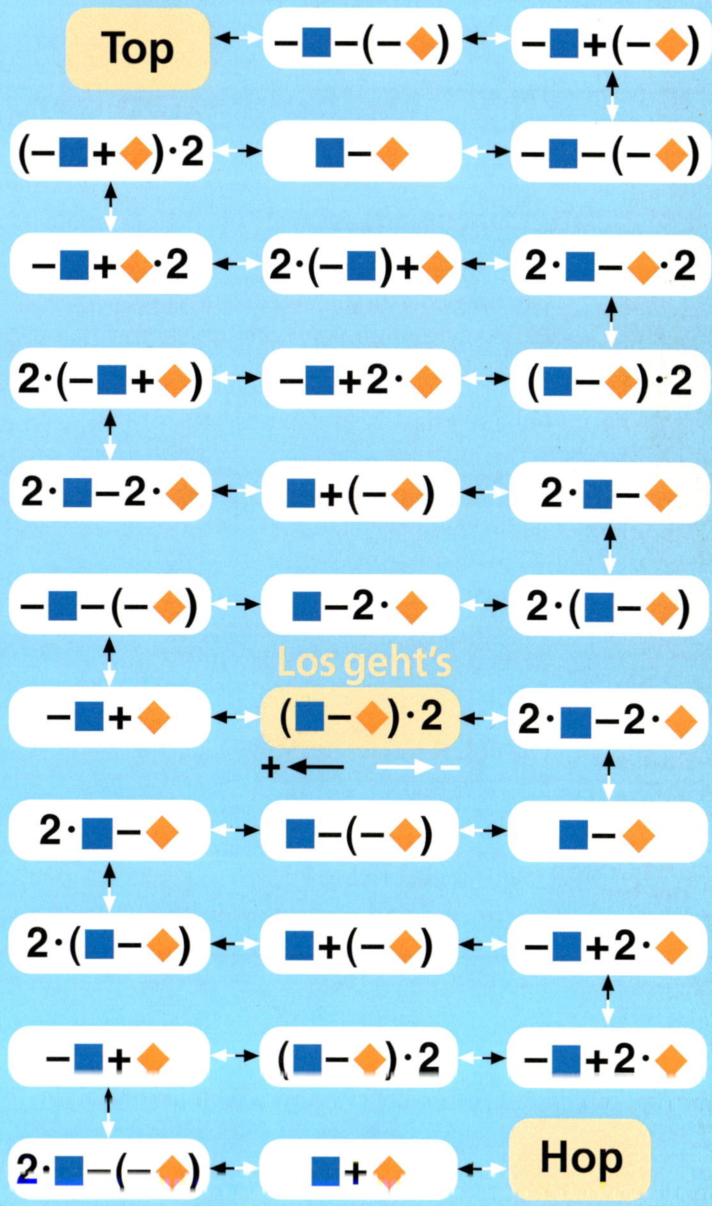

6 Multiplikation und Division ganzer Zahlen

Ganze Zahlen kannst du bereits addieren und subtrahieren. In diesem Kapitel erfährst du, wie man sie multipliziert, dividiert und mit allen Grundrechenarten rechnet.

6.1 Multiplikation ganzer Zahlen

Auftrag 1 Multiplikationstafel

Übertrage die Zeichnung in dein Heft. Einige Ergebnisse sind bereits eingetragen, z. B. $2 \cdot 4 = 8$ und $3 \cdot 0 = 0$.

Fülle schrittweise weiter aus:

I. Quadrant

IV. Quadrant: Schreibe hier die Produkte als Summen, z. B. $3 \cdot (-4) = (-4) + (-4) + (-4)$

II. Quadrant: Vergleiche $(-4) \cdot 3$ mit $3 \cdot (-4)$. Welche Rechenregel gilt?

III. Quadrant: Vergleiche die Ergebnisse im I. und im II. Quadranten.

Gib eine Regel für das Vorzeichen der Ergebnisse an.

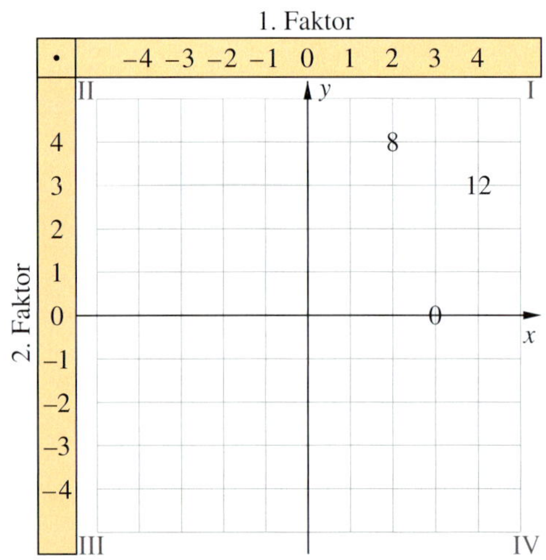

Auftrag 2 Multiplikationsreihen

$3 \cdot 3 =$	$(-3) \cdot 3 =$
$3 \cdot 2 =$	$(-3) \cdot 2 =$
$3 \cdot 1 =$	$(-3) \cdot 1 =$
$3 \cdot 0 =$	$(-3) \cdot 0 =$
$3 \cdot (-1) =$	$(-3) \cdot (-1) =$
$3 \cdot (-2) =$	$(-3) \cdot (-2) =$
$3 \cdot (-3) =$	$(-3) \cdot (-3) =$

Schreibe die Produkte ab und bestimme die Lösungen. Rechne zuerst die Aufgaben, die du sicher beherrschst. Nenne deine Überlegungen.

Stelle eine Regel für das Vorzeichen der Ergebnisse auf.

Föhnwetterlage

Auftrag 3

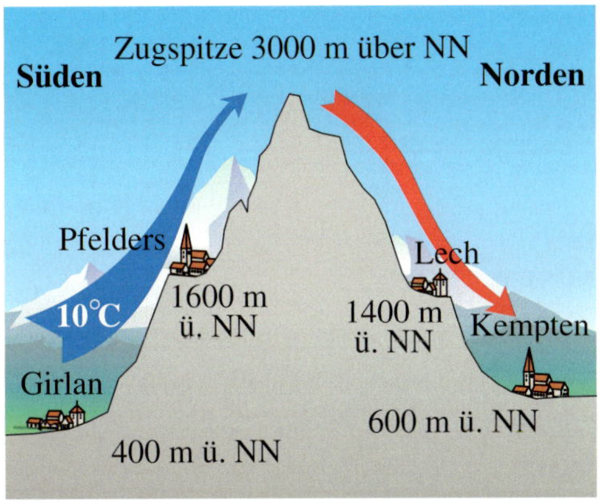

Bei einer Föhnwetterlage steigt Luft an der Südseite der Alpen auf und kühlt sich dabei ab. Beim Absinken an der Nordseite erwärmt sich diese Luft wieder, und zwar auf eine höhere Temperatur als vor dem Aufsteigen.
Beim Aufsteigen beträgt der Unterschied – 2 °C pro 400 Höhenmeter, beim Absinken 2 °C pro 200 Höhenmeter.

Die Lufttemperatur in Girlan (Südtirol) beträgt 10 °C. Berechne bei Föhnwetter die Temperatur in Pfelders (Südtirol), auf der Zugspitze, in Lech und in Kempten.

Erläutere, wie du bei einer Föhnwetterlage die Temperaturunterschiede pro 2000 Höhenmeter berechnest.

Auftrag 1 **Multiplikationstafel**  **Bearbeitung**

In den Produkten im I. Quadranten werden nur natürliche Zahlen multipliziert.

Die Ergebnisse im IV. Quadranten kann man bestimmen, indem man die Produkte als Summen schreibt, also z. B.

$3 \cdot (-4) = (-4) + (-4) + (-4) = -12$
$2 \cdot (-3) = (-3) + (-3) = -6$
$1 \cdot (-4) = -4$

Alle Ergebnisse im IV. Quadranten sind negativ.

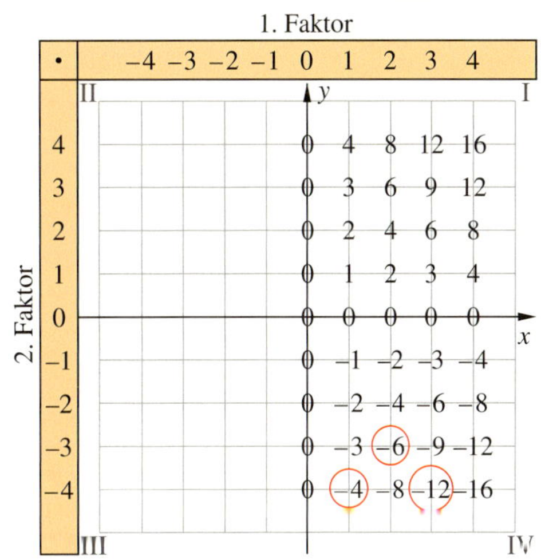

Das Kommutativgesetz der Multiplikation soll selbstverständlich auch für negative Faktoren gelten. Deshalb erhält man die Ergebnisse im II. Quadranten aus den Ergebnissen des IV. Quadranten.

$(-4) \cdot 3 = 3 \cdot (-4) = -12$
$(-3) \cdot 2 = 2 \cdot (-3) = -6$
$(-4) \cdot 1 = 1 \cdot (-4) = -4$

Auch die Ergebnisse im II. Quadranten sind negativ.

1. Faktor (Spalten), 2. Faktor (Zeilen)

·	−4	−3	−2	−1	0	1	2	3	4
4	−16	−12	−8	−4	0	4	8	12	16
3	−12	−9	−6	−3	0	3	6	9	12
2	−8	−6	−4	−2	0	2	4	6	8
1	−4	−3	−2	−1	0	1	2	3	4
0	0	0	0	0	0	0	0	0	0
−1	4	3	2	1	0	−1	−2	−3	−4
−2	8	6	4	2	0	−2	−4	−6	−8
−3	12	9	6	3	0	−3	−6	−9	−12
−4	16	12	8	4	0	−4	−8	−12	−16

Die Ergebnisse in den Quadranten I und II sind symmetrisch zur y-Achse angeordnet, nur das Vorzeichen ändert sich bei jeder „Spiegelung".
Überträgt man diese Regelmäßigkeit auf den III. und IV. Quadranten, so müssen im III. Quadranten positive Ergebnisse stehen:

$-3 \cdot (-4) = 12$
$-2 \cdot (-3) = 6$
$-1 \cdot (-4) = 4$

Multipliziert man eine positive Zahl mit einer negativen oder eine negative mit einer positiven, so ist das Ergebnis negativ. Das Produkt aus zwei negativen Zahlen ist positiv. Auf den Achsen stehen Nullen, da ein Produkt null ergibt, wenn ein Faktor null ist.

Einen Schritt weitergedacht: Beim Multiplizieren ganzer Zahlen kannst du dieselben Rechenvorteile nutzen wie bei den natürlichen Zahlen.

Du darfst Faktoren beliebig vertauschen (Kommutativgesetz der Multiplikation):

$$-4 \cdot (-7) \cdot 25 = -4 \cdot 25 \cdot (-7) = -100 \cdot (-7) = 700$$

Der Wert eines Produkts aus ganzen Zahlen ändert sich nicht, wenn man Klammern setzt, umsetzt oder weglässt (Assoziativgesetz der Multiplikation):

$$-5 \cdot [40 \cdot (-17)] = (-5 \cdot 40) \cdot (-17) = -200 \cdot (-17) = 3400$$

Eine Summe wird mit einem Faktor multipliziert, indem man jeden Summanden mit dem Faktor multipliziert. Das hilft dir oft beim Kopfrechnen.

$$-7 \cdot 52 = -7 \cdot (50 + 2) = -7 \cdot 50 + (-7) \cdot 2 = -350 + (-14) = -350 - 14$$
$$= -364$$

Gemeinsame Faktoren in Summen und Differenzen können ausgeklammert werden.

$$(-35) \cdot 76 + (-35) \cdot (-56) = -35 \cdot [76 + (-56)] = -35 \cdot [76 - 56]$$
$$= -35 \cdot 20 = -700$$

Die letzten beiden Beispiele sind Anwendungen des Distributivgesetzes.

Multiplikation ganzer Zahlen

Zusammenfassung

Man multipliziert ganze Zahlen zuerst ohne Beachtung des Vorzeichens und setzt im Ergebnis das Vorzeichen nach diesen Regeln:

Multipliziert man eine positive Zahl und eine negative Zahl, so ist das Ergebnis negativ. $8 \cdot (-4) = -32$; $-8 \cdot 4 = -32$

Multipliziert man zwei negative Zahlen, so ist das Ergebnis positiv. $-8 \cdot (-4) = 32$

Ist in einem Produkt ein Faktor null, so ist das Ergebnis null. $-8 \cdot 0 = 0$; $0 \cdot (-4) = 0$

Die Rechenvorteile und Rechengesetze der natürlichen Zahlen gelten auch für die ganzen Zahlen.

Trainieren **Anwenden** **Verknüpfen**

Aufgaben

1 Rechne im Kopf.

a) $-7 \cdot 8$
b) $-7 \cdot (-8)$
c) $11 \cdot (-12)$
d) $-11 \cdot (-12)$
e) $(-12) \cdot (-3)$
f) $12 \cdot (-3)$
g) $0 \cdot (-213)$
h) $-4 \cdot (-25)$

2 Multiply the integers.

a) $(-12) \cdot 21$
b) $31 \cdot (-11)$
c) $-121 \cdot (-10)$
d) $24 \cdot (-17)$
e) $-33 \cdot (-22)$
f) $-125 \cdot (-32)$

Lösungswort: – 1210 (e); – 726 (m); – 408 (s); – 341 (r); – 252 (b); 726 (i); 1210 (a); 4000 (l)

3 Berechne.

a) $-5 \cdot (-8) \cdot 3$
b) $12 \cdot (-5) \cdot (-4)$
c) $-2 \cdot (-3) \cdot (-4)$
d) $-10 \cdot (-5) \cdot (-7)$
e) $-8 \cdot 3 \cdot (-5) \cdot (-2)$
f) $-8 \cdot (-3) \cdot 5 \cdot 2$
g) $-8 \cdot 3 \cdot 5 \cdot (-2)$
h) $13 \cdot (-1) \cdot 0 \cdot (-9)$

Lösungswort: – 350 (h); – 240 (m); – 120 (p); – 24 (c); 0 (r); 1 (m); 120 (h); 240 (o); 350 (s)

4 Schreibe als Produkt und berechne.

a) $-7 + (-7) + (-7) + (-7) + (-7) + (-7)$
b) $-21 + (-21) + (-21) + (-21) + (-21)$

5 Schreibe mit Produkten, berechne.

a) $9 + (-12) + (-12) + 9 + (-12) + 9$
b) $-6 + (-6) + (-11) + (-6) + (-11)$
c) $-24 + (-24) + 8 + (-24) + (-24) + 8$
d) $17 + 13 + (-17) + (-17) + (-13)$

6 Bilde Produkte, indem du einen Faktor aus der ersten Wolke und einen aus der zweiten nimmst. Wie viele verschiedene Ergebnisse erhältst du?

7 Rechne vorteilhaft. Welche Regel nutzt du?

a) $-2 \cdot 33 \cdot (-5)$
b) $5 \cdot (-17) \cdot 120$
c) $8 \cdot (-12) \cdot 125 \cdot 11$
d) $-25 \cdot 18 \cdot (-8) \cdot (-1)$
e) $-40 \cdot 155 \cdot 25$
f) $3789 \cdot 29\,899 \cdot 0 \cdot (-317)$

Lösungswort: – 155 000 (z); – 132 000 (i); – 10 200 (l); – 3600 (t); – 330 (r); 0 (e); 330 (b); 132 000 (m)

Aufgaben

8 Use the rules that you have learned:

a) $13 \cdot 2 \cdot (-5)$
b) $-42 \cdot (-4) \cdot 50$
c) $[52 \cdot (-125)] \cdot 8$
d) $4 \cdot (25 \cdot 12) \cdot (-6)$
e) $6 \cdot [120 \cdot (-8) \cdot 50]$
f) $25 \cdot (3 \cdot 8) \cdot (-31)$

9 Nutze Rechenvorteile.

a) $-50 \cdot 17 \cdot 4$
b) $-3 \cdot 17 + (-3) \cdot 8$
c) $-3 \cdot (-17) + (-3) \cdot 8$
d) $2 \cdot (-13) \cdot (-2) \cdot 25$
e) $[4 \cdot (-3) \cdot 2] \cdot 1250$
f) $21 \cdot (-6) + 39 \cdot (-6)$
g) $(-21) \cdot (-6) + (-39) \cdot (-6)$
h) $125 \cdot (-34) \cdot (-8)$

Lösungswort: –30 000 (h); –3400 (t); –360 (a); –75 (r); –27 (k); 27 (u); 75 (l); 340 (k); 360 (h); 1300 (t); 3400 (x); 34 000 (n)

10 Achte auf Rechenvorteile.

a) $8 \cdot 31 - 8 \cdot 16$
b) $-3 \cdot 54 - (-3) \cdot (-16)$
c) $-11 \cdot 18 + 12 \cdot (-11)$
d) $-125 \cdot 6 \cdot (-8)$
e) $-13 \cdot (-7) - (-7) \cdot (-53)$
f) $5 \cdot 24 \cdot (-2)$

Lösungswort: –330 (e); –280 (d); –240 (e); –210 (r); –22 (t); –10 (m); 22 (s); 99 (l); 120 (k); 219 (r); 259 (o); 6000 (i)

11 Rechne geschickt im Kopf.

a) $-2 \cdot (100 + 33)$
b) $5 \cdot (12 - 200)$
c) $(-250 - 25) \cdot 4$
d) $-5 \cdot (-80 + 22)$
e) $(7 + 125) \cdot (-8)$
f) $11 \cdot (11 - 60)$

12 Schreibe einen der beiden Faktoren als Summe oder Differenz und berechne.

Beispiel: $7 \cdot 53 = ?$
$7 \cdot (50 + 3) = 7 \cdot 50 + 7 \cdot 3 = 350 + 21 = 371$

a) $104 \cdot 9$
b) $57 \cdot (-3)$
c) $198 \cdot (-6)$
d) $-7 \cdot (-509)$
e) $248 \cdot (-4)$
f) $-1002 \cdot (-31)$

13 Überschlage zuerst und rechne dann vorteilhaft. Gib die verwendeten Rechenregeln an.

a) $396 \cdot (-25)$
b) $-44 + 3 \cdot (-8) \cdot 125$
c) $11 \cdot (-19) + 8 \cdot 11$
d) $120 \cdot (-7) \cdot 5 - 133$
e) $-12 \cdot (3000 + 12)$
f) $27 \cdot (-795) + 275 \cdot 27 + 27 \cdot (-480)$

Lösungswort: –36 144 (e); –27 000 (l); –9900 (w); –4333 (k); –3046 (a); –3044 (i); –121 (n); 131 (r); 27 000 (s); 36 144 (o)

14 Welches Vorzeichen hat das Ergebnis? Der genaue Wert ist nicht verlangt!

a) $(-348) \cdot 3578 \cdot (-9236) \cdot (-386) \cdot 533$
b) $34 \cdot 2789 \cdot (-276) \cdot (-2) \cdot 268$
c) $(-865) \cdot (-12\,975) \cdot 0 \cdot 55 \cdot (-900)$

15 Zahlenrätsel mit ganzen Zahlen:

a) Welche Zahl muss man mit –8 multiplizieren, um 72 zu erhalten?
b) Mit welcher Zahl muss man 12 multiplizieren, um –132 zu erhalten?
c) Mit welcher Zahl muss man –15 multiplizieren, um –135 zu erhalten?
d) Welche Zahl muss man mit –9071 multiplizieren, um 9071 zu erhalten?
e) Mit welcher Zahl muss man –712 multiplizieren, um 0 zu erhalten?

Noch fit?

I Berechne.

a) $-23 + 31$
b) $-35 - 41$
c) $29 - 54$
d) $-33 + 12 - 76$
e) $34 + (-50)$
f) $-101 + 5 + (-22)$
g) $14 - (-22) - 21$
h) $35 + (-13) - (-4)$

II Setze die passende ganze Zahl ein.

a) 24 + ✕ = 13
b) –22 – ✕ = –86
c) –32 – ✕ = 24
d) 18 + ✕ – (–21) = –101

Trainieren **Anwenden** Verknüpfen

16 Jonas zeigt Lukas seine Mathematik-Hausaufgaben. Obwohl Lukas kein guter Kopfrechner ist, sagt er nach einem kurzen Blick auf die Aufgaben: „Da sind ja mindestens fünf Ergebnisse falsch!"
Wie kann er die Fehler so schnell finden? Verbessere alle falschen Lösungen.

34 · (−72) = −2448	25 · (−72) = −1800
−72 · (−21) = −1512	−23 · (−13) = 299
−44 · 72 = −31	−534 · (−1) = 533
102 · (−32) = 3264	−12 · (−12) = 144
124 · (−9) · 0 = −1116	−9 · (−13) · 8 = −936

Schreibe selbst sechs Aufgaben mit drei ähnlichen Fehlern auf. Lasse deinen Banknachbarn die Fehler finden.

17 **„Multiplikationsgerade" für ☒ · 2**

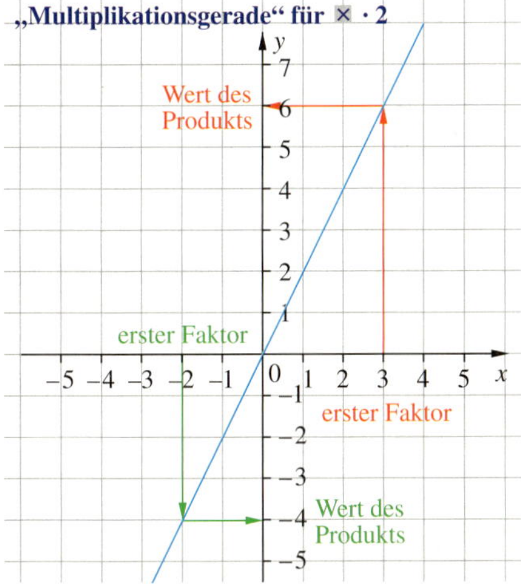

Tamara und Gloria haben ein Verfahren entwickelt, um zeichnerisch Produkte vom Typ ☒ · 2 zu ermitteln, z. B. 1 · 2, 2 · 2, (– 1) · 2, …

a) Formuliere eine Regel für das Vorzeichen der Ergebnisse.
b) Zeichne die Multiplikationsgerade für Produkte vom Typ ☒ · (– 2) und ermittle damit einige Produkte.

18 Rekorde beim Tieftauchen: **Aufgaben**

a) Der Franzose Loïc Leferme stellte im Jahr 2000 einen Tiefenrekord beim Tauchen ohne Atemgerät auf. Er ließ sich mit einem Tauchschlitten 95 Sekunden lang in die Tiefe ziehen. Die Abtauchgeschwindigkeit betrug etwa 160 cm pro Sekunde. Wie tief tauchte er?
b) Bei den Frauen stellte die Kanadierin Mandy-Rae Cruickshank im Jahr 2001 einen Tiefenrekord auf. Ihr Schlitten zog sie 80 Sekunden lang mit etwa 170 cm pro Sekunde in die Tiefe. Wie tief tauchte sie?

19 Welches der Produkte hat den Wert – 2 835 183? Begründe ohne Rechnung.

a) – 523 · (– 5421) **e)** – 522 · 5424
b) 790 · (– 2315) **f)** 523 · 0 · (– 5421)
c) – 201 · (– 245) · 9 **g)** – 523 · (– 1) · 5421
d) 523 · (– 5421) **h)** 313 · (– 101)

Trainieren Anwenden **Verknüpfen**

20 Setze in deinem Heft < , > oder = ein.

a) – 14 · (– 12) ? – 3
b) – 324 · 28 ? 27
c) – 22 ? – 243 · 3427
d) – 2564 · 0 ? – 345 · (– 3425)
e) 245 002 ? – 20 · (– 19)

21 Ergänze zu einer Vorzeichenregel.

a) (–) · (–) · (+) · (–) · (+) = ?
b) (+) · (+) · (+) · (–) · (–) = ?
c) (–) · (+) · (+) · (–) · (+) · (–) · (–) = ?
d) (+) · (+) · (–) · (–) · (+) · (+) = ?

Unter welcher Bedingung ist ein Produkt ganzer Zahlen positiv, unter welcher Bedingung ist es negativ?
Stelle eine Regel auf.

Aufgaben

22 Womit musst du

a) eine positive Zahl multiplizieren, um eine negative Zahl zu erhalten?
b) eine Zahl multiplizieren, um die Gegenzahl zu erhalten?
c) eine negative Zahl multiplizieren, um dieselbe Zahl zu erhalten?
d) eine negative Zahl multiplizieren, um wieder eine negative Zahl zu erhalten?
e) eine negative Zahl multiplizieren, um 0 zu erhalten?
f) eine negative Zahl multiplizieren, um eine positive Zahl zu erhalten?

23 Stelle den Term auf und berechne.

a) Multipliziere die Summe aus – 7 und 15 mit der Zahl – 4.
b) Subtrahiere – 8 vom Produkt aus 66 und – 2.
c) Addiere zum Produkt aus – 9 und 17 die Zahl – 12.
d) Multipliziere den Quotienten aus 24 und 8 mit der Zahl – 27.

24 Berechne den Wert der Potenzen.

Beispiel:
$(-3)^5 = -3 \cdot (-3) \cdot (-3) \cdot (-3) \cdot (-3) = -243$

a) $(-2)^3$ **c)** $(-3)^3$ **e)** $(-1)^5$
b) $(-2)^5$ **d)** $(-3)^4$ **f)** $(-1)^8$

25 Sind die Ergebnisse positiv oder negativ?

a) $(-14)^2$ **d)** $(-721)^{187}$
b) $(-212)^3$ **e)** $(-2340)^{244}$
c) $(-316)^{17}$ **f)** $(-1)^{22}$

26 Berechne.

a) $-3 \cdot 3^2$ **e)** $-4 \cdot (-5)^3$
b) $(-5)^2 \cdot 5$ **f)** $17 \cdot (-9) \cdot 0^2$
c) $4 \cdot (-2) \cdot 2^3$ **g)** $(-1)^7 \cdot (-12)^2$
d) $(-3)^2 \cdot (-9)$ **h)** $(-4)^3 \cdot (-1) \cdot 7$

Lösungswort: – 144 (n); – 125 (w); – 81 (d); – 64 (a); – 27 (g); 0 (a); 27 (j); 125 (u); 448 (t); 500 (r)

27 Berechne. Welche Klammern könnte man weglassen, ohne dass sich das Ergebnis verändert? Begründe.

a) $[-45 \cdot (-8 + 28)] - 34$
b) $100 - [(-7 - 33) \cdot 16]$
c) $(19 \cdot 5) \cdot [(-44 + 14) \cdot 2]$
d) $[99 \cdot 4 \cdot (-45 - (-55)) + 77] \cdot 10$
e) $[(7 - 50) \cdot 10] - 33 \cdot 5$
f) $406 \cdot [200 - (-8 \cdot (-25))] \cdot 9$

Lösungswort: – 5700 (r); – 934 (g); – 595 (e); – 9 (i); 0 (n); 595 (j); 740 (a); 934 (m); 5700 (z); 40 370 (t)

28 Zeichne ein Koordinatensystem mit beiden Achsen von – 10 bis 10. Trage die Punkte *A* (3 | 0), *B* (3 | 2), *C* (2 | 3), *D* (– 2 | 3), *E* (– 3 | 2), *F* (– 3 | 0), *G* (0 | – 3) ein. Verbinde sie zur Figur *ABCDEFGA*. Zeichne mit verschiedenen Farben die Figuren ein, die entstehen, wenn du
- alle Koordinaten der Eckpunkte mit 2 multiplizierst (blau),
- alle Koordinaten der Eckpunkte mit – 3 multiplizierst (grün),
- nur die *x*-Koordinaten der Eckpunkte mit – 2 multiplizierst (orange),
- nur die *y*-Koordinaten der Eckpunkte mit – 1 multiplizierst (schwarz).

Aufgabe der Woche

In einem **multiplikativen magischen Quadrat** ergeben die Produkte der Zahlen in jeder Zeile, in jeder Spalte und in jeder Diagonale den gleichen Wert.

Zeichne die beiden Quadrate ab und ergänze sie. Verwende im zweiten magischen Quadrat nur Potenzen von 2.

12	X	18
X	X	– 4
X	– 36	3

X	64	X
X	– 16	1
X	X	X

6.2 Division ganzer Zahlen

Rechenhilfe

Auftrag 1

Frank rechnet an der Tafel.
Melinda hilft ihm beim Überprüfen der Lösungen: „Bei der ersten Aufgabe hast du dich verrechnet, denn $8 \cdot 12$ ist nicht 108!“

Überprüfe die restlichen Lösungen und verbessere die Fehler. Stelle für die Division Vorzeichenregeln auf.

Multiplikative magische Quadrate

Auftrag 2

Die Produkte der Zahlen in jeder Zeile, in jeder Spalte und in jeder Diagonale haben in einem multiplikativen magischen Quadrat denselben Wert.

Berechne die fehlenden Zahlen durch Dividieren.
Gib Vorzeichenregeln für die Division ganzer Zahlen an.
Verändere eine Zahl im magischen Quadrat so, dass alle Produkte den Wert 216 besitzen.

2	X	12
−36	−6	X
X	−4	18

Rechenbäume

Auftrag 3

Welche Zahlen fehlen in den Rechenbäumen?
Überprüfe deine Ergebnisse mit einer Probe.

Stelle Vorzeichenregeln für die Division ganzer Zahlen auf.

Bearbeitung

Auftrag 1 **Rechenhilfe**

Die Division ist die Umkehrung der Multiplikation. Daher können Divisionsaufgaben durch eine Multiplikation überprüft werden.

Die Proben liefern die Vorzeichenregeln:
Haben Dividend und Divisor verschiedene Vorzeichen, so ist der Wert des Quotienten negativ.
Haben Dividend und Divisor das gleiche Vorzeichen, so ist der Wert des Quotienten positiv.

Einen Schritt weitergedacht:
In Termen, die mehrere Grundrechenarten enthalten, gelten die bekannten Regeln.

	$64 : 4^2 - 32 : 4^2 + (-123)$
• Nutze Rechenvorteile, falls möglich.	$= (64 - 32) : 4^2 + (-123)$
• Behandle Klammern zuerst.	$= 32 : 4^2 + (-123)$
• Potenzen vor Punktrechnungen	$= 32 : 16 + (-123)$
• Punkt- vor Strichrechnungen	$= 2 - 123$
• Rechne von links nach rechts.	$= -121$

Zusammenfassung

Division ganzer Zahlen

Man dividiert ganze Zahlen zuerst ohne Beachtung des Vorzeichens und setzt dann im Ergebnis das Vorzeichen nach diesen Regeln:

Wird eine positive Zahl durch eine negative Zahl dividiert, so ist das Ergebnis negativ.	$56 : (-8) = -7$
Wird eine negative Zahl durch eine positive Zahl dividiert, so ist das Ergebnis negativ.	$-56 : 8 = -7$
Wird eine negative Zahl durch eine negative Zahl dividiert, so ist das Ergebnis positiv.	$-56 : (-8) = 7$
Ist der Dividend null, so ist auch das Ergebnis null.	$0 : (-8) = 0$
Division durch null ist nicht erlaubt!	~~$-8 : 0$~~ nicht definiert

Trainieren **Anwenden** **Verknüpfen**

1 Dividiere im Kopf.

a) 36 : (– 6)
b) 56 : (– 8)
c) – 72 : 9
d) – 55 : 5
e) – 28 : 7
f) – 35 : (– 5)
g) – 54 : (– 9)
h) – 84 : (– 7)

2 Berechne.

a) – 144 : (– 12)
b) – 306 : 17
c) 168 : (– 21)
d) – 1540 : 44
e) – 2205 : (– 9)
f) 23 100 : (– 220)

Lösungswort: – 105 (t); – 35 (e); – 18 (i); – 12 (b); – 8 (s); 12 (w); 18 (p); 35 (k); 245 (n)

3 Welche Quotienten kannst du berechnen, welche nicht? Begründe.

a) – 21 : (– 1)
b) – 21 : 1
c) 0 : (– 21)
d) – 21 : 0
e) 1 : (– 1)
f) – 1 : 1
g) – 1 : 0
h) 0 : (– 1)
i) 0 : 0

4 Fülle die Tabelle in deinem Heft aus.

		Divisor			
	:	3	– 9	5	– 15
Dividend	45	XXX	XXX	XXX	XXX
	– 90	XXX	XXX	XXX	XXX
	180	XXX	XXX	XXX	XXX
	– 225	XXX	XXX	XXX	XXX
	540	XXX	XXX	XXX	XXX

5 Welches Vorzeichen hat die fehlende Zahl? Entscheide ohne zu rechnen.

a) ? : (– 22) = – 87
b) – 2640 : ? = 55
c) (– 12 · 33) : ? = – 9
d) ? : [– 93 : (– 31)] = 8
e) ? : (– 2298) = 0

6 Überschlage zuerst. Berechne dann.

a) (– 64 · 303) : (– 24)
b) 377 : (– 13) · 318
c) [51 · (– 27)] : (– 17)

7 Ermittle die fehlende Zahl mit Hilfe eines Quotienten. **Aufgaben**

a) 2 · ☒ = 32
b) – 2 · ☒ = 32
c) ☒ · (– 88) = 0
d) 18 · ☒ = – 396
e) ☒ · (– 21) = – 84
f) ☒ · (– 8) = 120
g) – 6 · ☒ = – 72
h) ☒ · (– 51) = 51

8 Berechne.

a) 3 · 15 – 5 · (– 8)
b) 3 · (15 – 5) · (– 8)
c) 3 · [15 – 5 · (– 8)]
d) (3 · 15 – 5) · (– 8)
e) 4 + 6 · 8 – 12
f) 4 + (6 · 8) – 12
g) (4 + 6) · 8 – 12
h) (4 + 6) · (8 – 12)

Lösungswort: – 320 (a); – 240 (c); – 165 (m); – 40 (n); 40 (l); 68 (e); 85 (s); 165 (h); 244 (i)

9 Berechne.

a) (– 10 · 2) : (– 4)
b) [16 · (– 3)] : (– 12)
c) – 15 · [(– 12) : (– 4)]
d) (– 7 : 1) · 8
e) 32 : [– 8 : (– 2)]
f) 0 : [– 918 : (– 9)]
g) (– 135 : 15) : [– 72 : (– 8)]
h) – 315 : (– 3 · 5 · 3)

Lösungswort: – 56 (l); – 45 (p); – 1 (e); 0 (y); 1 (k); 4 (d); 5 (c); 7 (r); 8 (a); 45 (u); 56 (w)

10 Begründe gleiche Ergebnisse.

a) – 12 – 8 – 10
(– 12 – 8) – 10
– 12 – (8 – 10)

b) 35 – 214
214 – 35

c) – 48 : 24 : 2
(– 48 : 24) : 2
– 48 : (24 : 2)

d) – 36 · 4
4 · (– 36)

Noch fit?

I Im Koordinatensystem:

a) Zeichne ein Koordinatensystem mit der Einheit 1 cm. Trage dort die Punkte *A* (3 | 6), *B* (– 4 | – 3) und *C* (2 | – 1) ein und verbinde sie zum Dreieck *ABC*.
b) Miss die Längen der Dreieckseiten auf Millimeter genau.
c) Miss die Winkel im Dreieck.

Aufgaben Trainieren **Anwenden** Verknüpfen

11 Fülle die „Pyramiden" so aus, dass über zwei Zahlen immer der Wert ihres Produkts steht.

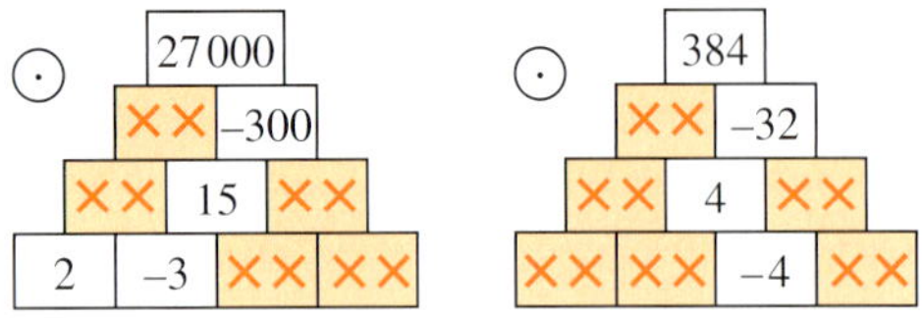

Erstelle eine solche Pyramide für deinen Banknachbarn. Warum ist es sinnvoll, dabei in der unteren Zeile zu beginnen?

12 Lukas nimmt für ein Computerspiel 41,40 € aus der Haushaltskasse.
Er verspricht, das Geld ab dem 1. März in sechs Monatsraten zurückzuzahlen.
Seine Mutter notiert im Haushaltsbuch: „Februar: Lukas – 41,40 €". Was schreibt sie im Mai, Juli und August in das Buch?

13 Herr Breit, Frau Schmal und Herr Lang sind Geschäftsführer der Softwarefirma CrashCom.

	Kontostand
Herr Breit	14 500 €
Frau Schmal	7 200 €
Herr Lang	– 2 900 €

Da ihre Firma mit – 36 900 € in den roten Zahlen steht, entschließen sie sich, die Schulden zu gleichen Teilen zu übernehmen. Berechne ihre Kontostände nach der Schuldenübernahme.

14 Berechne die mittlere Jahrestemperatur von Moskau und von Werchojansk (Nordsibirien), indem du die Temperaturen für die einzelnen Monate addierst und das Ergebnis durch 12 dividierst.

15 In Nordamerika werden Temperaturen nicht in Grad Celsius (°C), sondern in Grad Fahrenheit (°F) angegeben.
Die Temperatur in Celsius berechnet man aus der Temperatur in Fahrenheit nach der Formel $C = (F - 32) \cdot 5 : 9$

Rechne die Angaben für einen Tag im Januar in Grad Celsius um.

Anchorage	– 13 °F
Edmonton	– 4 °F
Los Angeles	59 °F
Kansas City	14 °F
Montreal	5 °F
New York	32 °F

16 Schreibe den Term auf und berechne seinen Wert.
Vergleiche die Terme von a) und b).

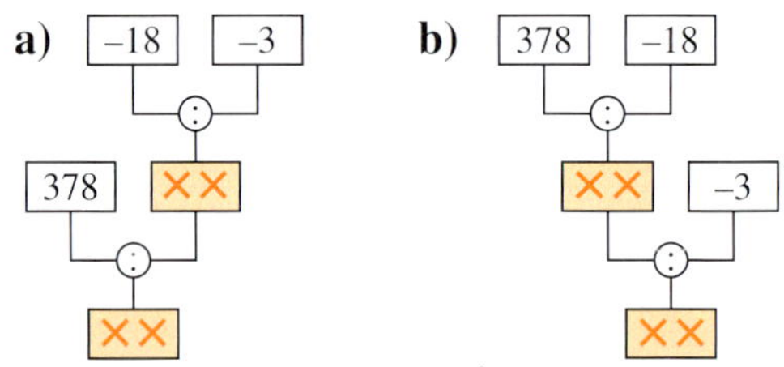

17 Übertrage den Rechenbaum ins Heft und setze die fehlenden Zahlen ein.
Schreibe dann den Term auf.

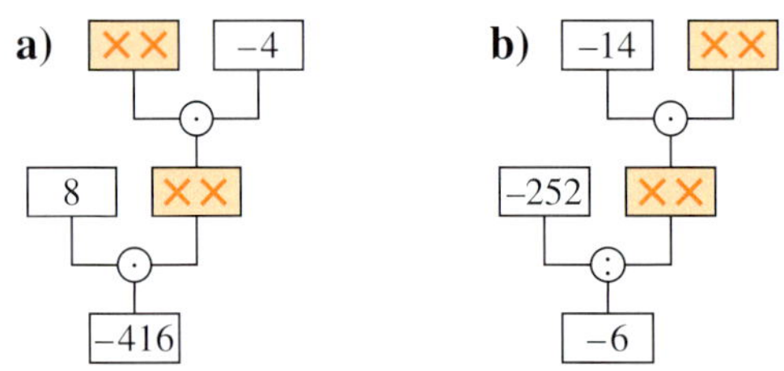

18 Rechne vorteilhaft im Kopf.

a) $(-4) \cdot 364 - (-4) \cdot 114$
b) $125 \cdot (-3) + 125 \cdot (-5)$
c) $(-46) \cdot (-12) - (-34) \cdot (-12)$
d) $17 \cdot 99 + (-7) \cdot 99$

	Jan.	Febr.	März	April	Mai	Juni	Juli	Aug.	Sept.	Okt.	Nov.	Dez.
Moskau	– 10 °C	– 9 °C	– 5 °C	4 °C	12 °C	16 °C	19 °C	16 °C	11 °C	4 °C	– 2 °C	– 8 °C
Werchojansk	– 49 °C	– 43 °C	– 30 °C	– 13 °C	2 °C	13 °C	15 °C	11 °C	3 °C	– 14 °C	– 30 °C	– 45 °C

Trainieren Anwenden Verknüpfen

19 Berechne.

a) $-45:(-5)+5\cdot(-6)$
b) $35:(5\cdot 12-67)\cdot 2$
c) $(-5)^2\cdot[3+72:(-9)]$
d) $[(-5)^3+(-3)\cdot(-30)-7]:(-6)$
e) $[5\cdot(-22)+17\cdot(-2)]:[20+24:(-3)]$

Lösungswort: – 125 (u); – 21 (d); – 12 (k); – 11 (p); – 10 (r); – 7 (o); 7 (c); 14 (i); 17 (a); 21 (s); 125 (t)

20 Nutze Rechenvorteile, wenn möglich.

a) $75:(-3)+45:(-3)$
b) $-30:3+(-30):2+(-1)\cdot 6^3$
c) $45-[34+(17-5\cdot 3)]$
d) $3\cdot[-25-(97-3\cdot 9)]-(-60)$
e) $[700:14\cdot(56-27)]+143:(-11)$

21 Schreibe die Aufgabe mit einem Platzhalter ☒ auf und berechne.

a) Welche ganze Zahl musst du mit – 9 multiplizieren, um 72 zu erhalten?
b) Mit welcher Zahl musst du 12 multiplizieren, um – 132 zu erhalten?
c) Welche ganze Zahl musst du mit – 25 multiplizieren, um – 200 zu erhalten?
d) Welche ganze Zahl musst du durch – 6 dividieren, um – 13 zu erhalten?
e) Durch welche ganze Zahl musst du – 128 dividieren, um 16 zu erhalten?
f) Durch welche ganze Zahl musst du 84 dividieren, um – 7 zu erhalten?

22 Schreibe mit Platzhalter und berechne. Durch welche ganze Zahl musst du

a) – 100 dividieren, um – 4 zu erhalten?
b) 128 dividieren, um – 16 zu erhalten?
c) – 88 dividieren, um 22 zu erhalten?

23 Zeichne einen Rechenbaum und berechne den Wert des Terms.

a) $242:(-11)+8$ **b)** $-27-168:(-8)$

24 Zeige durch die Probe, dass der Term 3 : 0 keine ganze Zahl als Ergebnis haben kann. Gilt das auch für 0 : 0?

Aufgaben

25 Finde die Fehler und verbessere sie. Welches Rechengesetz wurde dabei nicht beachtet oder falsch angewendet?

a) $-5\cdot 134-84=-5\cdot 50=-250$
b) $-11\cdot(88+120):(-4)$
$=-11\cdot(88-30)$
$=-11\cdot 58$
$=-638$
c) $-3\cdot(4\cdot 5)$
$=-3\cdot 4\cdot(-3)\cdot 5$
$=-12\cdot(-15)$
$=180$
d) $-24:(-2)^3=-24:(-8)=3$
e) $156:(-13)+7\cdot 2$
$=156:(-13)+14$
$=156:1$
$=156$
f) $-178+28\cdot(22-15)$
$=-178+28\cdot 7$
$=-150\cdot 7$
$=-1050$

Aufgabe der Woche

Übertrage das Kreuzzahlrätsel in dein Heft und löse es.

Waagrecht:	Senkrecht:
A) $-22\cdot 150+212$	A) $-2727-57:(-1)$
B) $-5\cdot(12-74)$	B) $-56\cdot(-2)+260$
C) $7\cdot(-12)\cdot(-8)$	F) $159:3-(-27)$
D) $3^2\cdot 8$	G) $9466-711:(-3)$
G) $(-14+17)\cdot 3$	I) $(15\cdot 25):(-5)$
H) $(161-77):(-12)$	L) $(-100):(-4)$
M) $(-291+50)\cdot 3$	M) $(-141+15):18$
N) $363-28\cdot 11$	

1 Berechne. **5 P**

a) $-14 \cdot 3$
b) $-7 \cdot (-21)$
c) $-5 \cdot (-12) \cdot (-3)$
d) $48 : (-12)$
e) $-208 : (-16)$

2 Welche Zahl muss man **4 P**

a) durch -8 dividieren, um 26 zu erhalten?
b) mit -7 multiplizieren, um -56 zu erhalten?
c) mit 12 multiplizieren, um -108 zu erhalten?
d) durch -5 dividieren, um -22 zu erhalten?

3 Fülle die Multiplikationspyramide im Heft aus. **6 P**

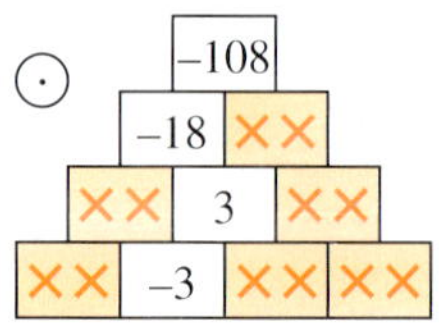

4 Berechne geschickt. **6 P**

a) $-17 \cdot 8 \cdot (-25)$
b) $(12-23) \cdot (-50)$
c) $7 \cdot 13 - 12 \cdot 13$
d) $-25 \cdot 179 - 175 \cdot (-25)$
e) $(4+400) \cdot (-11)$
f) $998 \cdot (-13)$

5 Rechne vorteilhaft. **2 P**

a) $-9+(-9)+(-7)+(-7)+(-9)+(-7)+(-7)+(-9)$
b) $-7 \cdot 5+(-7) \cdot 22+9 \cdot (-7)+(-7) \cdot 14$

6 Welche Zahl fehlt? Formuliere eine Frage zur gesuchten Zahl. **6 P**

a) $\boxtimes \cdot (-24) = 144$
b) $112 : \boxtimes = -8$
c) $\boxtimes : (-12) = -15$

7 Berechne. **4 P**

a) $[10 \cdot 4^2 + (-17)] : (-13)$
b) $5 \cdot (-42 : 7 \cdot 2)$

8 Formuliere eine Aufgabe mit negativen Zahlen, in der das Kommutativgesetz der Multiplikation einen Rechenvorteil bringen kann. Worauf musst du dabei achten? **3 P**

18 – 24 Punkte

25 – 30 Punkte

31 – 36 Punkte

Messen und Vergleichen – eine alte Wissenschaft

Wann die Menschen zum ersten Mal gemessen haben, können wir heute nur vermuten. Die ältesten bekannten Gewichtsstücke und Längenmaße sind über 4000 Jahre alt und wurden bei Ausgrabungen in Mesopotamien (heute Irak) und Ägypten entdeckt.

Bis vor 130 Jahren war Mitteleuropa in zahlreiche kleine Länder aufgeteilt, die meist eigene Maßeinheiten hatten. 9 Fuß in Wien waren z. B. so viel wie 10 Fuß in Frankfurt. Auch das Umrechnen zwischen Einheiten am gleichen Ort war häufig nicht ganz einfach (z. B. 1 Klafter = 2 Ellen = 6 Fuß = 72 Zoll).

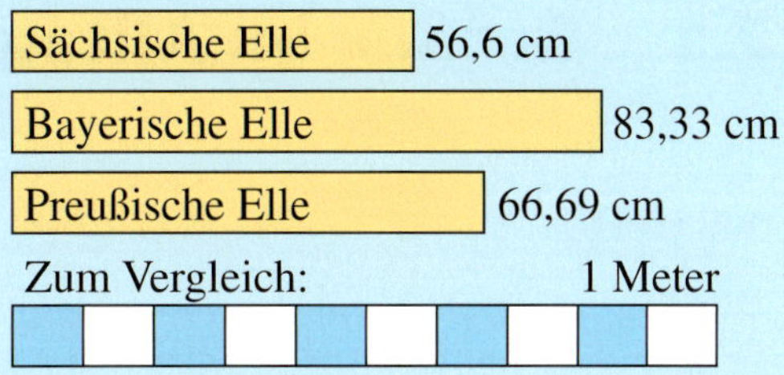

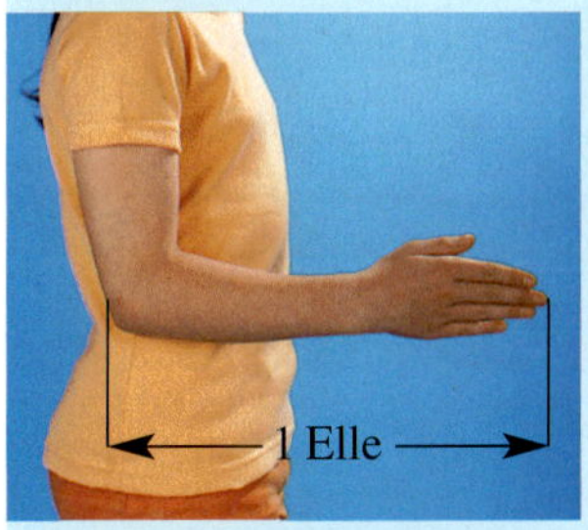

Als Maßeinheiten für Längen verwendete man vor allem Körpermaße. Bei den Römern gab es zum Beispiel die Längeneinheit „mille passus“ (1000 Doppelschritte), von der sich die Meile ableitet. Da die Länge von Fuß, Arm usw. nicht bei jedem gleich ist, legten die Herrscher oft einen mittleren Wert fest.

Inzwischen hat man sich international auf gemeinsame Einheiten geeinigt. Die Längeneinheit 1 Meter (1 m) wurde vor über 200 Jahren als der vierzigmillionste Teil des Erdumfangs am Äquator festgelegt. Seit 1983 ist 1 m definiert als die Länge der Strecke, die Licht im luftleeren Raum im Bruchteil von $\frac{1}{299\,792\,458}$ einer Sekunde zurücklegt.

Heute verwendet man fast überall die Einheiten Meter* und – davon abgeleitet – Kilometer (km), Zentimeter (cm) und Millimeter (mm). Auch Gramm (g), Liter (l), Sekunde (s) usw. sind beinah weltweit gebräuchlich.
In den englischsprachigen Ländern werden überwiegend die alten englischen Einheiten (mile, yard, foot, inch, pound) verwendet.

Erfindet eigene Maßeinheiten und führt damit Messungen im Schulgebäude durch. Vergleicht eure Ergebnisse. Woran kann es liegen, wenn die Ergebnisse unterschiedlich ausfallen?

* Das Wort „Meter“ ist vom griechischen Wort μετρειν (metrein) = messen abgeleitet.

7 Größen und ihre Einheiten

In diesem Kapitel geht es um Größenangaben wie 7 m oder 3,50 € und wie man mit ihnen rechnet. Dabei lernst du auch den Umgang mit der Kommaschreibweise besser kennen.

7.1 Größen im Alltag

Auftrag 1 **Flugreise**

Maximilian fiebert seiner ersten Flugreise entgegen.

Mit einem Airbus A 340 fliegt er nach Brasilien. Der Flug von Frankfurt nach São Paulo startet um 22:40 Uhr und soll 12 h und 25 min dauern. Wann kommt er an, wenn er wegen der Zeitverschiebung seine Uhr beim Flug um 5 Stunden zurückstellen muss?

Aus dem Internet hat Maximilian sich Informationen über das 64 m lange Flugzeug besorgt. Allerdings sind seine Notizen durcheinander geraten. Kannst du sie wieder richtig zuordnen?

Flugzeughöhe	271 t
Flügelspannweite	12 500 m
max. Startmasse	1030 $\frac{km}{h}$
erlaubte Zuladung	60 m
max. Reichweite	43 500 kg
max. Flughöhe	11 850 km
Höchstgeschwindigkeit	1674 cm

Auftrag 2 **Groß – größer – am größten**

Herr Schmidt

Marathonlauf

Kleinwagen

Eiffelturm

10-Cent-Münze

Schokolade

Welche Angaben passen zu den Beispielen?

1 t – 180 cm – 100 g – 324 m – 4 g – 42 km – 75 kg – 2 h 20 min – 59 Cent – 20 mm – 4 m – 1000 kg – 140 min – 16 cm – 2 cm – 7300 t – 11 000 €

Finde selbst Beispiele für Größen und benutze dabei möglichst viele verschiedene Einheiten für Längen, Massen, Geldbeträge und Zeiten.

Ein anstrengender Vormittag

Auftrag 3

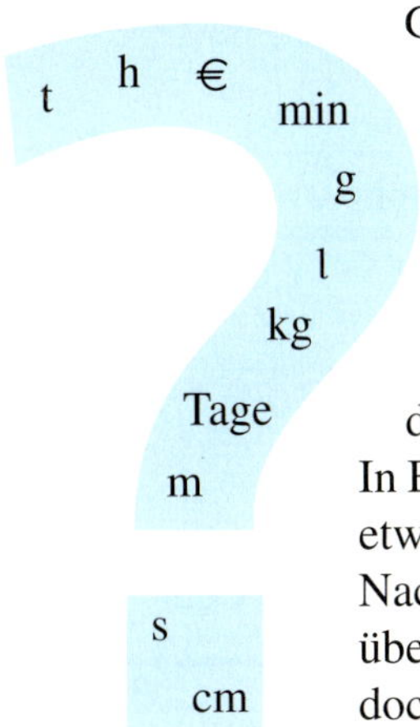

Es war 6:20 Uhr, als mich mein Wecker, den ich mir erst vor 14 ■ für 29 ■ gekauft hatte, aus tiefem Schlaf riss. Vor dem Bad musste ich mehr als 10 ■ warten, weil sich meine Schwester über die 45 ■, die die Waage bei ihr anzeigte, nicht hinwegtrösten konnte. Diese Zeit wollte ich beim Zähneputzen wieder gutmachen und verkürzte es auf 45 ■. Zum Frühstück verdrückte ich einen 200-■-Becher Joghurt und trank einen halben ■ Orangensaft.
Mit meiner Schultasche, die schätzungsweise mehr als 6 ■ wog, machte ich mich auf den Weg. Da die Schule ungefähr 12 ■ von unserem Wohnort entfernt liegt, muss ich knapp 20 ■ lang mit dem Bus fahren; zu Fuß würde ich mehr als 2 ■ brauchen.
In der ersten Stunde wurde ich gleich 10 ■ lang in Erdkunde abgefragt. Zum Glück wusste ich noch, dass der Main etwa 500 ■ lang und die Zugspitze fast 3000 ■ hoch ist. Der Mathelehrer nutzte in der folgenden Stunde wieder einmal jede Lücke auf der 2 ■ breiten und 120 ■ hohen Tafel und ließ uns ausrechnen, dass ein Tag ■ Minuten oder 86 400 ■ hat. Gut, dass wir danach 15 ■ Pause hatten und ich mir für meine letzten 2,50 ■ eine Stärkung kaufen konnte.
In Englisch erfuhren wir, dass eine Meile 1609 ■ lang und „Big Ben“, die berühmte Londoner Glocke, über 13 ■, also mehr als ■ kg schwer ist.
In Biologie lernten wir, dass Schildkröten bis zu 200 ■, Libellen aber oft nur etwa 4 ■ alt werden. Im Sport konnte ich dann zeigen, was in mir steckt. Nach 11 ■ beim 75-■-Lauf, 3,25 ■ beim Weitsprung und einem Wurf von über 35 ■ mit dem 80 ■ schweren Schlagball war ich mit dem Vormittag doch ganz zufrieden.

Lies den Text und ersetze dabei ■ durch passende Einheiten bzw. Zahlen.
Denke dir eine Fortsetzung für den Nachmittag aus.

Aus Zeitungsartikeln

Auftrag 4

Der Eiffelturm ist etwa 300 m hoch.

Jeder Deutsche verbrauchte im Jahr 2001 durchschnittlich 28 kg Tiefkühlkost.

Der gestrige Tagessieger bei der Tour de France benötigte für die 197 km lange Etappe 4 h 54 min 36 s.

Das Geldvermögen aller Deutschen wurde im Jahr 2002 auf 3500 Milliarden € geschätzt.

Sammle Zeitungsmeldungen, die Größenangaben enthalten.
Sortiere die gefundenen Angaben. Überlege, wie genau die Angaben sind.

Bearbeitung

Auftrag 2 Groß – größer – am größten

Um zu beschreiben, wie groß, wie schwer, wie lang usw. etwas ist, vergleicht man mit einer Maßeinheit und gibt an, welches Vielfache dieser Einheit man nehmen muss.
In der Angabe 9 m steckt 9-mal die Einheit 1 m, also 9 m = 9 · 1 m.

Größen gibt man mit Maßzahl und Einheit an. 100 g (Maßzahl: 100, Einheit: g)

Den Beispielen aus dem Auftrag lassen sich folgende Größenangaben zuordnen:

	Masse	Länge/Höhe	Zeit (Zeitdauer)	Geld
Herr Schmidt	75 kg	180 cm		
Marathonlauf		42 km	140 min = 2 h 20 min	
Kleinwagen	1 t = 1000 kg	4 m		11 000 €
Eiffelturm	7300 t	324 m		
10-Cent-Münze	4 g	20 mm = 2 cm Durchmesser		
Tafel Schokolade	100 g	16 cm		59 Cent

Natürlich kostet nicht jede Tafel Schokolade 59 Cent und nicht jeder Kleinwagen ist 4 m lang. Wenn man die Größe (Länge, Masse, …) eines Gegenstands angibt, dann sind diese Angaben oft nicht genau, sondern nur **gerundet** oder **geschätzt**. Die Länge des Kleinwagens könnte genauer 432 cm oder 361 cm sein; beide Angaben ergeben auf volle hundert cm gerundet 400 cm = 4 m.
Für das Runden und Schätzen gibt es mehrere Gründe: Messungen sind immer nur mit einer begrenzten Genauigkeit möglich. Das hängt meist von den benutzten Messgeräten ab. Mit Personenwaagen kann man z. B. nicht auf Gramm genau messen. Einwohnerzahlen kann man schwerlich ganz genau angeben, weil sie sich ständig ändern. Ebenso wäre es unsinnig, etwa die Entfernung von München nach Nürnberg millimetergenau zu bestimmen.
Im Alltag genügen uns daher meist ungefähre Zahlenangaben wie „Erlangen hat etwa 100 000 Einwohner" oder „Von München nach Nürnberg sind es ungefähr 160 km".

Einige Größenangaben in den Beispielen kommen doppelt vor, sie wurden nur in verschiedenen Einheiten angegeben. 1 t ist dasselbe wie 1000 kg, 20 mm sind 2 cm und 140 min kann man auch schreiben als 2 h 20 min.

Zum **Umrechnen** in andere Einheiten muss man die wichtigsten Einheiten und ihre Umrechnungsfaktoren kennen:

Geld: 1 € = 100 Cent
Länge: 1 km = 1000 m
1 m = 10 dm
1 dm = 10 cm
1 cm = 10 mm
Masse: 1 t = 1000 kg
1 kg = 1000 g
1 g = 1000 mg
Zeit: 1 Tag = 24 h
1 h = 60 min
1 min = 60 s

Info

Die Vorsätze vor den Grundeinheiten bedeuten immer das Gleiche:
kilo- (k): das 1000fache
dezi- (d): der 10. Teil
zenti- (c): der 100. Teil
milli- (m): der 1000. Teil

(griech. chilioi = 1000, lat. decem = 10, centum = 100, mille = 1000)

Beim Umwandeln in eine kleinere Einheit muss man die Maßzahl mit dem Umrechnungsfaktor multiplizieren. Beim Umwandeln in eine größere Einheit schreibt man die Maßzahl so als Produkt, dass der zweite Faktor dem Umrechnungsfaktor entspricht.

Beispiele: 13 kg = 13 · 1000 g = 13 000 g
3 h = 3 · 60 min = 180 min = 180 · 60 s = 10 800 s
37 000 cm = 370 · 100 cm = 370 m
200 000 dm = 20 000 · 10 dm = 20 000 m = 20 · 1000 m = 20 km

Wenn die Umrechnungsfaktoren Stufenzahlen sind, wie bei Längen, Massen oder Geldbeträgen, müssen nur entsprechend viele Endnullen angehängt oder gestrichen werden.

Beim Umwandeln von Längen und Massen kann man **Einheitentafeln** verwenden. Die Anzahl der Spalten für jede Einheit entspricht der Anzahl der Nullen der Umrechnungsfaktoren.

km		m			dm	cm	mm	
			1	2	3	4		12 m 3 dm 4 cm = 12 m 34 cm = 1234 cm
	3	0	0	5				3 km 5 m = 3005 m
	1	0	2	0	3	0	4	1 km 20 m 3 dm 4 mm = 1 020 304 mm

Aus der Einheitentafel kann man die Größenangabe in der gewünschten Einheit oder auch in gemischten Einheiten wie beispielsweise 12 m 3 dm 4 cm ablesen.

t		kg			g			mg			
			1	5	0	7	7				15 kg 77 g = 15 077 g
	1	2	0	7	5	0	0				1 t 207 kg 500 g = 1 207 500 g
						7	0	0	5	0	70 g 50 mg = 70 050 mg

Einen Schritt weitergedacht: Das Umrechnen von Zeiten ist komplizierter und kann nicht über eine Einheitentafel erfolgen, weil die Umrechnungsfaktoren keine Stufenzahlen sind: 720 s = 12 · 60 s = 12 min

Zusammenfassung **Größen im Alltag**

Ausdrücke wie 71 €, 3 cm, 5 kg oder 12 s sind Angaben von **Größen**.

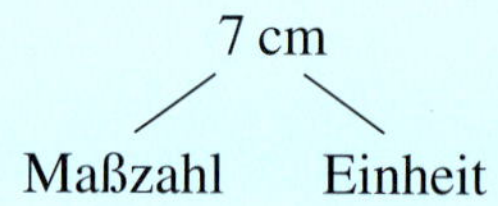

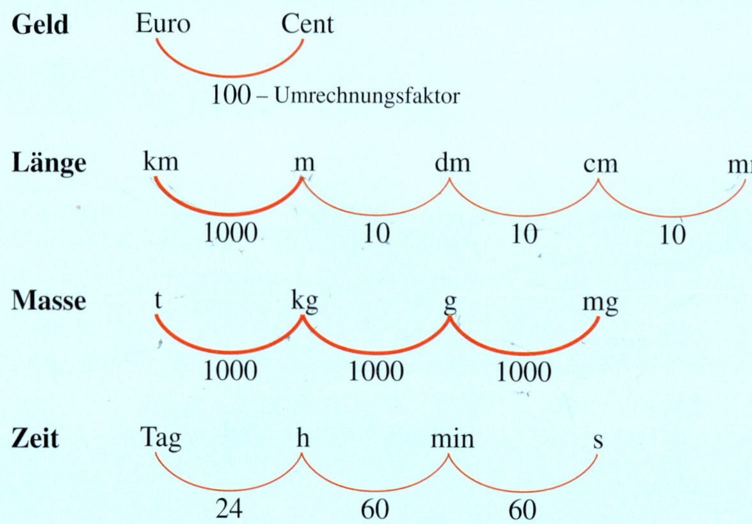

Zum Umrechnen von Einheiten kann man die Maßzahlen in Einheitentafeln eintragen oder auf folgende Art vorgehen:

Beim **Umwandeln in eine kleinere Einheit** wird die Maßzahl mit dem Umrechnungsfaktor multipliziert, die Maßzahl wird größer.

$32\ \text{m} = 32 \cdot 100\ \text{cm} = 3200\ \text{cm}$

Beim **Umwandeln in eine größere Einheit** werden Faktoren abgespalten, die zum Umrechnungsfaktor passen. Die Maßzahl wird kleiner.

$20\,000\ \text{g} = 20 \cdot 1000\ \text{g} = 20\ \text{kg}$

Im täglichen Leben verwendet man oft **gerundete** oder **geschätzte Größenangaben**, z. B. weil exaktere Werte nicht gemessen werden können oder unsinnig wären.

Aufgaben Trainieren Anwenden Verknüpfen

1 Wandle in die nächstgrößere Einheit um. Nutze Einheitentafeln, wenn möglich.

a) 4300 Cent
b) 70 000 m
c) 30 mm
d) 4800 dm
e) 700 000 kg
f) 20 000 mg
g) 300 min
h) 120 s

2 Wandle die Angaben in die nächstkleinere Einheit um.

a) 50 €
b) 60 km
c) 4 dm
d) 77 m
e) 19 cm
f) 55 g
g) 10 t
h) 420 kg
i) 5 min
j) 50 min
k) 13 h
l) 4 Tage

3 Wandle um.

a) 17 m = ✕ cm
b) 2 km = ✕ cm
c) 1 000 000 g = ✕ t
d) 1 t = ✕ mg

4 Change the measurement into a new form.

a) 2000 Cent = ☒ €
b) 3000 mm = ☒ dm
c) 100 000 dm = ☒ km
d) 1440 min = ☒ h
e) 2 h = ☒ s

5 Rechne in die kleinere Einheit um.

a) 13 € 7 Cent
b) 15 m 15 mm
c) 3 km 70 m
d) 5 dm 8 mm
e) 1 km 800 cm
f) 3 kg 43 g
g) 13 t 500 g
h) 3 g 300 mg
i) 1 h 57 min
j) 10 min 10 s

6 Wandle in möglichst große gemischte Einheiten um.

Beispiel: 50 303 g = 50 kg 303 g

a) 1004 Cent
b) 305 mm
c) 87 cm
d) 2045 m
e) 7040 kg
f) 10 203 040 mg
g) 100 min
h) 1000 s

Noch fit?

I Runde die Zahlen auf Hunderter und auf Tausender.

a) 12 345
b) 834
c) 55 555
d) 24 499
e) 10 491
f) 999 999

II Runde die Einwohnerzahlen der bayerischen Großstädte auf volle Tausender.

Augsburg	255 077
Erlangen	100 889
Fürth	110 583
Ingolstadt	115 777
München	1 210 254
Nürnberg	488 428
Regensburg	125 752
Würzburg	128 048

Stand: Dez. 2000, Quelle: Stat. Jahrbuch 2002

Wie viel Tausend Einwohner lebten 2000 insgesamt in bayerischen Großstädten?

Trainieren Anwenden Verknüpfen — Aufgaben

7 Runde auf ganze Meter.

Beispiel: 476 cm ≈ 500 cm = 5 m

a) 5 m 77 cm
b) 8 m 9 cm
c) 2755 cm
d) 248 dm
e) 17 600 mm
f) 18 m 2 dm
g) 3456 mm
h) 93 mm

8 Die Längen der Flüsse in der Tabelle sind auf volle hundert km gerundet. Ordne sie ihrer Länge nach.

Donau	2900 km
Rhein	1300 km
Wolga (Osteuropa)	3700 km
Amazonas (Südamerika)	6400 km
Nil (Afrika)	6700 km
Jangtsekiang (Asien)	5800 km
Ganges (Asien)	2700 km
Kongo (Afrika)	4600 km

In welchem Bereich liegt jeweils die exakte Länge eines Flusses?

9 Sind die Angaben genau, gerundet, geschätzt oder gar unsinnig?
Wo sollte man runden und wo auf keinen Fall? Begründe.

a) Die bayerische Stadt Nürnberg hat 488 428 Einwohner.
b) Der IC nach Ulm fährt um 16:30 Uhr in München ab.
c) Schildkröten werden 200 Jahre alt.
d) Das Lesebuch kostet 14,90 €.
e) Florians Fahrrad wog 9 kg. Nachdem er einen 180 g schweren Tacho montiert hat, wiegt es nun 9180 g.
f) Lauras Telefonnummer ist 12 34 00.
g) Die Entfernung zwischen Chicago und New York beträgt 700 englische Meilen, also 1126 km.
h) Zum Fußballspiel 1860 München gegen Schalke 04 kamen 27 871 Zuschauer.

Aufgaben

10 Zugfahrtzeiten:

a) Wie lange muss man von Neustadt nach Waldheim im Zug sitzen?

Neustadt	ab	7:35
Altdorf	an	8:16
Altdorf	ab	8:24
Neuhaus	an	8:51
Neuhaus	ab	9:04
Waldheim	an	10:01

b) Wie viel Minuten beträgt die reine Fahrzeit?

11 Hohlmaße für Flüssigkeiten:

a) Eine große Wasserflasche enthält 1500 ml. Wie viel Liter sind das?
b) Ein Schwimmbecken im Freibad fasst 1600 hl (Hektoliter; von hekto *griech.* hundert). Wie viel Liter sind das?

Trainieren Anwenden Verknüpfen

12 Ein 26-Zoll-Fahrrad hat einen Radumfang von 2 m 8 cm.

a) Während einer Radtour hat sich das Rad 12 345-mal gedreht. Wie lang ist die zurückgelegte Strecke?
b) Wie viele Umdrehungen macht das Rad, wenn man 1 km 560 m fährt?

13 Aus einem Wasserhahn fließen in einer Stunde 1800 Liter.

a) Wie viel Liter Wasser fließen pro Minute heraus?
b) In welcher Zeit fließt ein Liter Wasser heraus?
c) Wie lange dauert es, bis ein Planschbecken mit 560 l Wasser gefüllt ist?

14 Im Mittelalter wurde zur Messung der Masse die Einheit Mark (1 Mark entspricht etwa 234 g) verwendet.
Außerdem galt: 1 Mark = 8 Unzen = 16 Lot = 64 Quentchen = 256 Pfennige.
Für eine Silbermünze von der Größe eines 2-Euro-Stücks sind 3 Quentchen und 2 Pfennige Silber nötig.

a) Wie viel Silber braucht man zum Prägen von 100 Silbermünzen?
b) Wie viele Silbermünzen kann man aus 7 Mark Silber gewinnen?

15 Herr Radlos fährt fünfmal pro Woche mit dem Auto zu seiner 14 km entfernten Arbeitsstätte. Jeden Samstag fährt er 10 km zum Supermarkt und zurück.

a) Schätze ab, wie viel km er in einem Vierteljahr (13 Wochen) zurücklegt.
b) Im letzten Vierteljahr hat sich der Tachostand von 27 876 km auf 30 126 km erhöht. Wie viel Kilometer ist Herr Radlos zusätzlich gefahren?
c) Auf einer Strecke von 100 km verbraucht der Wagen von Herrn Radlos durchschnittlich 8 Liter Benzin. Wie viel Benzin hat das Auto im letzten Vierteljahr verbraucht?

16 Ein Getränkegroßhändler liefert an eine Gastwirtschaft 30 Kisten Limo mit je 12 Flaschen und 28 Kästen Bier mit je 20 Flaschen. Der 45-jährige Gastwirt bezahlt dafür insgesamt 378 €.
Wie viel kostet ihn eine Flasche Limo, wenn eine Flasche Bier 45 Cent kostet?

Aufgabe der Woche

Stelle ein Sortiment aus möglichst wenigen Münzen und Geldscheinen zusammen, so dass man damit jeden Betrag von 1 Cent bis 1000 € ohne Wechseln bezahlen könnte.

7.2 Größen in Kommaschreibweise

Kommazahlen überall? — Auftrag 1

Erkläre die Angaben und nenne weitere Beispiele für die Verwendung von Kommazahlen.

Tennis — Auftrag 2

In den Tennisregeln stehen folgende Vorschriften für den Platz und den Ball:

Beim Doppel wird das Spielfeld auf 10,97 m verbreitert.
Die Begrenzungslinien dürfen zwischen 2,5 cm und 5,1 cm breit sein.
Der Ball darf zwischen 56,7 g und 58,47 g schwer sein, der Durchmesser des Balls muss zwischen 6,3 cm und 6,7 cm liegen.

Stelle die Größen kommafrei dar.

Verschiedene Tennisbälle wurden geprüft. Ordne ihre Massen der Größe nach.
Ball A 57,6 g; Ball B 56,95 g;
Ball C 56,4 g; Ball D 58,4 g;
Ball E 56,9 g

Bearbeitung **Auftrag 1** **Kommazahlen überall?**

Die **Kommaschreibweise** verwendet man, wenn sich eine Größe in der gewünschten Einheit nicht mit Hilfe einer natürlichen Maßzahl angeben lässt.
Obwohl man auch auf kleinere Einheiten mit ganzen Maßzahlen ausweichen könnte, verwendet man häufig die größere Einheit in Verbindung mit einer Kommazahl.

Beispiele: 0,59 € statt 59 Cent und 1,57 m statt 157 cm oder 1 m 57 cm

Auch bei anderen Beispielen des Auftrags sind kommafreie Darstellungen möglich:

3,8 m = 3 m 8 dm = 38 dm = 3 m 80 cm = 380 cm
1,065 kg = 1 kg 65 g = 1065 g
7,5 g = 7 g 500 mg = 7500 mg
0,25 l = 0,250 l = 250 ml

Das Eintragen in **Einheitentafeln** hilft beim Lesen und Umwandeln der Kommazahlen.

km		m			dm	cm	mm	
			1	2	3	4		12 m 3 dm 4 cm = 1234 cm = 123,4 dm = 12,34 m
	3	0	0	5				3 km 5 m = 3050 m = 3,050 km = 3,05 km
			3	0	0	0	5	30 m 5 mm = 30 005 mm = 3000,5 cm = 300,05 dm = 30,005 m

t		kg			g			mg			
						1	5	0	7	7	15 g 77 mg = 15 077 mg = 15,077 g
	1	2	0	7	5	0	0				1 t 207 kg 500 g = 1 207 500 g = 1207,5 kg = 1,2075 t

Will man beispielsweise 30,005 m in cm umwandeln, so liest man aus der dritten Zeile der ersten Einheitentafel ab, dass man das Komma hinter „cm“ setzen muss; es wird also um zwei Stellen nach rechts verschoben.

Wenn der Umrechnungsfaktor eine Stufenzahl ist, so verschiebt sich beim **Umwandeln in andere Einheiten** nur das Komma, und zwar um so viele Stellen, wie der Umrechnungsfaktor Nullen hat. Beim Umrechnungsfaktor 10 wird um eine Stelle verschoben, beim Umrechungsfaktor 100 um zwei, beim Umrechnungsfaktor 1000 um drei Stellen usw.

Umwandeln in eine kleinere Einheit: Verschiebung nach rechts (Maßzahl wird größer)
Umwandeln in eine größere Einheit: Verschiebung nach links (Maßzahl wird kleiner)

Beim Umrechnen in eine größere Einheit kann es notwendig sein, Nullen voranzustellen.

Beispiele: 55 cm = 0 m 55 cm = 0,55 m
5 g = 0 kg 5 g = 0,005 kg

Falls die Verwendung kleinerer Einheiten möglich ist, kann man aus den Ziffern nach dem Komma die Maßzahl der kleineren Einheit bestimmen.

Beispiele:

1 m 34 cm = 1,34 m	1 m 5 cm = 1,05 m	1 m 60 cm = 1,60 m = 1,6 m
3 kg 235 g = 3,235 kg	4 kg 7 g = 4,007 kg	2 kg 40 g = 2,040 kg = 2,04 kg

Endnullen hinter dem Komma wie bei 1,60 m oder 2,040 kg können weggelassen werden.

Auch in Kommaschreibweise lassen sich Größenangaben in der gleichen Einheit miteinander **vergleichen**, zum Beispiel die Inhalte der Flaschen aus Auftrag 1:

Fruchtsaft		Limonade		Bier		Saft		Wein
0,25 l	<	0,33 l	<	0,5 l	<	0,7 l	<	0,75 l

Es ist diejenige Maßzahl größer, bei der vor dem Komma die größere Zahl steht. Unterscheiden sich die Zahlen vor dem Komma nicht, vergleicht man die Stellen nach dem Komma von links nach rechts. Die erste Stelle, an der sich die Maßzahlen unterscheiden, bestimmt, welcher Wert größer ist.

Größen in Kommaschreibweise

Zusammenfassung

Größen wie Längen, Massen und Geldbeträge kann man auch in **Kommaschreibweise** mit Hilfe einer Einheitentafel von einer Einheit in die andere umrechnen.

km		m			dm	cm	mm	
			1	2	0	4		1204 cm = 120,4 dm = 12,04 m = 0,012 04 km
	7	0	5	0				7050 m = 7,050 km = 7,05 km

t		kg			g			mg			
				0	0	2	5	0	7	5	25 075 mg = 25,075 g = 0,025 075 kg
	4	3	0	2	5	0	0				4 302 500 g = 4302,5 kg = 4,3025 t

Das Komma wandert beim **Umwandeln** um so viele Stellen, wie der Umrechnungsfaktor Nullen hat, und zwar

- bei der Umwandlung in eine größere Einheit nach links (die Maßzahl wird kleiner),
- bei der Umwandlung in eine kleinere Einheit nach rechts (die Maßzahl wird größer).

Endnullen hinter dem Komma kann man weglassen oder ergänzen: 1,7 m = 1,700 m

Beim **Vergleich** von zwei Größenangaben in der gleichen Einheit vergleicht man zuerst die Stellen vor dem Komma. Unterscheiden sich die Zahlen vor dem Komma nicht, so vergleicht man die Stellen nach dem Komma von links nach rechts.

Beispiel: 4,95 m < 5,4 m < 6,35 m < 6,353 m < 6,356 m

Aufgaben **Trainieren** Anwenden Verknüpfen

1 Schreibe die Angabe als Kommazahl in der größeren der beiden Einheiten.

a) 2 € 76 Cent
b) 4 € 2 Cent
c) 4 cm 3 mm
d) 7 dm 35 mm
e) 12 m 45 mm
f) 18 km 18 m
g) 1 km 9 dm
h) 12 kg 40 g
i) 9 g 4 mg
j) 1 t 700 g

2 Schreibe mit gemischten Einheiten.

a) 4,08 €
b) 3,79 m
c) 7,09 dm
d) 3,9 km
e) 1,000 76 km
f) 2,06 g
g) 17,17 kg
h) 3,012 345 t

3 Wandle um.

a) 9 Cent = × €
b) 32 cm = × m
c) 13 mm = × m
d) 105 mm = × dm
e) 40 m = × km
f) 9 m 5 cm = × km
g) 270 g = × kg
h) 25 mg = × g
i) 8 kg = × t
j) 300 mg = × kg

4 Wandle um.

a) 3,40 € = × Cent
b) 7,132 m = × cm
c) 5,04 km = × m
d) 7,3 m = × mm
e) 0,83 dm = × cm
f) 1,0203 km = × m
g) 7,13 kg = × g
h) 1,24 t = × g
i) 4,09 g = × mg
j) 0,0055 t = × kg

5 Ordne aufsteigend der Größe nach:

a) 4 €; 4,44 €; 0,44 €; 4,04 €; 0,40 €
b) 2 m; 0,2 m; 2,2 m; 0,22 m; 2,02 m; 0,02 m
c) 7,066 kg; 6,76 kg; 0,767 kg; 7,006 kg; 6,707 kg; 0,77 kg

6 Ordne absteigend der Größe nach:

a) 2,03 €; 3 € 2 Cent; 3,20 €; 230 Cent
b) 1,003 m; 1203 mm; 10,23 dm; 123,0 cm; 10,203 m
c) 53 kg 102 g; 52 302 g; 53 215 321 mg; 0,351 t; 53,12 kg

7 Which measurements are the same?

a) 1,03 m; 1,3 dm; 103 mm; 0,103 m; 13 cm; 0,13 m; 10,3 dm
b) 40,4 m; 440 mm; 4 m 4 cm; 0,44 m; 404 dm; 4 dm 4 cm; 40,4 dm
c) 50,05 kg; 5050 g; 5,5 kg; 50 kg 500 g; 0,0055 t; 5,05 kg; 5 kg 500 g
d) 0,087 kg; 80,7 g; 807 g; 0,0807 kg; 0,807 kg; 87 g; 80 g 700 mg

Noch fit?

I Schätze und rechne.

a) 250 · 7504 · 80
b) 3 784 000 : 1100

II Berechne im Kopf.

a) 19 – 37
b) – 37 – 17
c) – 23 + 18
d) – 14 + 32
e) 8 · (– 6)
f) (– 12) · 3
g) (– 9) · (– 4)
h) (– 48) : 3
i) 66 : (– 6)
j) (– 63) : (– 7)

III Gliedere den Term und berechne seinen Wert.

a) (137 + 363) · (217 – 149)
b) 714 – 196 : 14
c) 255 + 12 · (52 – 27)

Trainieren **Anwenden** Verknüpfen

8 Im Jahr 2000 verzehrten die Deutschen pro Kopf durchschnittlich 33,2 kg Zucker. Stelle die Angaben zur Ernährung in einem Balkendiagramm dar.

Getränke	8 kg
Haushaltszucker	5,9 kg
Schokolade und Pralinen	6,8 kg
Kuchen und Gebäck	4,8 kg
Brotaufstrich und Konserven	3,3 kg
Sonstiges	4,4 kg

Quelle: Globus

9 Dies sind die Ergebnisse im Weitsprungfinale der Männer bei den Olympischen Spielen 2000 in Sydney.

P. Burge	AUS	8,15 m
C. Calado	POR	7,94 m
P. Dachev	BUL	7,80 m
O. Lukashevych	UKR	8,26 m
V. Malyavin	RUS	7,67 m
L. Meliz	CUB	8,08 m
I. Pedroso	CUB	8,55 m
D. Phillips	USA	8,06 m
K. A. Prah	GER	8,19 m
R. Shchurenko	UKR	8,31 m
B. Tarus	ROM	8,00 m
J. Taurima	AUS	8,49 m

Ermittle die Medaillengewinner und die weitere Rangfolge.
Was bedeuten die Abkürzungen AUS, …?

10 Write the measurements without a comma.

a) 1 foot = 30,5 cm
b) 1 yard = 91,5 cm
c) 1 mile = 1,609 km
d) 1 ounce = 28,35 g
e) 1 pound = 0,454 kg

11 Ein Karton Seife wiegt 4,25 kg, ein Seifenstück 150 g und der Karton 650 g. Wie viele Stücke Seife enthält der Karton?

12 Marcos Schulweg ist 1,5 km lang. Wie viele Schritte macht er auf dem Weg, wenn seine durchschnittliche Schrittlänge 60 cm beträgt?
Wie lang ist der Weg zum Getränkemarkt, auf dem Marco insgesamt 1800 Schritte macht?

13 Michael besichtigt eine Tropfsteinhöhle. Der Führer erklärt, dass der größte Tropfstein 6,75 m hoch ist und in 10 Jahren um etwa 3 mm wächst.
Welches Alter hat der Tropfstein etwa?

Trainieren Anwenden Verknüpfen **Aufgaben**

14 Laras Mutter hat auf dem Markt für 6,48 € eine Kiste mit 6,3 kg Äpfeln gekauft, um Mus zu kochen. Lara zählt 36 Äpfel, 4 davon sind angefault.
Wie viel kostet ein Apfel durchschnittlich und wie viel Gramm wiegt er?

15 Eine 100-g-Tafel Schokolade enthält 32 g Kakao und 12 g Fett und kostet 1 €. Wie viel Kilogramm Kakao und wie viel Kilogramm Fett sind in einem Karton mit 40 Tafeln enthalten?

16 Familie Koch will ihren Küchenfußboden mit neuen Fliesen belegen. Die Küche ist 3,41 m lang und 2,49 m breit. Die quadratischen Fliesen haben eine Seitenlänge von 22,5 cm, die Fugen zwischen den Fliesen sollen 5 mm breit werden. Eine Fliese wiegt 2,5 kg.
Ein Paket mit je 12 Fliesen kostet 8,95 €.

a) Wie viele Pakete Fliesen müssen mindestens gekauft werden?
b) Wie viel muss Familie Koch zahlen?

Aufgabe der Woche

Übertrage das Kreuzzahlrätsel in dein Heft und fülle es dort aus. Trage nur die Maßzahlen ein.

Waagrecht: Wandle in Gramm um.
2) 0,88 kg
4) 0,003 502 t
6) 0,07 kg
7) 75 000 mg
9) 4,3 kg
11) 0,0007 t

Senkrecht: Wandle in Zentimeter um.
1) 43,7 dm
2) 0,8 m
3) 82,7 m
5) 0,0504 km
8) 5,02 m
10) 300 mm

7.3 Addition und Subtraktion von Größen

Auftrag 1 Der beste Weg

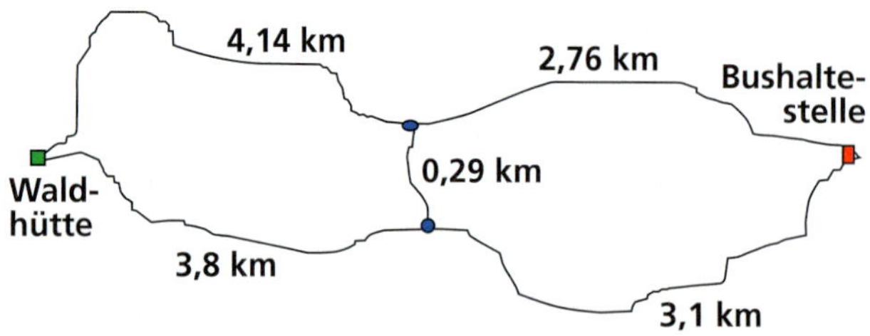

Gepäckliste	
1. Rucksack (leer)	1,6 kg
2. Rucksack (leer)	1,35 kg
Fotoapparat	530 g
Fernglas	1,3 kg
Belegte Brote	750 g
2 Getränke	je 0,95 kg

Florian und Steffi wollen eine kleine Wanderung zu einer Waldhütte unternehmen. Von der Bushaltestelle aus gibt es vier mögliche Wege dorthin.

Welcher ist der kürzeste, welcher der längste Weg? Wie groß ist der Unterschied? Ihr Gepäck wollen sie möglichst gerecht aufteilen. Hilf ihnen dabei.

Auftrag 2 Einkauf

Frau Koch kauft in der Metzgerei ein: 1,2 kg Rindfleisch zu 15,48 €, 0,31 kg Salami zu 4,31 € und 0,58 kg Aufschnitt zu 6,32 €.
Wie viel erhält Frau Koch zurück, wenn sie mit einem 50-€-Schein bezahlt?
Wie schwer sind die Waren insgesamt?

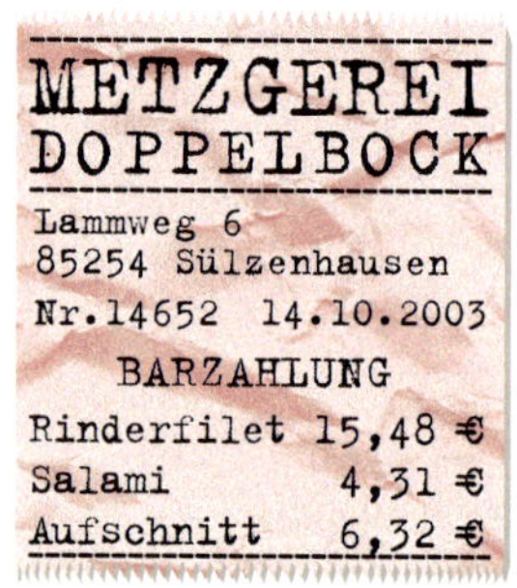
METZGEREI
DOPPELBOCK
Lammweg 6
85254 Sülzenhausen
Nr.14652 14.10.2003
BARZAHLUNG
Rinderfilet 15,48 €
Salami 4,31 €
Aufschnitt 6,32 €

Auftrag 3 Kofferpacken

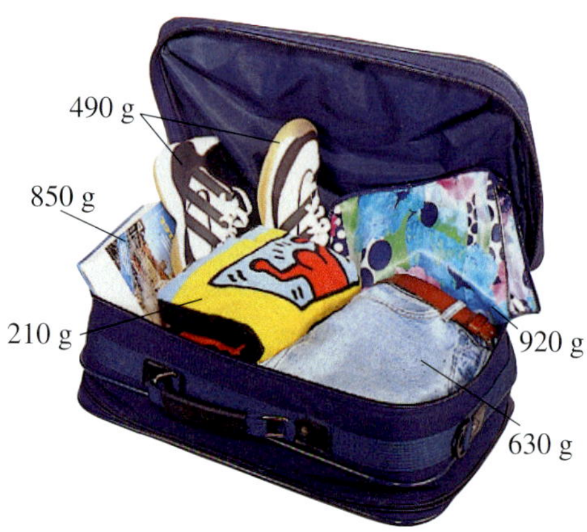

Frau und Herr Schwer wollen in den Urlaub nach Lanzarote fliegen.
Beim Einchecken am Flughafen müssen sie feststellen, dass Herrn Schwers Koffer 17,5 kg wiegt, er aber nur 15 kg mitnehmen darf.
Frau Schwers Koffer wiegt nur 11,25 kg.

Auftrag 2 **Einkauf**

Bearbeitung

Wenn du alle Preise in Cent oder in Euro addierst, erhältst du die Summe, die Frau Koch zu zahlen hat. Dieser Wert muss dann von 50 € subtrahiert werden.

$$\begin{array}{rr} & 1548\text{ Cent} \\ & 431\text{ Cent} \\ + & 632\text{ Cent} \\ \hline & 2611\text{ Cent} \end{array} \qquad \begin{array}{rr} & 15{,}48\text{ €} \\ & 4{,}31\text{ €} \\ + & 6{,}32\text{ €} \\ \hline & 26{,}11\text{ €} \end{array} \qquad \begin{array}{rr} & 5000\text{ Cent} \\ - & 2611\text{ Cent} \\ \hline & 2389\text{ Cent} \end{array} \qquad \begin{array}{rr} & 50{,}00\text{ €} \\ - & 26{,}11\text{ €} \\ \hline & 23{,}89\text{ €} \end{array}$$

Frau Koch erhält also 23,89 € zurück.

Ein Vergleich mit der Berechnung in Cent zeigt, dass man die Regeln des schriftlichen Addierens und Subtrahierens auch auf Kommazahlen übertragen kann. Dabei musst du darauf achten, dass die Kommas untereinander stehen.

$$\begin{array}{rr} & 1{,}20\text{ kg} \\ & 0{,}31\text{ kg} \\ + & 0{,}58\text{ kg} \\ \hline & 2{,}09\text{ kg} \end{array}$$

Haben die Größen nach dem Komma unterschiedlich viele Stellen, so kann man das durch Ergänzen von Nullen ausgleichen.

Der Einkauf wiegt insgesamt 2,09 kg.

Auch Kommazahlen kann man nebeneinander addieren oder subtrahieren. Du musst nur darauf achten, dass immer die entsprechenden Stellen addiert oder subtrahiert werden.

$$1{,}\dot{2}\dot{0}\text{ kg} + 0{,}\dot{3}\dot{1}\text{ kg} + 0{,}\dot{5}\dot{8}\text{ kg} = 2{,}09\text{ kg}$$

Addition und Subtraktion von Größen

Zusammenfassung

Größenangaben in gleichen Einheiten lassen sich genauso wie natürliche Zahlen schriftlich addieren und subtrahieren.
Sind die Größen in Kommaschreibweise gegeben, so muss man beim Untereinanderschreiben darauf achten, dass die Kommas untereinander stehen. Bei unterschiedlicher Stellenzahl nach dem Komma kann man zur besseren Übersicht Nullen ergänzen.

$$\begin{array}{rr} & 3{,}487\text{ kg} \\ & 12{,}700\text{ kg} \\ + & 5{,}840\text{ kg} \\ \hline & 22{,}027\text{ kg} \end{array} \qquad \begin{array}{rr} & 27{,}48\text{ km} \\ - & 0{,}80\text{ km} \\ \hline & 26{,}68\text{ km} \end{array}$$

Größenangaben für verschiedene Größen lassen sich nicht addieren und auch nicht subtrahieren.

Aufgaben **Trainieren** Anwenden Verknüpfen

1 Rechne im Kopf.

a) 2,70 € + 7,30 €
b) 7 € – 2,25 €
c) 4,70 m – 2,35 m
d) 9,5 cm + 9,5 cm
e) 15,9 kg + 5,2 kg
f) 20 t – 12,5 t

2 Addiere im Heft.

a)
5,48 km
\+ 0,83 km

b)
7,56 m
28,09 m
\+ 15,50 m

c)
3,254 kg
\+ 2,839 kg

d)
33,033 g
9,99 g
\+ 12,121 g

3 Subtrahiere im Heft.

a)
37,35 €
– 12,96 €

b)
12,4 cm
– 5,8 cm

c)
25,514 t
– 9,415 t

d)
123,4 g
– 98,76 g

4 Berechne.

a) 112,45 € – 23,75 €
b) 9 t 876 kg 15 g + 12 t 344 kg 985 g
c) 12 kg – 7,35 kg
d) 7 km 300 m 90 cm – 730 m 9 dm
e) 27,6 cm + 38,7 cm + 33,7 cm

Lösungswort (Maßzahlen): 4,65 (g); 6,57 (e); 9,57 (a); 22,221 (o); 88,70 (v); 100 (l)

5 Calculate if possible.

a) 215 m 8 dm 4 cm + 84 m 6 dm 6 cm
b) 7,55 t – 95 kg
c) 2,7 m – 2,7 t
d) 1,5 m + 1,5 dm + 1,5 cm
e) 154,07 kg + 16,9 m
f) 2 h 45 min – 57 min 9 s

6 Berechne.

a) 0,17 km – 125 m + 1,5 km – 0,4 km
b) 850 g – 0,63 kg + 270 800 mg + 45 g
c) 11 min 37 s + 1 h 52 min – 29 min 4 s

Noch fit?

I An der Zahlengeraden:

a) Zeichne eine Zahlengerade mit der Einheit 5 mm und trage die Zahlen 0; 12; –12; 7; –5; 8 und –3 ein.
b) Lies die markierten Zahlen ab.

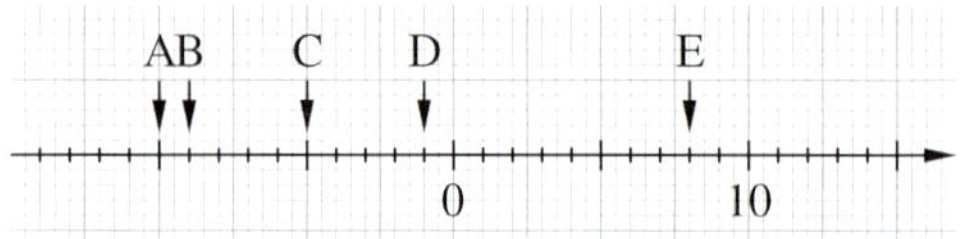

II Setze <, > oder = ein.

a) –5 ? 3
b) –45 ? –54
c) 0 ? –5
d) 8 ? –88
e) 55 ? –55
f) –1111 ? –111

III Ordne der Größe nach.

a) 1; –11; 101; –1; 111; –111; 11; –101
b) –2; 3; –23; 32; –32; 23; –3; 2

Trainieren **Anwenden** Verknüpfen

7 Finde das passende Rechenzeichen und ergänze die Rechnungen.

a)
7,✕ 5 kg
1 5,4 ✕ kg
2 ✕,5 3 kg

b)
5,✕ ✕ 6 m
✕, 8 ✕ 5 m
3, 9 8 ✕ ✕

c)
8,✕ 9 t
2,3 ✕ 6 t
✕,8 2 4 t

d)
6,4 ✕ ✕ km
✕,9 6 km
1 0,✕ 6 3 km

8 Andrea kauft ein: Brot für 1,70 €, Butter für 1,09 € und Wurst für 5,29 €. Sie bezahlt mit einem 10-€-Schein und bekommt fünf Münzen zurück. Welche?

9 Evas Zimmer wird neu eingerichtet. An die 4,32 m lange Wand möchte sie außer ihrem 1,84 m breiten Schrank und dem 1,90 m langen Bett eine Kommode stellen. Wie breit darf sie höchstens sein?

10 Auf einer Mineralwasserflasche ist zu lesen, dass in einem Liter Wasser unter anderem 0,096 g Natrium, 0,012 g Kalium, 0,026 g Magnesium und 0,103 g Kalzium enthalten sind. Berechne die Gesamtmasse dieser vier Mineralstoffe.

11 Ein Verkehrsschild vor einem mittelalterlichen Stadttor erlaubt als maximale Fahrzeughöhe 2,65 m. Herrn Hubers Auto ist 1,47 m hoch.
Er hat einen Fahrradträger montiert, der 12 cm hoch ist.
Welche Höhe darf sein Fahrrad zusätzlich höchstens haben, wenn er mit dem Rad auf dem Autodach das Tor passieren will?

12 Die 2,6 cm breite Randleiste eines Fotorahmens hat die Außenmaße 31,8 cm (Höhe) und 23,1 cm (Breite).
Wie hoch und wie breit ist der sichtbare Teil des Bildes?

13 An der Atlantikküste ist der Wasserstand in drei Stunden von 2,76 m über Null auf 1,63 m über Null gefallen. Welcher Wasserstand wird erreicht, wenn er in den folgenden drei Stunden doppelt so stark fällt?

14 Katjas großer Bruder möchte sich einen 199 € teuren Videorekorder kaufen. Zum Geburtstag bekam er 50 € von seinen Großeltern und 25 € von seiner Tante. Auf dem Flohmarkt konnte er alte Spielsachen für insgesamt 17,86 € verkaufen. Auf seinem Sparbuch hat er 89,43 €. Wie viel Geld fehlt ihm noch?

15 Der energiebedingte Kohlendioxid-Ausstoß in Deutschland betrug im Jahr 2000 etwa 840,8 Mio. t. 1999 waren es 839,9 Mio. t und 1998 etwa 859,7 Mio. t. 2001 wurden 854,3 Mio. t Kohlendioxid ausgestoßen. Berechne jeweils die Veränderung im Vergleich zum Vorjahr.
Welche Gründe kann es dafür geben?

Aufgaben

16 Du gehst mit deiner Klasse 4 Tage zum Zelten und wandern. Zelte (4-Personen) sind vorhanden, für alles Weitere müsst ihr selbst sorgen. Stellt euer Gepäck zusammen. Fehlende Artikel dürft ihr ergänzen, die Rucksäcke sollten aber höchstens 8 Kilogramm wiegen.

17 Frau Sportlich will sich ein Fahrrad kaufen. Das Rad selbst kostet 490 €. Sie möchte dazu noch einen Tachometer zum Preis von 19,80 € und eine Gepäcktasche für 37,50 € haben.
Frau Sportlich zahlt mit EC-Karte. Auf ihrem Girokonto hat sie ein Guthaben von 445,33 €.
Wie hoch ist ihr Kontostand nach dem Kauf, wenn der Händler einen Preisnachlass von 25 € gewährt?

18 Berechne den neuen Kontostand am 5. Mai. Schätze zuerst.

30.04.	+ 234,65	Kontostand alt
01.05.	+ 1824,76	Gehalt Mai
01.05.	– 550,00	Miete Mai
01.05.	– 200,00	Auszahlung Automat
02.05.	+ 87,50	Scheckeinreichung
04.05.	– 47,38	Kartenzahlung 02.05. Tankstelle Ostring
05.05.	+ 25,50	Scheckeinreichung

Setze den Kontoauszug um fünf Zeilen fort. Dabei soll der Kontostand auch einmal ins Soll gehen.

Aufgaben Trainieren Anwenden **Verknüpfen**

19 Nico erhielt am Monatsbeginn zwei Scheine und zwei Münzen als Taschengeld. Nachdem er in den nächsten fünf Tagen 1,75 €, 2,97 €, 95 Cent, 2,54 € und 2 € ausgegeben hat, sind davon 5,79 € übrig.
Welche Münzen hatte er erhalten?

20 Bevor ein Kaufmann seine Waren verkaufen kann, muss er selbst den Einkaufspreis der Ware sowie Kosten für ihre Anlieferung, Verpackung, Lagerung usw. aufbringen. Alle diese Beträge fasst man als „Selbstkosten" zusammen. Normalerweise ist der Verkaufspreis der Ware höher als die Selbstkosten, den Unterschied bezeichnet man dann als „Gewinn". Manchmal liegt der Verkaufspreis aber auch unter den Selbstkosten, z. B. wenn eine Ware verdirbt. Der Kaufmann erleidet dann Verlust. Je nachdem, welcher Betrag der größere ist, gilt also
Gewinn = Verkaufspreis – Selbstkosten
oder
Verlust = Selbstkosten – Verkaufspreis

Vervollständige die Tabelle (Werte in €).

	Selbstkosten	Verkaufspreis	Gewinn	Verlust
a)	32,86	39,90	×××	×××
b)	67,54	50,00	×××	×××
c)	123,50	×××	26,30	——
d)	437	×××	——	137,50
e)	×××	87,50	17,75	——
f)	×××	9,90	——	3,67

21 Patrick wiegt 34,7 kg. Susanne ist um 3,9 kg leichter als Patrick, Heike um 5,5 kg schwerer als Susanne und 1,43 m groß.
Wie viel wiegen alle drei zusammen?

22 Anke ist 13 cm kleiner als Mario. Übereinander gestellt wären sie 3,09 m groß. Wie groß sind Anke und Mario?

23 Ein Wohnzimmer ist 5,70 m lang und 4,35 m breit. Der Teppichboden soll an den Wänden durch eine Sockelleiste abgeschlossen werden. Dabei werden die beiden 0,95 m breiten Türen ausgespart. Hinter dem 1,20 m breiten Schrank soll keine Leiste verlegt werden. Wie viel Meter Sockelleiste werden gebraucht? Die Leisten werden in 2 m langen Stücken verkauft. Wie viele Leistenstücke müssen gekauft werden?

24 Magisches Quadrat mit Größen:

a) Vervollständige das Quadrat in deinem Heft zu einem magischen Quadrat (gleiche Werte der Summen in allen Zeilen, Spalten und Diagonalen).

×	7,8 dm	1,37 m	×
×	2,6 m	×	903 mm
×	×	×	51,17 dm
7 dm	5,047 m	280,3 cm	145 cm

b) Außer den zehn Summen im fertigen Quadrat kannst du aus den Angaben im Quadrat noch 14 weitere Summen mit vier Summanden bilden, die die gleiche Gesamtlänge ergeben.
Finde möglichst viele dieser Summen.

Aufgabe der Woche

Welche Massen kann man mit einer Balkenwaage abwiegen, wenn man je ein Gewichtsstück von 0,5 kg, 0,25 kg, 0,1 kg und 0,05 kg zur Verfügung hat?

7.4 Multiplikation und Division von Größen

Besuch in London

Auftrag 1

Daniel ist zum ersten Mal in London. Immer wieder trifft er dort auf englische Maßeinheiten:

- Das Wembley-Stadion liegt von der Sternwarte in Greenwich 13 Meilen (Luftlinie) entfernt.
- Die Themse ist bis zu 340 Yards breit.
- Sein Freund John sagt, er sei genau 5 Fuß groß.

In einem Reiseführer findet er diese Angaben:
1 Yard = 3 Fuß = 0,915 m und
1 Meile = 1609 m = 1,609 km. Rechne um.

Für 270 £ (Pfund) zahlte Daniel beim Wechseln auf der Bank 453,60 €. Wie viel kostete 1 £?
Wie viel Euro kosten umgerechnet die Souvenirs, für die er 4 £ und 10 £ bezahlte?
Für sich kaufte Daniel vier gleich teure T-Shirts für insgesamt 23 £. Wie viel £ kostete ein T-Shirt?

Großeinkauf

Auftrag 2

Angebot der Woche: jetzt im Karton billiger!

Kondensmilch	24 Pck. à 0,34 kg	9,84 € (Einzelpreis 0,49 €)
Mais	12 Pck. à 0,385 kg	6,96 € (Einzelpreis 0,65 €)

Wie viel Milch, wie viel Mais kauft man mit einem Karton?
Wie viel spart man pro Packung, wenn man einen ganzen Karton kauft?

Do it yourself

Auftrag 3

Sebastians älterer Bruder will in seinem Zimmer ein neues Regal anbringen. Er besorgt sich dazu im Baumarkt fünf Bretter, die je 1 m lang, 25 cm breit und 2,2 cm dick sind. Ein Brett kostet 12,95 € und ist 3,3 kg schwer. Die 10 Regalstützen kosten jeweils 4,79 € und wiegen 0,75 kg pro Stück.

Wie viel muss Sebastians Bruder bezahlen?
Wie schwer sind die Sachen insgesamt?

Welchen gleichmäßigen Abstand dürfen die Bretter nach der Skizze höchstens haben?

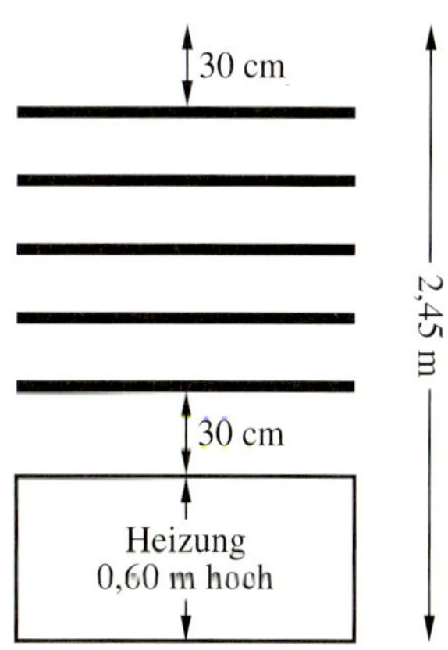

Bearbeitung

Auftrag 1 Besuch in London

Um 13 Meilen in Meter umzurechnen, musst du 1609 m mit 13 multiplizieren.

$$1609\text{ m} \cdot 13 = 20\,917\text{ m} = 20{,}917\text{ km}$$

Nebenrechnung
1609 · 13
1609
4827
20917

Du kannst aber auch mit 1,609 km rechnen: Beachte das Komma zunächst nicht. Das Ergebnis erhält so viele Nachkommastellen, wie die Maßzahl hat.

Da 13 Meilen sicher ein gerundeter Wert sind, stimmt das Ergebnis nicht auf m genau. Ein sinnvoller Wert für die Entfernung zwischen Stadion und Sternwarte wäre 21 km.

Für die größte Breite der Themse ergibt sich

$$0{,}915\text{ m} \cdot 340 = 311{,}100\text{ m} = 311{,}1\text{ m} \approx 311\text{ m}$$

Nebenrechnung
915 · 340
2745
36600
311100

Endnullen darf man erst nach Setzen des Kommas weglassen!

Die Länge von 1 Fuß, ausgedrückt in m, erhältst du, wenn du 0,915 m durch 3 dividierst.

$$0{,}915\text{ m} : 3 = 915\text{ mm} : 3 = 305\text{ mm} = 0{,}305\text{ m}$$

Auch hier kannst du auf die Umwandlung in Millimeter verzichten, wenn du willst. Du musst nur beim schriftlichen Dividieren auch im Ergebnis ein Komma setzen, sobald du beim Dividenden das Komma überschreitest.

$$0{,}915 : 3 = 0{,}305$$

Daniels Freund John ist also $0{,}305\text{ m} \cdot 5 = 1{,}525\text{ m} \approx 1{,}53\text{ m}$ groß.

Um die englische Währung Pfund in Euro umzurechnen, ist es sinnvoll, den Preis von einem Pfund zu berechnen. Dazu musst du 453,60 € durch 270 dividieren.

45 360 Cent : 270 = 168 Cent
270
1836
1620
 2160
 2160

oder

453,60 € : 270 = 1,68 €
270
1836
1620
 2160
 2160

In der Kommaschreibweise wird das Komma beim Ergebnis nach der 1 gesetzt, da man beim Dividenden das Komma überschreitet. 1 £ kostet 1,68 €.

Für die Souvenirpreise erhält man
1,68 € · 4 = 6,72 €
1,68 € · 10 = 16,80 €

Bei Multiplikation mit 10, 100, 1000, … wird nur das Komma nach rechts verschoben, und zwar um so viele Stellen, wie der Faktor Nullen hat.
Bei Division durch 10, 100, 1000, … verschiebt sich das Komma entsprechend nach links.

16,80 € : 10 = 1,68 €

Zur Berechnung des Preises für ein T-Shirt wird der Gesamtpreis durch 4 dividiert.
(1 Pfund = 100 Pence, kurz 1 £ = 100 p)

2300 p : 4 = 575 p	23,00 £ : 4 = 5,75 £	23 £ : 4 = 5,75 £
20	20	20
30	30	30
28	28	28
20	20	20
20	20	20

Beim Dividieren in der Kommaschreibweise muss man hier hinter dem Komma Nullen ergänzen oder dazudenken. Die T-Shirts kosten pro Stück 5,75 £.

Einen Schritt weitergedacht: Hier wurden Größenangaben nur durch natürliche Zahlen dividiert bzw. mit natürlichen Zahlen multipliziert. Das Ergebnis hat die gleiche Einheit wie die Größe vorher.
Teilt man den Gesamtpreis für die T-Shirts von 23 £ durch den Einzelpreis von 5,75 £ für ein T-Shirt, so erhält man die Anzahl der T-Shirts: 23 £ : 5,75 £ = 4.

Multiplikation und Division von Größen — Zusammenfassung

Dividiert man eine Größe durch – eine natürliche Zahl, so ergibt sich wieder eine Größe	24 € : 6 = 4 €
– eine andere Größe (in derselben Einheit), so ergibt sich eine Zahl (ohne Einheit)	24 € : 4 € = 6
Steht die Größe in Kommaschreibweise, so kann man zum Rechnen in eine kleinere Einheit umwandeln.	3,98 m · 7 = ? 398 cm · 7 = 2786 cm
Oder man multipliziert erst, ohne das Komma zu berücksichtigen. Das Komma wird dann so gesetzt, dass das Ergebnis so viele Nachkommastellen wie die Maßzahl hat.	oder 3,98 m · 7 = 27,86 m
Beim Dividieren setzt man im Ergebnis das Komma, wenn beim Dividenden das Komma überschritten wird. Manchmal müssen hierbei Endnullen ergänzt werden.	19,5 m : 6 = 3,25 m 18 15 12 30 30
Bei der Multiplikation mit 10, 100, 1000, … verschiebt sich das Komma nach rechts, bei der Division durch 10, 100, 1000, … verschiebt es sich nach links, und zwar um so viele Stellen, wie der Faktor bzw. Divisor Nullen hat.	3,45 kg · 10 = 34,5 kg 16,4 km : 100 = 0,164 km

Aufgaben **Trainieren** Anwenden Verknüpfen

Bei den folgenden Aufgaben kannst du in eine kleinere Einheit umwandeln oder in Kommaschreibweise rechnen.

1 Was ist sinnvoll, was nicht?

a) 6 € · 6
b) 6 € · 6 €
c) 6 · 6 €
d) 36 € : 6 €
e) 36 : 6 €
f) 36 € : 6

2 Berechne.

a) 13,4 m · 7
b) 4,45 km · 28
c) 0,36 kg · 408
d) 18 km : 5
e) 2,28 t : 8
f) 102,03 kg : 60

3 Rechne im Kopf.

a) 17,5 kg : 10
b) 1,543 t · 100
c) 45 m : 100
d) 0,04 € · 1000

4 Rechne geschickt.

a) 5,18 m · 8 · 25
b) 13 · 7,5 m · 40
c) (10 · 1,38 kg) : 5
d) (3,48 t : 12) · 60
e) 2,5 t · 7 · 4 · 11

Lösungswort (Maßzahlen): 2,76 (s); 17,4 (c); 19,8 (e); 34,8 (m); 770 (h); 1036 (f); 3900 (i)

5 Ergänze.

a) ☒ · 7 = 3,43 kg
b) ☒ : 30 = 1,35 m
c) 0,435 m · ☒ = 43,5 m
d) 2,8 km : ☒ = 2,8 m
e) 8 · ☒ = 2 kg

Lösungswort (Maßzahlen): 0,25 (a); 0,49 (j); 2,8 (t); 4,9 (z); 40,5 (u); 100 (l); 1000 (i)

6 Achte auf gleiche Einheiten.

a) 3 · 520 g + 2 · 0,85 kg
b) 18,20 € : 5 − 4 · 16 Cent
c) 12 · 25 cm + 24 · 0,125 m
d) 34,5 t : 23 − 26 · 25 000 g

Lösungswort (nur Maßzahlen): 0 (m); 3 (o); 6 (r); 30 (s); 428 (e); 850 (b); 3260 (k)

Noch fit?

I Überschlage zunächst und multipliziere dann.

a) 834 · 304
b) 3200 · 6250
c) 12 345 679 · 81
d) 128 · 75 · 125

II Überschlage und dividiere dann.

a) 111 111 111 : 9
b) 28 896 : 12
c) 61 306 : 203
d) 3 521 100 : 110

Trainieren **Anwenden** Verknüpfen

7 Die Nachmittagsvorstellung eines Kinos ist ausverkauft.
Die 117 ersten Plätze kosten je 6,00 € und die 217 zweiten Plätze je 5,50 €.
Wie hoch sind die Einnahmen?

8 Conny kauft ein: 4 Packungen Milch zu je 0,79 €, 4 Stück Butter zu je 1,19 €, 14 Semmeln zu je 18 Cent und 6 Zitronen zu je 30 Cent.
Wie viel erhält sie zurück, wenn sie mit einem 20-€-Schein bezahlt?

9 Familie Heiß kauft einen Gefrierschrank für 799,20 €. Sie zahlt den vierten Teil des Preises sofort, der Rest wird auf 12 Monate verteilt.
Wie hoch ist eine Monatsrate?

10 Bis Ende 2001 bezahlte man in Deutschland mit Deutscher Mark und Pfennig:
1 DM = 100 Pf
1 DM ≈ 0,51 €

Mantel	399 DM
Kleid	280 DM
Anzug	490 DM
Hose	109 DM
Hemd	39 DM
Rock	79 DM
Krawatte	25 DM
Schuhe	89 DM

Rechne alle Preise der Liste in Euro um und runde auf ganze Euro.

11 Daniel kauft eine Schachtel mit 300 g Schrauben. Darauf steht: 80 Schrauben. Wie viel wiegt eine Schraube?

12 Reifengrößen werden heute immer noch in der alten Einheit Zoll angegeben (1 Zoll ≙ 2,5 cm). Kinderräder haben oft 16 Zoll, Jugendräder 24 Zoll, Damenräder 26 Zoll und Herrenräder 28 Zoll Durchmesser. Rechne um.

13 In der Geschichte um David und Goliath im Alten Testament (1 Sam 17,4) steht, Goliath sei sechs Ellen und eine Spanne groß gewesen.
Eine Elle misst 45,8 cm und zwei Spannen ergeben eine Elle.
Wie würde man die Größe von Goliath heute angeben?

14 Der Mond legt auf seiner Bahn um die Erde pro Sekunde 1,02 km zurück. Welchen Weg schafft er in einer Stunde?

15 England gilt als das „Mutterland" des Fußballs, weil dort vor etwa 150 Jahren die Regeln des Spiels entwickelt wurden. Deshalb wurden auch englische Längenmaße zu Grunde gelegt:

1 foot = 30,5 cm; 1 yard = 3 feet

Das Tor ist 8 feet hoch und 24 feet breit. Beim Anstoß und bei Freistößen müssen die gegnerischen Spieler 10 yards vom Ball entfernt sein. Strafstöße werden aus 12 yards Entfernung zum Tor geschossen. Rechne alle Maße in Meter um.

Aufgaben

16 Ein Güterzugwaggon wiegt leer 19,6 t, sein „zulässiges Gesamtgewicht" beträgt 27,5 t. Die Lokomotive wiegt 92 t.

a) Wie schwer ist ein voll beladener Güterzug mit 18 Waggons?
b) Wie schwer ist die Ladung des Zugs?

17 Eine Rolle mit 50 Fünf-Cent-Münzen wiegt 196 g. 500 Münzen wiegen 1,96 kg.

a) Wie schwer ist eine solche Münze?
b) Wie schwer sind 1000 €, wenn nur solche Münzen zur Verfügung stehen?

18 Um 1800 wog ein Pfund im damaligen Königreich Bayern 0,56 kg, in der Reichsstadt Nürnberg dagegen nur 0,51 kg. Vergleiche 50 bayerische Pfund mit 55 Nürnberger Pfund.

19 Familie Schmidt will für ihren USA-Urlaub Geld tauschen. Für 1 $ (Dollar) verlangt die Bank zu dieser Zeit 1,09 €. Wie viel zahlen sie für 750 $?

20 Christoph hat von seiner USA-Reise noch 22 $ (Dollar) mitgebracht, Sarah von ihrer Englandfahrt 15 £ (Pfund). Die Bank zahlt an diesem Tag 1,07 € für 1 $ und 1,52 € für 1 £.
Wer bekommt mehr zurück?
Wie groß ist der Unterschied?

21 The height of the St. Paul's Cathedral in London is 366 feet. It was build in 604. 1 foot is the same as 0,305 m.

22 Eine fünfköpfige Familie (Eltern und drei Kinder) berechnet ihre Urlaubsausgaben. Das Hotel kostete mit Verpflegung pro Tag für einen Erwachsenen 27,50 € und je Kind 13,75 €. Außerdem wurden für Souvenirs 66,80 € und für Getränke 116,30 € ausgegeben und 120 Liter Benzin zum Preis von 1,09 € je Liter getankt.
Wie viel kostete der 12-tägige Urlaub?

Aufgaben **Trainieren** **Anwenden** **Verknüpfen**

23 Erfinde eine Geschichte, die zur Rechnung passt.

a) 210 € : 6 = 35 €
b) 12 cm · 24 = 288 cm
c) 1,5 l : 5 = 0,3 l

24 Ein Händler kauft von einem Bauern für 86,40 € Birnen, die 72 Cent pro kg kosten. Er stellt aber fest, dass 8 kg davon verdorben sind.
Wie viel muss er beim Verkauf für 1 kg verlangen, wenn er 20 € mehr einnehmen will, als er selbst bezahlt hat?

25 Die 25 Schüler der Klasse 5 c planen eine Fahrt ins 85 km entfernte Schullandheim. Das Busunternehmen verlangt außer einem Grundpreis von 49 € zusätzlich 2,80 € für jeden Kilometer, den der Bus mit den Schülern fährt. Eine Übernachtung kostet für jeden Schüler 3,50 €, die Verpflegung kostet pro Tag 11 €.
Die Klasse verbringt 3 Tage und Nächte im Schullandheim, fährt zusätzlich 85 km und kann einen beim Sporttag gewonnenen Gutschein über 25 € einlösen.
Wie viel hat jeder Schüler zu zahlen?

26 Eine Seemeile ist 1,852 km lang. Das ist der sechzigste Teil des Abstands zwischen zwei Breitengraden auf der Erde. Der Weg vom Südpol zum Nordpol führt über 180 Breitengrade. Wie viel Kilometer sind das?

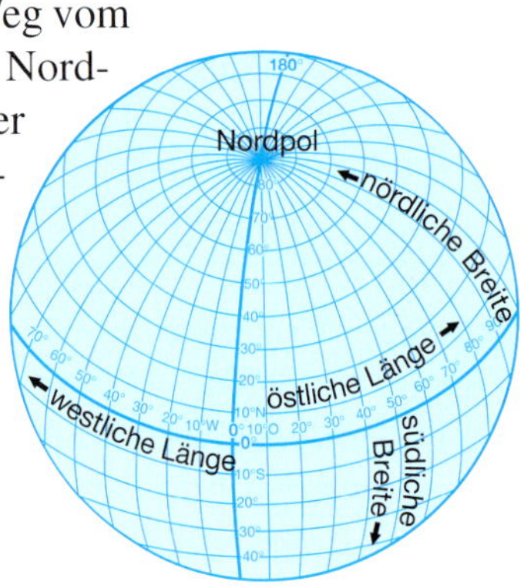

27 Das zulässige Gesamtgewicht eines Lkw ist mit 7,5 t angegeben. Der Lkw wiegt leer 2,09 t, eine volle Flasche 950 g, ein leerer Kasten 2 kg. Fahrer und Beifahrer wiegen zusammen 150 kg.
Wie viele volle Kästen mit je 20 Flaschen dürfen höchstens aufgeladen werden?

28 Ingos Fahrradtacho zeigt 18 $\frac{\text{km}}{\text{h}}$ an. Das bedeutet, dass er in einer Stunde 18 km weit fahren würde, wenn er immer genau gleich schnell fährt. Wie viel Meter würde Ingo dann in einer Minute zurücklegen, wie viel in einer Sekunde?

29 Wie viel Draht braucht man mindestens, um daraus ein Kantenmodell eines 7,5 cm langen, 5,4 cm breiten und 4,2 cm hohen Quaders zu bauen?

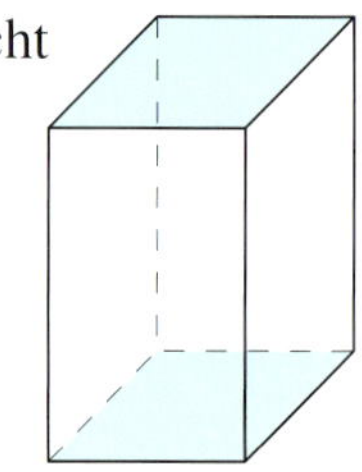

Aufgabe der Woche

Die 21-Gang-Schaltung eines Fahrrads hat drei Kettenblätter an der Pedalachse und sieben Zahnkränze an der Hinterradachse.
Bei Utes Fahrrad haben die vorderen Zahnräder 22, 32 und 42 Zähne, die hinteren 12, 14, 16, 18, 21, 24 und 28 Zähne.
Der Radumfang beträgt 2,016 m.
Jede Kombination zweier Zahnräder ergibt einen Gang. Den Weg, den man pro Pedalumdrehung zurücklegt, erhält man, wenn man den Radumfang durch die Anzahl der hinten verwendeten Zähne dividiert und mit der Anzahl vorne multipliziert.
Mit 24 Zähnen hinten und 32 vorne gilt:

(2,016 m : 24) · 32 = 0,084 m · 32 = 2,688 m

Welche Kombination ergibt den „kleinsten“, welche den „größten“ Gang?
Gibt es gleichwertige Kombinationen?

7.5 Umfang und Maßstab

Wohnungspläne

Auftrag 1

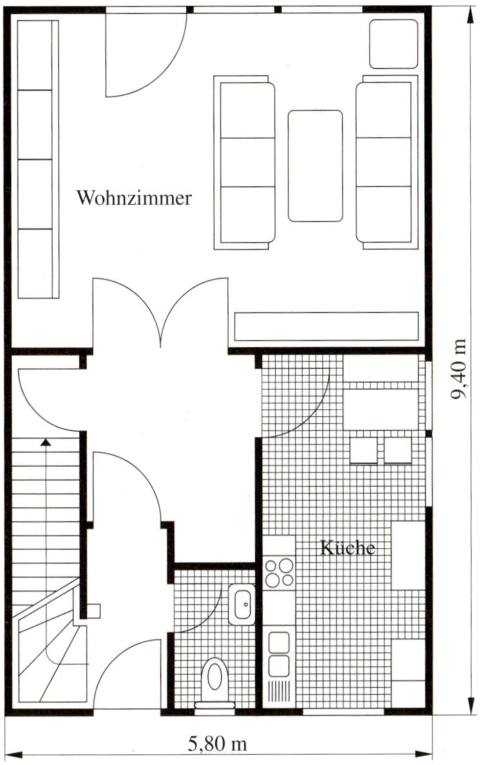

Familie Fritsche plant ihr neues Eigenheim. Vom Architekten hat sie Grundrisspläne im Maßstab 1 : 100 erhalten.
Der Plan zeigt das Erdgeschoss des Reihenhauses.
Wie lang und wie breit sind die Zimmer in Wirklichkeit?

Im Wohnzimmer soll rundum (außer bei den Türen) eine Teppichleiste angebracht werden. Wie viel Meter müssen mindestens gekauft werden?

Zeichne einen Plan deines eigenen Zimmers (Maßstab 1 : 20) oder deines Klassenzimmers (Maßstab 1 : 50) mit den wichtigsten Einrichtungsgegenständen auf Millimeterpapier.

Amerika-Trip auf der Karte

Auftrag 2

Suche im Atlas eine Karte der USA. Miss die Abstände Los Angeles – San Francisco, New York – Washington und Chicago – Dallas. Berechne die tatsächlichen Entfernungen (Luftlinie).

Von Chicago ist New York 1170 km, Washington 960 km und Miami 1890 km entfernt.
Wie weit liegen diese Städte auf einer Karte im Maßstab 1 : 15 000 000 auseinander?

Wie lang sind die Grenzen des US-Bundesstaats Colorado?

Auftrag 3 Stadtplan

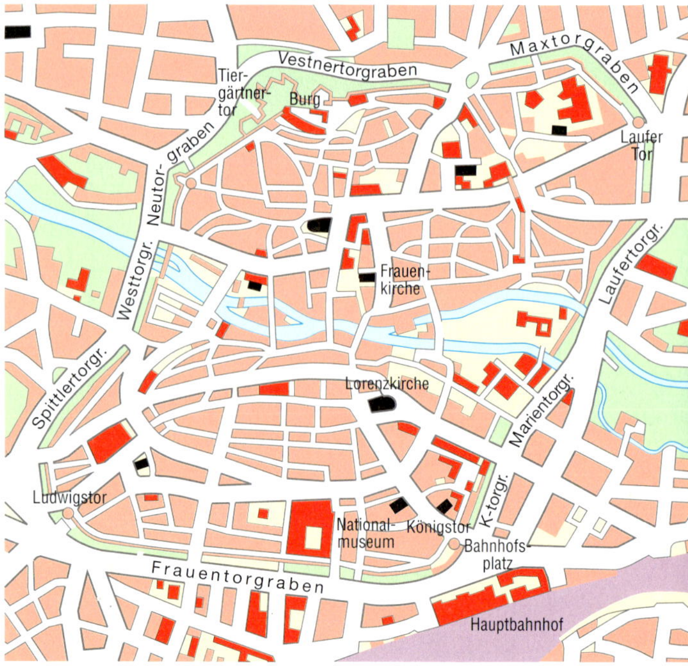

Hier siehst du einen Ausschnitt aus dem Stadtplan von Nürnberg im Maßstab 1 : 20 000.
Wie weit sind Burg und Hauptbahnhof voneinander entfernt (Luftlinie)?
Wie lange braucht man etwa von der Lorenzkirche bis zur Frauenkirche, wenn man pro Minute rund 90 m zurücklegt?

Die Altstadt von Nürnberg hat ungefähr die Form eines Vierecks, dessen Eckpunkte durch das Ludwigstor, das Tiergärtnertor, das Laufer Tor und das Königstor festgelegt sind.
Ermittle den Umfang des Vierecks im Stadtplan und schließe daraus auf die Länge der Stadtmauer, die die Altstadt umgab.

Ein Gesamtstadtplan von Nürnberg und Fürth im Maßstab 1 : 20 000 soll ein Gebiet umfassen, das sich in Ost-West-Richtung über 18 km und in Nord-Süd-Richtung über 15 km erstreckt.
Wie breit und wie hoch muss der Plan sein?

Auftrag 4 Modelleisenbahn

Christian hat eine Modelleisenbahn im Maßstab 1 : 160 (Spur N). Sie steht auf einem rechteckigen Brett, das 2,85 m lang und 1,40 m breit ist. Das Brett soll von einem Metallband umsäumt werden. Wie viel Meter Metallband muss er besorgen?

Christian möchte gerne wissen, wie groß seine Anlage mit den Lokomotiven in Wirklichkeit wäre. Er misst für seine Diesellok 7,6 cm und für seine Dampflok 12,4 cm.

Ein IC-Zug kann bis zu 400 m lang sein. Wie lang wäre ein Modell eines solchen Zugs auf Christians Anlage? Welche Länge hätte das Modell eines 4 m langen Autos?

Auftrag 3 **Stadtplan**

Bearbeitung

Der Maßstab (genauer: Längenmaßstab) gibt an, wie sehr ein Plan oder ein Modell die Längen im Vergleich zur Wirklichkeit verändert. Ein Maßstab von 1 : 20 000 bedeutet, dass in Wirklichkeit alles 20 000-mal so lang wie auf dem Plan ist.

auf dem Plan	in Wirklichkeit
1 mm	20 000 · 1 mm = 20 000 mm = 20 m
1 cm	20 000 · 1 cm = 20 000 cm = 200 m
3 cm	20 000 · 3 cm = 60 000 cm = 600 m
4,2 cm	20 000 · 4,2 cm = 84 000 cm = 840 m

Um die wirkliche Länge zu erhalten, muss man die im Plan gemessene Länge mit 20 000 multiplizieren. Zwischen Hauptbahnhof und Burg misst man im Plan etwa 7 cm.

$$20\,000 \cdot 7 \text{ cm} = 140\,000 \text{ cm} = 1400 \text{ m} = 1{,}4 \text{ km}$$

Burg und Bahnhof liegen 1,4 km auseinander.

Für den Weg von der Lorenzkirche zur Frauenkirche misst man im Plan etwa 1,8 cm.

$$20\,000 \cdot 1{,}8 \text{ cm} = 36\,000 \text{ cm} = 360 \text{ m}$$

Bei einer Geschwindigkeit von 90 m pro Minute braucht man für die 360 m vier Minuten.

Will man umgekehrt aus der wahren Länge die Länge im Plan berechnen, so muss man durch 20 000 dividieren:

$$18 \text{ km} : 20\,000 = 18\,000 \text{ m} : 20\,000 = 0{,}9 \text{ m} = 90 \text{ cm}$$
$$15 \text{ km} : 20\,000 = 15\,000 \text{ m} : 20\,000 = 0{,}75 \text{ m} = 75 \text{ cm}$$

Der Gesamtplan von Nürnberg und Fürth muss also 90 cm breit und 75 cm hoch sein.

Einen ersten Schritt weitergedacht: Aus der wirklichen Länge und der Länge im Plan lässt sich auch der Maßstab berechnen. Man kann ihn ablesen, wenn man berechnet, wie lang 1 cm auf der Karte in Wirklichkeit ist.
Ist die wahre Länge 1,4 km und die Länge auf dem Plan 7 cm, so ergibt sich:

auf dem Plan	in Wirklichkeit
7 cm	1,4 km = 140 000 cm
1 cm	140 000 cm : 7 = 20 000 cm

Der Maßstab ist 1 : 20 000.

Als **Umfang** einer ebenen Figur wie Dreieck, Viereck, Fünfeck usw. bezeichnet man die Summe ihrer Seitenlängen. Meist schreibt man dafür kurz u.
Für das aus den Stadttoren gebildete Viereck ergeben sich im Stadtplan die Seitenlängen 59 mm, 51 mm, 60 mm und 55 mm. Der Umfang auf dem Stadtplan ist also

$$u = 59 \text{ mm} + 51 \text{ mm} + 60 \text{ mm} + 55 \text{ mm} = 225 \text{ mm} = 22{,}5 \text{ cm}$$

Auf die Wirklichkeit übertragen wäre das eine Länge von

$$20\,000 \cdot 22{,}5 \text{ cm} = 450\,000 \text{ cm} = 4500 \text{ m} = 4{,}5 \text{ km}$$

Da die Stadtmauer die Tore aber nicht geradlinig verbindet und daher sicher etwas länger ist, kann man ihre Länge mit rund 5 km angeben.

Einen zweiten Schritt weitergedacht:
Besonders einfach kann man die Umfänge von Rechtecken und Quadraten berechnen. Für ein Rechteck mit den Seitenlängen l und b ist

$$u = 2 \cdot l + 2 \cdot b \quad \text{oder} \quad u = 2 \cdot (l + b)$$

Beispiel: Der Umfang eines 3,3 cm langen und 1,9 cm breiten Rechtecks ist

$$u = 2 \cdot (3{,}3 \text{ cm} + 1{,}9 \text{ cm}) = 2 \cdot 5{,}2 \text{ cm} = 10{,}4 \text{ cm}$$

Ein Quadrat mit der Seitenlänge s hat den Umfang

$$u = 4 \cdot s$$

Beispiel: Der Umfang eines Quadrats mit der Seitenlänge 2,2 cm ist

$$u = 4 \cdot 2{,}2 \text{ cm} = 8{,}8 \text{ cm}$$

Zusammenfassung Umfang und Maßstab

Der **Maßstab** gibt an, wie sehr Längen auf einem Plan oder in einem Modell verändert sind.

1 : 5000 bedeutet, dass alles in Wirklichkeit 5000-mal so lang ist.

Die wahre Länge erhält man, wenn man die Länge im Plan mit dieser Zahl multipliziert.

$8 \text{ cm} \cdot 5000 = 40\,000 \text{ cm} = 400 \text{ m}$

Die Länge im Plan erhält man, wenn man die wahre Länge durch diese Zahl dividiert.

$400 \text{ m} : 5000 = 0{,}08 \text{ m} = 8 \text{ cm}$

Den Maßstab kann man ablesen, wenn man die wahre Länge einer Strecke berechnet, die im Plan 1 cm lang ist.

Plan	Wirklichkeit
8 cm	400 m = 40 000 cm
1 cm	40 000 cm : 8 = 5000 cm

Der Maßstab ist 1 : 5000.

Als **Umfang** bezeichnet man die Summe aller Seitenlängen eines Dreiecks, Vierecks, Fünfecks usw.

Umfang eines Rechtecks mit Länge l und Breite b:

$$u = 2 \cdot (l + b)$$

Länge $l = 4$ m; Breite $b = 5{,}2$ m
$u = 2 \cdot (4 \text{ m} + 5{,}2 \text{ m}) = 18{,}4 \text{ m}$

Umfang eines Quadrats mit Seitenlänge s:

$$u = 4 \cdot s$$

Seitenlänge $s = 3{,}9$ cm
$u = 4 \cdot 3{,}9 \text{ cm} = 15{,}6 \text{ cm}$

Trainieren Anwenden Verknüpfen

1 Berechne den Umfang des Quadrats.

a) $s = 25$ cm **b)** $s = 7{,}5$ dm **c)** $s = 3{,}3$ km

2 Welche Seitenlänge hat ein Quadrat mit diesem Umfang?

a) 64 mm **b)** 50,5 m **c)** 390 dm

3 Übertrage die Tabelle in dein Heft und vervollständige die Maße der Rechtecke.

	Länge	Breite	Umfang
a)	3,4 cm	5,6 cm	×××××
b)	4,5 m	27 dm	×××××
c)	30,5 cm	×××	137 cm
d)	××××	4,25 m	12 m

4 Zeichne vier verschiedene Rechtecke, die alle den Umfang 12 cm haben.

5 Welcher wirklichen Länge entspricht 1 cm auf einem Plan mit diesem Maßstab? Verwende sinnvolle Einheiten.

a) 1 : 100 **c)** 1 : 50 000
b) 1 : 20 000 **d)** 1 : 200 000

6 Copy the table and fill in the gaps.

	scale	length on the map	actual distance
a)	1 : 250 000	4,4 cm	××××
b)	1 : 60 000	××××	3 km
c)	1 : 500	××××	13,5 m
d)	××××	6 cm	1,5 km

7 Welche Länge hat das Modell eines 4,80 m langen Autos bei diesem Maßstab?

a) 1 : 160 **c)** 1 : 100 **e)** 1 : 30
b) 1 : 120 **d)** 1 : 60 **f)** 1 : 15

Lösungswort: 3 cm (b); 4 cm (a); 4,8 cm (y); 6 cm (c); 8 cm (e); 12 cm (y); 16 cm (r); 32 cm (n)

Noch fit?

Aufgaben

I Untersuche die Zahlen auf Teilbarkeit durch 2, 3 und 5.

a) 123 **c)** 12 345
b) 1234 **d)** 123 456

II Zerlege in Primfaktoren.

a) 48 **c)** 81 **e)** 250
b) 64 **d)** 140 **f)** 100 000

Trainieren **Anwenden** Verknüpfen

8 Ein rechteckiger Garten, der 77 m lang und 42,5 m breit ist, soll mit Maschendrahtzaun eingezäunt werden. Für ein Tor müssen 2,10 m frei bleiben. Wie viele Rollen braucht man, wenn auf einer Rolle 25 m Zaun sind?

9 Eine Rinderweide hat etwa die Form eines Dreiecks mit den Seitenlängen 75,8 m, 84,5 m und 102,5 m. Das Eingangstor ist 3,40 m breit. Die Weide soll mit einem Elektrozaun umgeben werden. Dabei wird der Draht zweimal um die Weide geführt.
Wie viel Draht wird mindestens benötigt?

10 Der Grundriss des Baptisteriums (Taufkapelle) in Florenz (Italien) hat die Form eines regelmäßigen Achtecks mit der Seitenlänge 10,6 m.

Wie groß ist der Umfang des Gebäudes?

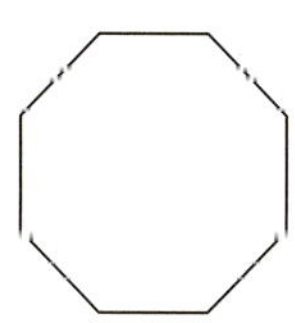

10,6 m

Aufgaben

11 Eine 36 km lange Strecke hat auf einer Landkarte die Länge 24 cm.

a) Welchen Maßstab hat die Karte?
b) Eine Strecke ist in Wirklichkeit 4,8 km lang. Wie lang ist sie auf der Karte?
c) Eine Strecke ist auf der Karte 2,6 cm lang. Wie lang ist sie in Wirklichkeit?

12 Ordne die Maßstäbe sinnvoll zu.

Wanderkarte	1 : 300 000
Wohnungsplan	1 : 40 000 000
Autokarte	1 : 15 000
Stadtplan	1 : 15 000 000
Globus	1 : 50 000
Europakarte	1 : 100

13 Im „Legoland" sind viele Gebäude im Maßstab 1 : 20 nachgebaut. Wie hoch wäre hier das Empire State Building, das mit Antenne 448 m misst?

14 Die knapp 3000 m hohe Zugspitze ist von München 90 km entfernt.

a) Wie groß ist der Abstand auf einer Karte im Maßstab 1 : 1 000 000?
b) Welche Höhe hätte die Zugspitze bei diesem Maßstab?

Trainieren Anwenden Verknüpfen

15 Ein 29,5 m langes und 19,6 m breites rechteckiges Grundstück soll eingezäunt werden. 1 m Zaun kostet 17,50 €, für das 1,20 m breite Tor werden 58,50 € verlangt.

16 Raphael möchte für sein Lieblingsfoto einen Rahmen basteln. Das Foto ist 18 cm breit und 13 cm hoch. Um das Foto herum soll ein 3,5 cm breiter Rand frei bleiben. Wie groß wird der Umfang des Rahmens am äußeren Rand?

17 Ein Dreieck, dessen Seitenlängen s alle gleich sind, nennt man **gleichseitig**.

a) Stelle eine Formel für den Umfang eines gleichseitigen Dreiecks auf.
b) Welchen Umfang hat ein gleichseitiges Dreieck mit der Seitenlänge 7,6 cm?
c) Wie lang sind die Seiten eines gleichseitigen Dreiecks mit $u = 11{,}1$ cm?

18 Sechs 7 cm lange und 5 cm breite Rechtecke lassen sich auf verschiedene Weise zu einem großen Rechteck zusammensetzen. Vergleiche die Umfänge.

19 Tina will einen Plan ihres 4,20 m langen und 2,70 m breiten Zimmers auf ein Blatt zeichnen, das 15 cm breit und 21 cm hoch ist. Welchen Maßstab muss sie wählen, wenn die Zeichnung möglichst groß werden soll?

20 Lukas plant mit Freunden eine Radtour. Auf einer Wanderkarte im Maßstab 1 : 50 000 misst er die einzelnen Strecken: 7,5 cm; 3,8 cm; 12,8 cm; 13,7 cm; 6,8 cm. Wie lang ist die gesamte Fahrstrecke?

21 Julia hat einen Globus im Maßstab 1 : 50 000 000.

a) Sie legt um den Äquator einen Faden, der 80 cm lang ist. Wie groß ist der Erdumfang in Wirklichkeit?
b) Die Entfernung des Mondes von der Erde beträgt im Mittel etwa 385 000 km. Wie weit von Julias Globus entfernt müsste man ein Modell des Mondes aufstellen, wenn man den Maßstab einhalten will?

Aufgabe der Woche

Plane selbst eine Traumwohnung für dich und zeichne davon auf Millimeterpapier einen Plan im Maßstab 1 : 100.

1 Wandle um. **6 P**

a) 2300 dm = ☒ m
b) 200 000 g = ☒ kg
c) 14 h = ☒ min
d) 15 cm = ☒ m
e) 34 kg = ☒ t
f) 540 s = ☒ min

2 Berechne, wenn möglich. **6 P**

a) 10,2 kg – 4,08 kg
b) 55,4 kg : 8
c) 3,5 m + 2,88 kg
d) 12 · 5,7 m
e) 17,85 € – 31,32 €
f) 0,04 t · 25

3 Berechne den Umfang eines Rechtecks mit diesen Seitenlängen. **4 P**

a) 3,4 cm und 6,8 cm
b) 1,95 m und 7,4 dm

4 Berechne die fehlenden Seitenlängen. **4 P**

a) Der Umfang eines Quadrats beträgt 32,8 cm.
b) Ein Rechteck ist 34 mm breit und hat einen Umfang von 18 cm.

5 Übertrage die Tabelle in dein Heft und ergänze sie. **6 P**

	Maßstab	Länge im Plan	wirkliche Länge
a)	1 : 3 000 000	7 cm	XXXXXXXX
b)	1 : 30 000	XXXXXXX	2,4 km
c)	XXXXXXX	7 cm	1,4 km

6 Beim Abspielen eines Films laufen pro Sekunde 24 Bilder durch den 12 kg schweren Projektor. Jedes einzelne Bild ist 16 mm hoch und 22 mm breit. **6 P**

a) Aus wie vielen Bildern besteht ein eineinhalbstündiger Film?
b) Wie lange dauert das Abspielen eines 1 km langen Filmstreifens?
c) Das Bild auf der Leinwand ist 3,3 m breit. Wie hoch ist es?

7 Zwei Volleybälle und drei Basketbälle wiegen zusammen 2,4 kg. Ein Volleyball wiegt 0,27 kg. Wie viel wiegt ein Basketball? **3 P**

18 – 23 Punkte

24 – 29 Punkte

30 – 35 Punkte

Flurbereinigung

Luftbild

Diese Satellitenaufnahme vom Grenzgebiet der Bundesländer Bayern und Thüringen zeigt deutlich unterschiedliche Farbmuster auf den beiden Seiten der Landesgrenze (grüne Linie). Während das Gebiet in Bayern in kleine Stücke aufgeteilt wurde, ist das Land in Thüringen großflächiger gegliedert.

Die Struktur der Landschaft hat sich im Lauf der Zeit immer wieder verändert. Die heutige Aufteilung des Landes ist bei den **Flurbereinigungen** entstanden.
Warum und wie eine Flurbereinigung durchgeführt wird, erfährst du auf diesen beiden Seiten am Beispiel der Gemeinde Estenfeld bei Würzburg.

Siedlung und Erbrecht

Bereits in der Jungsteinzeit vor etwa 7000 Jahren haben sich in Franken an einzelnen Stellen Menschen angesiedelt. Im Mittelalter gründeten die Menschen Dörfer und rodeten Wälder, um Getreide und andere Feldfrüchte anzubauen.

Für die Aufteilung der Anbaufläche in einzelne Felder und Wiesen war es sehr wichtig, wie der Besitz weitervererbt wurde. In Franken teilte ein Bauer seinen Grundbesitz, ja sogar jedes Grundstück so auf seine Kinder auf, dass jeder seinen eigenen Hof bewirtschaften konnte. Das nennt man **Realteilung**. Dadurch entstanden in den Dörfern immer mehr Höfe und der Grundbesitz um die Dörfer wurde in immer kleinere Äcker aufgeteilt.

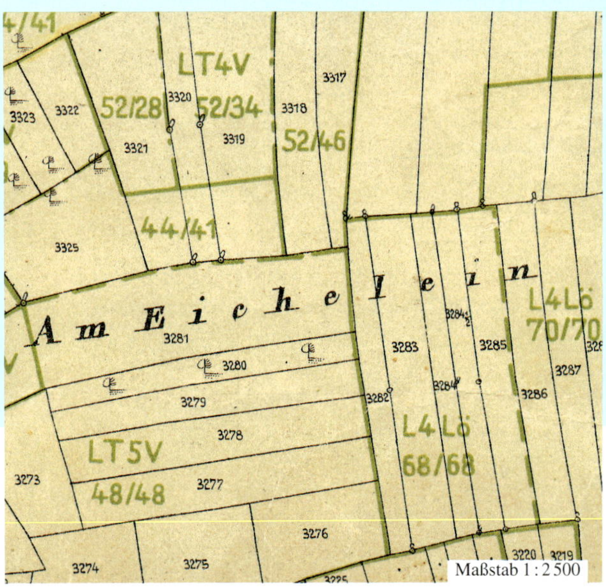

Wie sehr diese Form des Erbrechts die Flur „aufsplitterte", zeigt ein Ausschnitt aus einer Flurkarte der Gemeinde Estenfeld aus dem Jahr 1956. Die meisten Bauern im Ort besaßen mehrere Grundstücke, die allerdings in der gesamten Gemarkung verstreut lagen. Um den Grundbesitz für jeden Bauern in Listen zu verzeichnen, hat jedes Grundstück eine (Flurstücks-)Nummer.

Moderne Landwirtschaft

Früher produzierte ein Bauer vor allem für den Eigenbedarf und verkaufte nur überschüssige Waren auf Märkten in der Nähe. Seit dem Zweiten Weltkrieg verkaufen die Landwirte ihre Erzeugnisse in ganz Deutschland, in Europa oder sogar weltweit. Durch Düngung und den Einsatz größerer Maschinen wurden die Erträge gesteigert. Dazu brauchte man große zusammenhängende Nutzflächen und ein gut ausgebautes Wegenetz.

Deshalb wurde eine Flurbereinigung durchgeführt. Die vielen kleinen Ackerflächen eines Bauern wurden zu wenigen großen Äckern zusammengefasst und es wurden neue, breitere Wege angelegt. Dies ist auf der zweiten Flurkarte von Estenfeld aus dem Jahr 1968 zu sehen. Damit es bei der Neueinteilung gerecht zuging, erhielt jedes Grundstück einen bestimmten Tauschwert, der sich aus seiner Größe und der Bodenqualität berechnete.

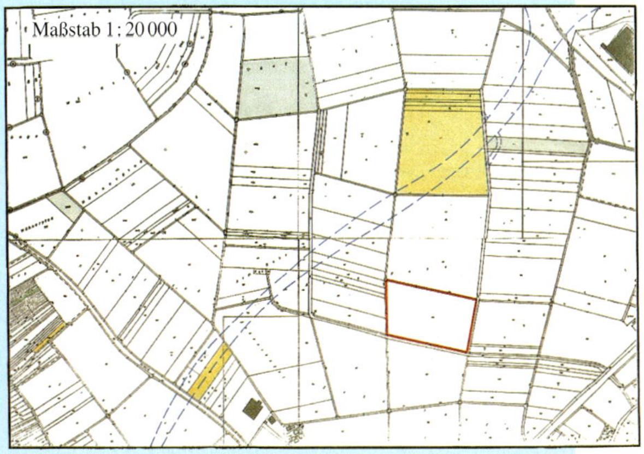

Moderne Infrastruktur

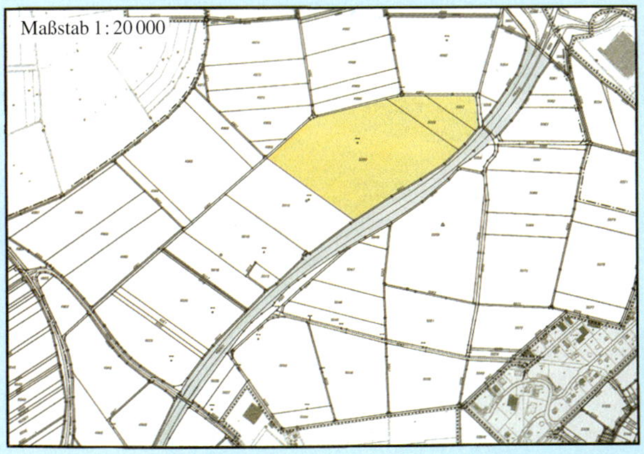

Zuletzt benötigte man landwirtschaftliche Flächen für Umgehungsstraßen, Autobahnen und Gewerbegebiete. Dabei wurden Äcker durchschnitten. Um wieder große zusammenhängende Flächen zu bekommen, führte man weitere Flurneuordnungen durch. Dabei wurden auch Beiträge zum Naturschutz geleistet: Als Lebensraum für Tiere und als Windschutz pflanzte man Hecken. Außerdem legte man neue Radwege an.

Nenne Gründe für die Durchführung einer Flurbereinigung.
Die Karte links unten zeigt die Veränderungen, die sich durch die Flurneuordnung ergeben haben.
Welche Umgestaltungen kannst du auf der Karte entdecken?
Woran erkennst du, dass das „gelbe“ Flurstück in der letzten Abbildung größer ist als die „gelben“ Grundstücke in der Abbildung rechts oben zusammen? Was bedeutet das für die Bodenqualität des neuen Ackers?
Informiere dich, z. B. bei deiner/deinem Erdkundelehrer/-in, warum die landwirtschaftlichen Flächen in Thüringen großräumiger gegliedert sind als in Bayern.

8 Flächen und Flächenmessung

Im letzten Kapitel erfährst du, was der Begriff Flächeninhalt bedeutet, mit welchen Flächeneinheiten man ihn angeben und wie man ihn messen und berechnen kann. Außerdem werden Oberflächeninhalte von Körpern berechnet.

8.1 Flächeninhalt

Auftrag 1 **Größenvergleiche**

Ordne die Flächen ihrer Größe nach. Beginne mit der kleinsten.
Vergleiche auch die Umfänge. Welchen Zusammenhang stellst du fest?

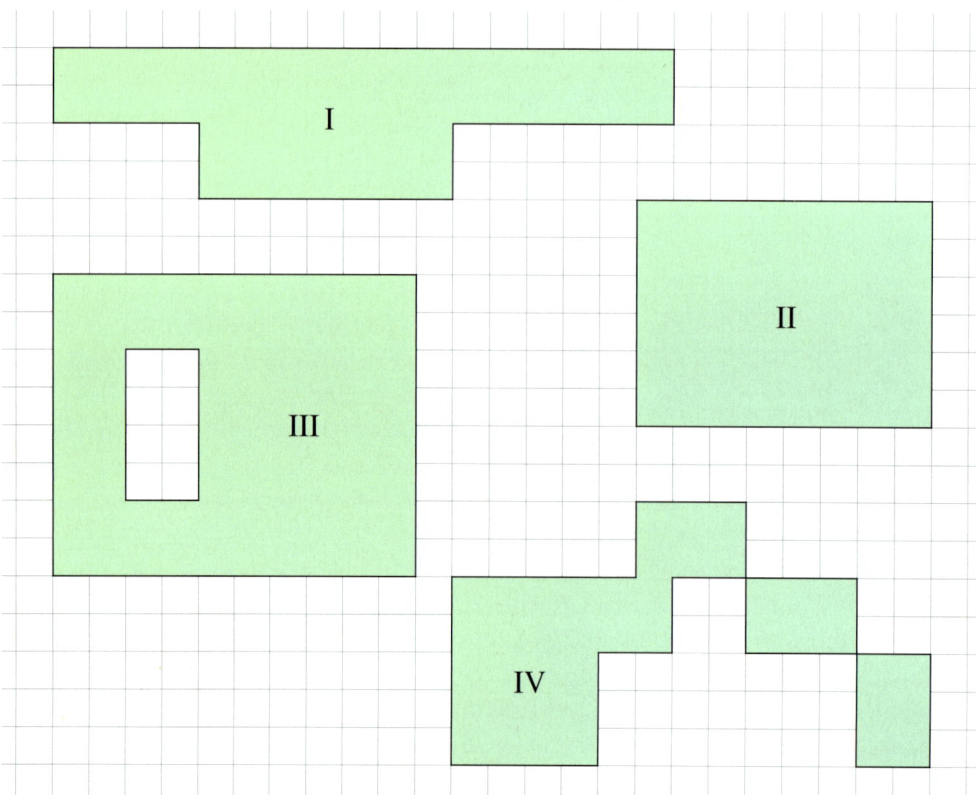

Grundstückstausch

Auftrag 2

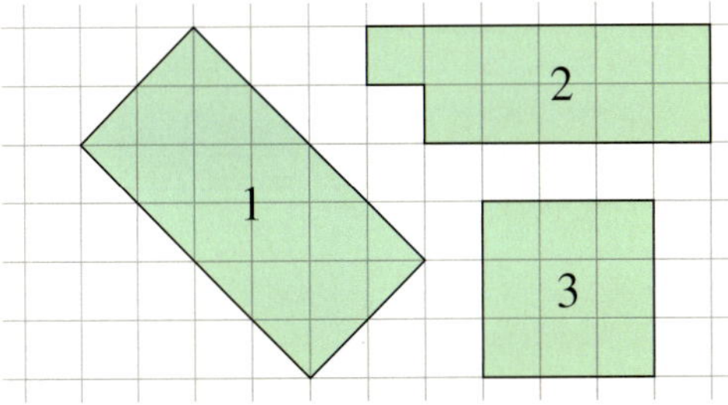

So findet Bauer Schmidt seine drei Felder auf einer Flurkarte dargestellt. Bei einer Flurbereinigung soll er für die drei Äcker ein neues, zusammenhängendes Grundstück erhalten.
Stell dir vor, du wärst Bauer Schmidt. Gegen welches der vier Grundstücke würdest du deine drei Felder eintauschen?

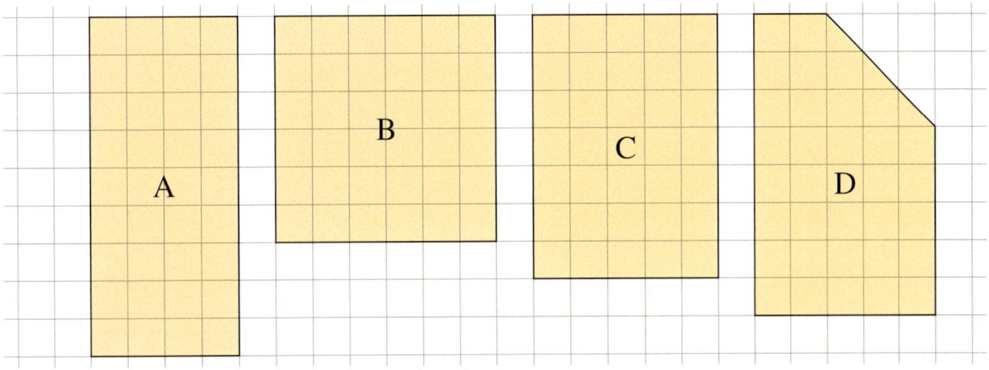

Gymnastikseile

Auftrag 3

Gymnastik- oder Springseile gibt es in den Längen 240 cm oder 300 cm. Forme damit Rechtecke und lege sie mit gleich großen Papierblättern aus.

Passen in die Rechtecke aus dem längeren Seil in jedem Fall mehr solche Papierstücke?

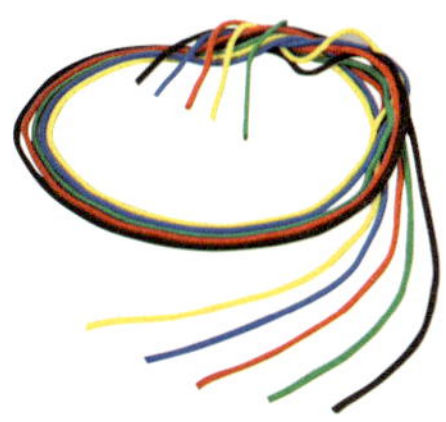

Pferdekoppeln

Auftrag 4

Bearbeitung

Auftrag 4 Pferdekoppeln

Bei Ginos Koppel ist der Zaun

$$24\,\text{m} + 12\,\text{m} + 24\,\text{m} + 12\,\text{m} = 2 \cdot 24\,\text{m} + 2 \cdot 12\,\text{m} = 72\,\text{m}$$

lang; für den Zaun von Carlas Koppel berechnet man

$$2 \cdot 32\,\text{m} + 2 \cdot 8\,\text{m} = 80\,\text{m}$$

Der Zaun um Carlas Koppel ist also tatsächlich länger, und zwar um 8 m.

Die Zaunlänge um eine Koppel entspricht dem **Umfang *u*** der Koppel.

Wichtiger für die Pferde ist aber nicht der Umfang, sondern der Platz **innerhalb** der Koppel und natürlich, welche Form die Koppel hat. Den Platz in den beiden Koppeln kann man mit einem maßstabsgetreuen Plan auf Karopapier vergleichen.
Damit die Pläne der beiden Koppeln mit den angegebenen Maßen gut ins Heft passen, ist der Maßstab 1 : 400 geeignet. 1 cm im Heft entsprechen 400 cm = 4 m Länge in Wirklichkeit.

Ginos Koppel:

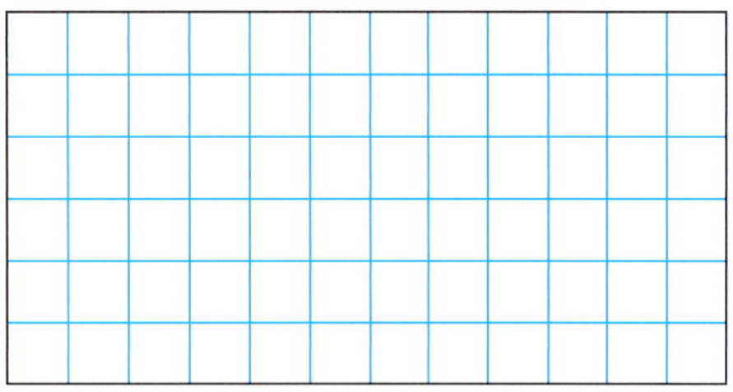

Carlas Koppel:

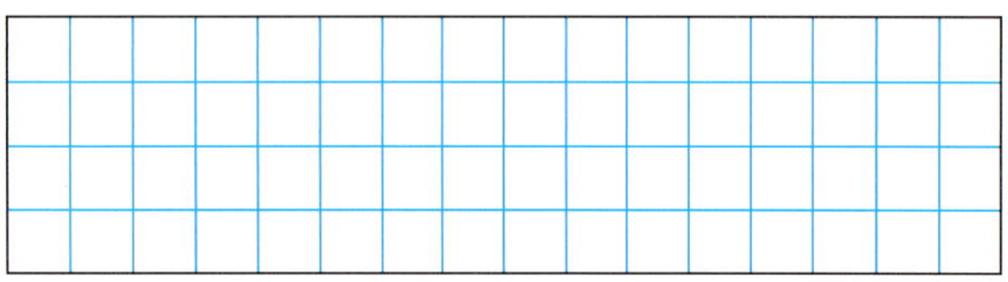

Beim Plan von Ginos Koppel werden 72 Kästchen eingeschlossen, beim anderen Rechteck sind es 64 Kästchen.

Die Anzahl der Kästchen beschreibt die Größe der Fläche einer Figur. Diese Größe heißt **Flächeninhalt** und wird mit ***A*** abgekürzt[1]. Bei der Koppel von Gino ist der **Umfang** kleiner, aber der **Flächeninhalt** größer als bei Carlas Koppel.

Einen Schritt weitergedacht: Für den Eigentümer der Koppel verursacht die Länge des Zauns (Umfang) Kosten, während er eventuell für mehr Platz in der Koppel (Flächeninhalt) mehr Miete einnehmen kann.

[1] area (lat./engl.) Fläche, Gebiet

Flächeninhalt

Zusammenfassung

Die Summe der Seitenlängen einer Figur heißt **Umfang**, kurz ***u***.

Die Größe der eingeschlossenen Fläche nennt man **Flächeninhalt**, er wird mit ***A*** abgekürzt.

Durch Auslegen mit gleich großen Figuren (z. B. Kästchen) lässt sich der Flächeninhalt von Figuren vergleichen. Die Anzahl der Kästchen kann als Maß für den Flächeninhalt von Figuren dienen.

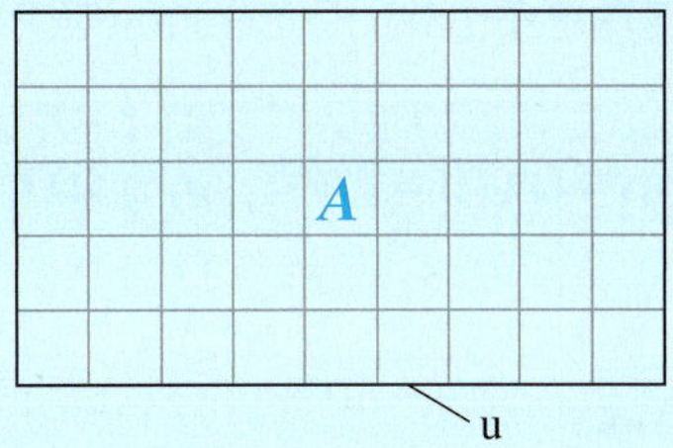

Trainieren **Anwenden** **Verknüpfen**

1 Zeichne fünf verschiedene Rechtecke mit einem Flächeninhalt von jeweils 24 Kästchen und bestimme ihren Umfang. Finde drei Figuren mit dem gleichen Flächeninhalt, die nicht rechteckig sind. Berechne auch deren Umfang.

2 Zeichne auf ein kariertes Blatt Papier ein 10 Kästchen langes und 8 Kästchen breites Rechteck. Zerschneide es in Quadrate mit je vier Kästchen Flächeninhalt. Lege mit diesen Quadraten nacheinander zwei neue Rechtecke und drei andere Figuren. Zeichne die Umrisse in dein Heft.

3 Lege drei verschiedene Rechtecke und zwei andere Figuren aus je 20 Streichhölzern und vergleiche ihren Flächeninhalt.

4 Lege mit einem 24 cm langen Faden verschiedene Rechtecke auf Karopapier. Welche Seitenlängen sind möglich? Zähle die eingeschlossenen Kästchen, notiere:

Länge in cm	XXX	XXX
Breite in cm	XXX	XXX
Flächeninhalt in Kästchen	XXX	XXX

Aufgaben

5 Wie groß ist der ungefähre Flächeninhalt dieser Buchstaben? Welche Buchstaben haben gleichen Flächeninhalt? Welche sind achsensymmetrisch?

Aufgaben **Noch fit?**

I Schreibe die Zahl mit Ziffern.

a) 1 M 2 ZT 3 Z
b) 5 HM 6 HT 7 H
c) 8 Md 4 ZT 2 E
d) 1 B 9 ZMd 3 M
e) 2 HMd 4 ZM 6 H
f) 7 B 3 ZMd 2 T

II Zerlege mit Stufenzahlen und lies.

a) 200 406 080
b) 400 302 000 100
c) 2 005 000 800 000
d) 99 888 777 666 555

III Wandle in die angegebene Einheit um.

a) Der Erdumfang am Äquator beträgt 40 009 592 m = ✕ km.
b) Das amerikanische Maß „1 pound" entspricht 453 592 mg = ✕ kg.
c) Das antike Längenmaß „1 Stadion" ist ungefähr 18 497 cm = ✕ m lang.

Trainieren **Anwenden** **Verknüpfen**

6 Bestimme mit Hilfe von Kästchen den Flächeninhalt der Figur.

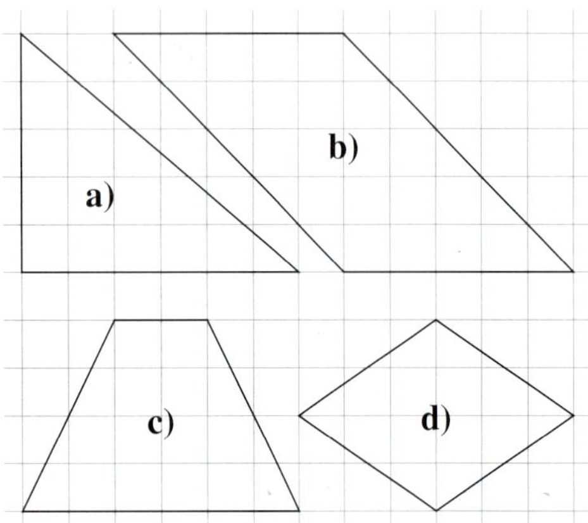

7 Bestimme Flächeninhalt und Umfang.

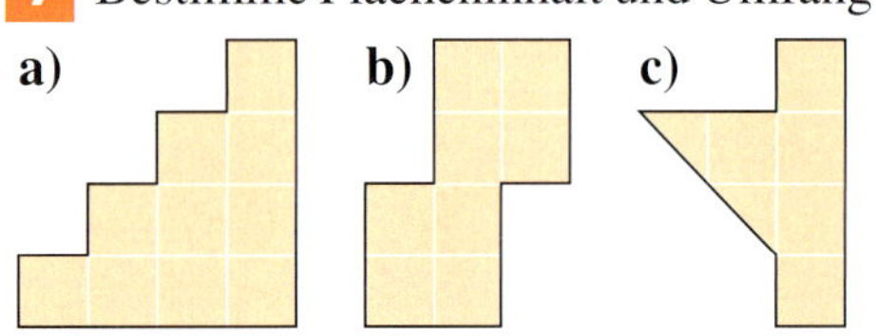

8 Ermittle den Flächeninhalt. Finde verschiedene Lösungswege.

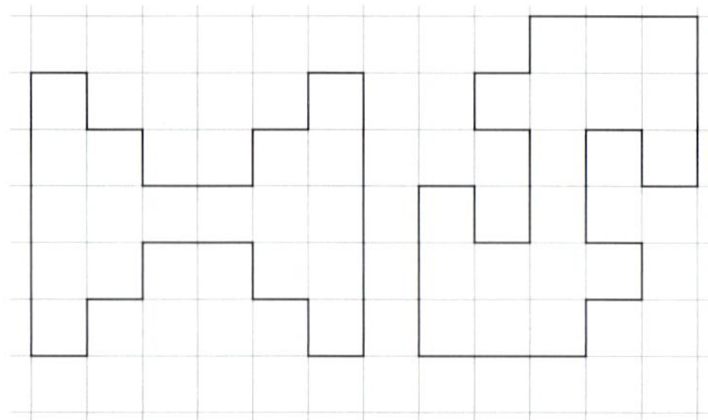

9 Ziffern aus Kästchen:

a) Haben beide Ziffern den gleichen Flächeninhalt?

b) Zeichne in dieser Art drei weitere Ziffern. Bestimme ihren Flächeninhalt.
c) Kannst du alle Ziffern auf diese Art gut erkennbar zeichnen?

10 Auf eine große Wiese mit Obstbäumen sollen zwei Häuser gebaut werden. Ein Streifen an der Grundstücksgrenze und die eingezeichneten Kreisflächen um die Bäume herum sollen frei bleiben.

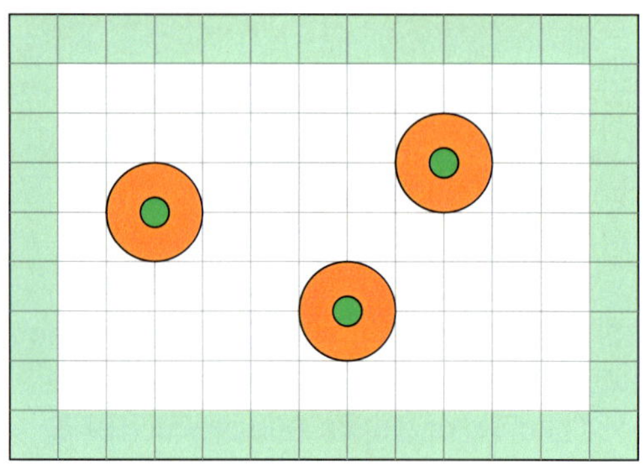

Übertrage den Plan in dein Heft. Zeichne zwei Häuser mit möglichst großer rechteckiger Grundfläche ein. Bestimme den Flächeninhalt der Häuser.

11 Zeichne drei verschiedene Umrisse für Papierflieger und Raketen auf Karopapier. Bestimme ihren Flächeninhalt.

Trainieren **Anwenden** **Verknüpfen**

12 Trage die vier Punkte $A\,(-5\,|\,-3)$, $B\,(6\,|\,-3)$, $C\,(3\,|\,4)$ und $D\,(-1\,|\,6)$ in ein Koordinatensystem ein.
Zeichne $[AB]$, das Lot auf $[AB]$ durch A (nach oben) und die Parallele zu $[AB]$ durch D. Nenne den Schnittpunkt E.
Zeichne das Lot auf $[AB]$ durch B (nach oben), die Halbgerade von C parallel zu $[AB]$ nach rechts, trage den Schnittpunkt F ein.
Die Halbgerade senkrecht auf $[AB]$ von C nach oben schneidet ED im Punkt G.
Bestimme Flächeninhalt und Umfang des entstandenen Sechsecks $ABFCGE$.

13 Übertrage die Figur in dein Heft. Zerlege sie durch Trennlinien in Teile von gleichem Flächeninhalt und gleicher Form, und zwar

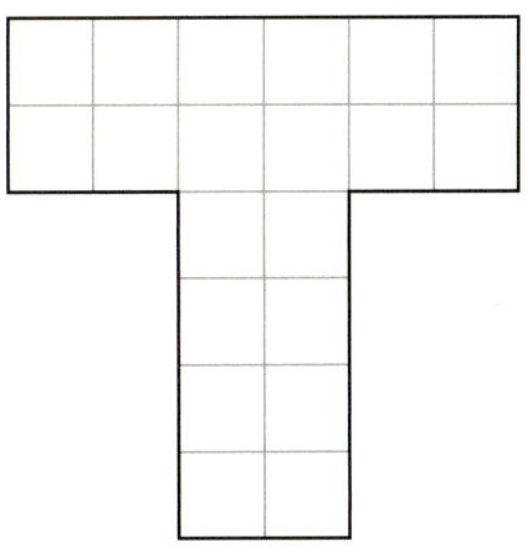

a) in 2 Teile,
b) in 4 Teile,
c) in 5 Teile.

14 Zeichne das Quadrat auf Karopapier, zerschneide es und setze die Teile zum Rechteck zusammen. Vergleiche die Flächeninhalte. Wo steckt der Fehler?

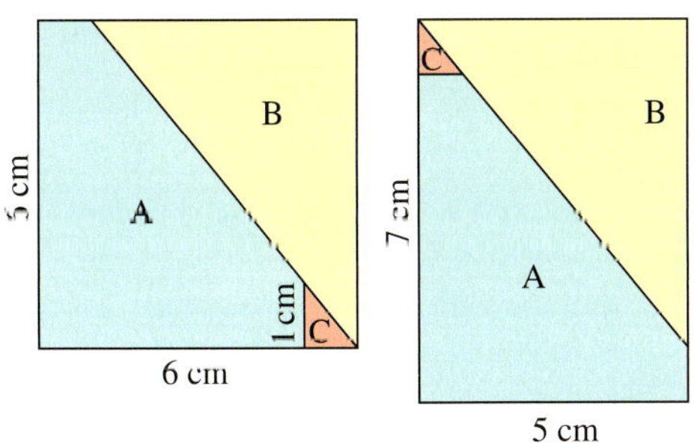

15 Wird eine Fläche so mit geometrischen Figuren bedeckt, dass diese sich nicht überlappen und keine Lücken entstehen, so nennt man das eine **Parkettierung**.
Zeichne ein 5 cm und ein 10 cm langes Quadrat. Fülle beide Quadrate mit dem Muster rechts aus.
Wie viele gelbe Quadrate passen jeweils ganz hinein?
Was fällt dir auf?

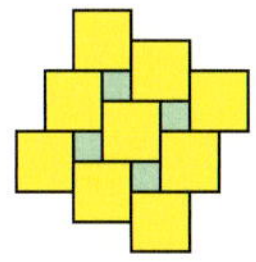

Aufgaben

16 Untersuche an zwei selbst gewählten Beispielen, wie sich der Flächeninhalt eines Rechtecks ändert, wenn du die Länge verdreifachst und die Breite verdoppelst.

Aufgabe der Woche

In einem Dreieck ABC sind P, Q und R die Mittelpunkte der Seiten $[AB]$, $[BC]$ bzw. $[AC]$.

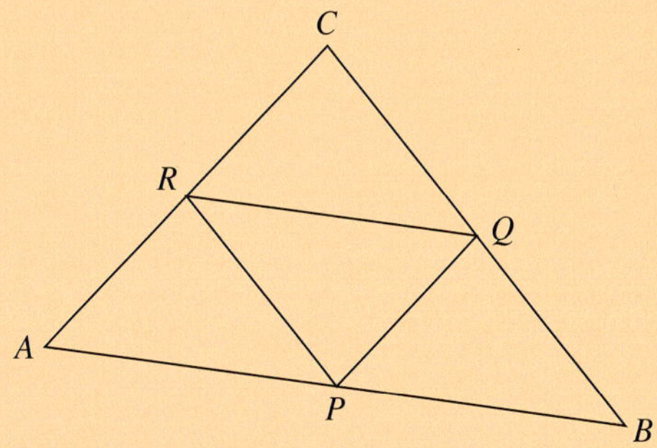

a) Gib einen Weg an, der in A beginnt und auf dem ohne abzusetzen die Teilstrecken $[AP]$, $[AR]$, $[BP]$, $[BQ]$, $[CQ]$, $[CR]$, $[PQ]$, $[PR]$ und $[QR]$ genau einmal durchlaufen werden.
Finde möglichst viele verschiedene solche Wege. Wie erhältst du die Gesamtzahl aller Möglichkeiten?

b) Ermittle alle Wege, die in einem Zug von A nach B führen und für die gilt: Jede der 9 Teilstrecken $[AP]$, …, $[QR]$ wird höchstens einmal durchlaufen.
Wie kommt die Gesamtzahl aller möglichen Wege zu Stande?

8.2 Flächeneinheiten

Auftrag 1 Luftbilder

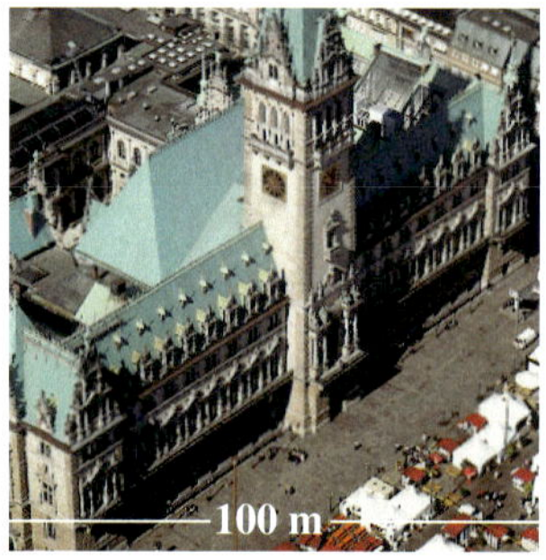

Die Fotos zeigen Luftbilder mit Ausschnitten der Stadt Hamburg.

Welcher Zusammenhang besteht zwischen den abgebildeten Flächengrößen? Wie könnte man die Reihe fortsetzen?

Vergleiche im mittleren Bild die Flächeninhalte der Uhr und der Vorderfront des Rathausturmes.

Auftrag 2 Druckbuchstaben

Michaels Bruder macht eine Lehre als Grafiker. Dabei lernt er verschiedene Formen für Druckbuchstaben kennen und erfährt, dass der Verbrauch an Druckfarbe von der Größe und von der Form der Druckbuchstaben abhängt.

Welchen Flächeninhalt haben die beiden Buchstaben im Vergleich zum gesamten äußeren Quadrat?

Wachsende Quadrate

Auftrag 3

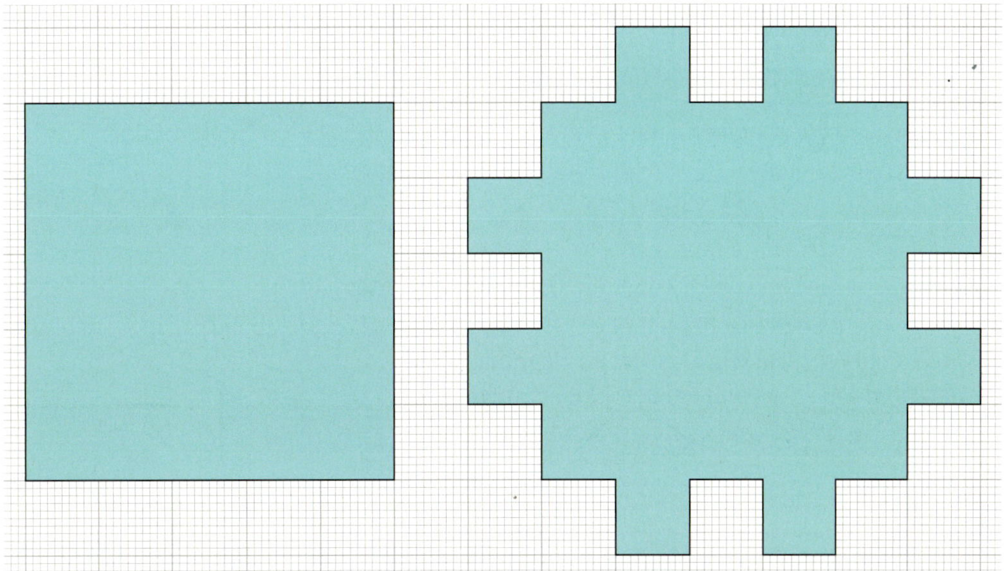

Wie entsteht die zweite Figur aus der ersten? Zeichne die dritte Figur in dein Heft. Berechne den Flächeninhalt jeder der drei Figuren und vergleiche.

Auftrag 2 **Druckbuchstaben**

Bearbeitung

Die Buchstaben H und N sind auf ein Quadrat mit der Seitenlänge 10 cm (= 1 dm) gezeichnet. Der Flächeninhalt eines Quadrats mit der Seitenlänge 1 dm ist

$1\ dm^2$ (lies: Quadratdezimeter)

Der Flächeninhalt eines Quadrats mit der Seitenlänge 1 m **(Einheitsquadrat)** beträgt

$1\ m^2$ (lies: Quadratmeter)

Um den Flächeninhalt der Buchstaben H und N genau ermitteln zu können, wurde in das Quadrat ein Gitter mit dickeren und dünneren waagrechten und senkrechten Linien gezeichnet. Mit deinem Geodreieck kannst du nachmessen, dass die dickeren Linien immer den Abstand 1 cm haben. Dadurch entstanden Quadrate mit der Seitenlänge 1 cm.

Ihr Flächeninhalt ist

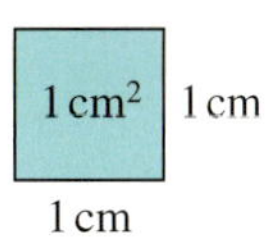

$1\ cm^2$ (lies: Quadratzentimeter)

Einen Zusammenhang zwischen der größeren Einheit $1\ dm^2$ und der kleineren Einheit $1\ cm^2$ findest du durch Abzählen der 1-cm-Quadrate im 1-dm-Quadrat: In einer Reihe liegen 10 der 1-cm-Quadrate; insgesamt gibt es 10 Reihen, also 100 kleinere Quadrate.

Es gilt also: $\mathbf{1\ dm^2 = 100\ cm^2}$

Um den Flächeninhalt der beiden Buchstaben H und N genau bestimmen zu können, brauchst du sogar die dünnen Gitterlinien, die im Abstand von 1 mm gezeichnet sind. Den Flächeninhalt der kleinen Quadrate mit der Seitenlänge 1 mm nennt man

1 mm² (lies: Quadratmillimeter).

Wie diese kleinste gebräuchliche Flächeneinheit mit der größeren Einheit 1 cm² zusammenhängt, kannst du wieder durch Abzählen erkennen.

Es gilt: **1 cm² = 100 mm²**

Damit kannst du den Flächeninhalt des H ermitteln: Das H passt genau in ein 3 cm breites und 6 cm hohes Rechteck. Das Rechteck enthält 18 der 1-cm-Quadrate und hat den Flächeninhalt

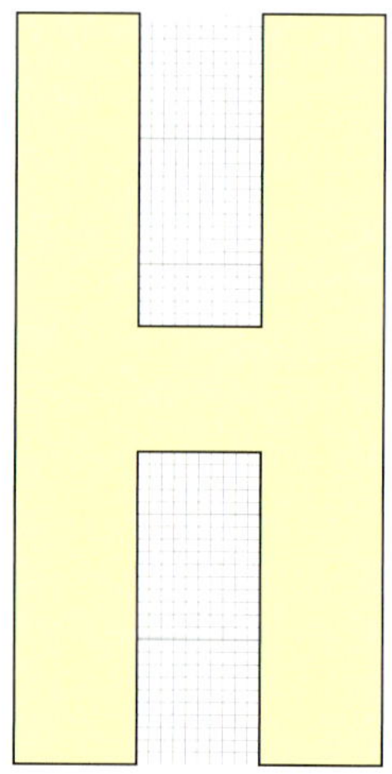

$$A_R = 18\,\text{cm}^2 = 1800\,\text{mm}^2$$

Das frei gebliebene Rechteck oben enthält 2 der 1-cm-Quadrate sowie ein 10 mm breites und 5 mm hohes Rechteck, das 50 der 1-mm-Quadrate enthält, also den Flächeninhalt 50 mm² hat. Insgesamt beträgt der Flächeninhalt des oberen Rechtecks

$$A_{oben} = 2\,\text{cm}^2 + 50\,\text{mm}^2 = 250\,\text{mm}^2$$

Das unten frei gebliebene Rechteck ist genauso groß. Frei bleibt also

$$A_{frei} = 2 \cdot 250\,\text{mm}^2 = 500\,\text{mm}^2 = 5\,\text{cm}^2$$

Du hättest auch die beiden frei gebliebenen Rechtecke zu einem 1 cm breiten und 5 cm hohen Rechteck zusammenschieben können, das den Flächeninhalt 5 cm² hat.

Für den Flächeninhalt des Buchstabens H erhältst du

$$A_H = 18\,\text{cm}^2 - 5\,\text{cm}^2 = 13\,\text{cm}^2$$

Das N passt in ein 4 cm breites und 6 cm hohes Rechteck mit $A_R = 24\,\text{cm}^2$.
Die beiden frei gebliebenen Dreiecke oben und unten kannst du zu einem 2 cm breiten und 4 cm hohen Rechteck zusammenschieben. Es hat den Flächeninhalt

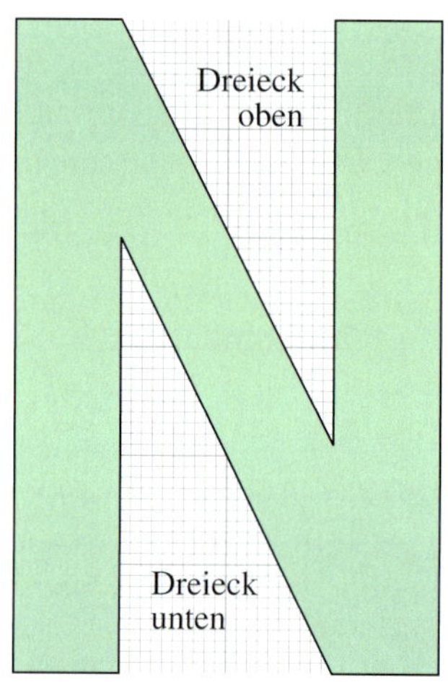

$$A_F = 8\,\text{cm}^2$$

Für den Flächeninhalt des Buchstabens N erhältst du

$$A_N = A_R - A_F = 24\,\text{cm}^2 - 8\,\text{cm}^2 = 16\,\text{cm}^2$$

Zum Schluss soll noch der gesamte Flächeninhalt der beiden Druckbuchstaben mit dem des ganzen Quadrats verglichen werden.

$$A_{Druckbuchstaben} = A_H + A_N = 13\,\text{cm}^2 + 16\,\text{cm}^2 = 29\,\text{cm}^2$$

$$A_{gesamt} = 1\,\text{dm}^2 = 100\,\text{cm}^2$$

Also bleibt eine freie Fläche von

$$A_{gesamt} - A_{Druckbuchstaben} = 100\,\text{cm}^2 - 29\,\text{cm}^2 = 71\,\text{cm}^2$$

Im großen Quadrat werden also nur 29 der 100 Kästchen mit je 1 cm^2 Flächeninhalt bedruckt, 71 dieser Kästchen bleiben unbedruckt.

Einen Schritt weitergedacht: Um die Größe einer Fläche, also den Flächeninhalt angeben zu können, benutzt man fast überall die Flächeneinheiten, die du eben kennen gelernt hast. Sie passen genau zu den Längeneinheiten 1 mm, 1 cm, 1 dm, …
Das macht das Rechnen einfacher als mit 5 mm breiten Kästchen.

Außer den Einheiten 1 mm^2, 1 cm^2, 1 dm^2 und 1 m^2 gibt es noch weitere Einheiten zum Messen und Berechnen größerer Flächeninhalte:

- 1 Ar (kurz 1 a) ist der Flächeninhalt eines Quadrats mit der Seitenlänge 10 m.
- 1 Hektar (1 ha) ist der Flächeninhalt eines Quadrats mit der Seitenlänge 100 m.
- 1 km^2 (Quadratkilometer) ist der Flächeninhalt eines Quadrats mit einer Seitenlänge von 1 km.

Es gilt: 1 a = 100 m^2, 1 ha = 100 a und 1 km^2 = 100 ha

Wie bei Längenmaßen, Geldbeträgen und Massen kann man auch Flächenmaße in eine Einheitentafel eintragen, um sie in größere oder kleinere Einheiten umzuwandeln. Kommas werden, wenn nötig, an den Übergängen zwischen zwei Einheiten gesetzt.

km^2		ha		a		m^2		dm^2		cm^2		mm^2		
			2	4	6	8	0							24 680 m^2 = 246,8 a = 2,468 ha
							1	3	5	7	9			13 579 cm^2 = 135,79 dm^2 = 1,3579 m^2
	3	0	4	0	5									30 405 a = 304,05 ha = 3,0405 km^2
									8	7	6	5	0	87 650 mm^2 = 876,5 cm^2 = 8,765 dm^2

Zusammenfassung Flächeneinheiten

Flächeninhalte werden in verschiedenen **Flächeneinheiten** angegeben.
1 m² (Quadratmeter) ist der Flächeninhalt eines Quadrats mit der Seitenlänge 1 m.

$1\,km^2 = 100\,ha = 10\,000\,a = 1\,000\,000\,m^2$
$1\,ha = 100\,a = 10\,000\,m^2$
$1\,a = 100\,m^2$
$1\,m^2 = 100\,dm^2 = 10\,000\,cm^2 = 1\,000\,000\,mm^2$
$1\,dm^2 = 100\,cm^2 = 10\,000\,mm^2$
$1\,cm^2 = 100\,mm^2$

Der **Umrechnungsfaktor** zwischen aufeinander folgenden Flächeneinheiten ist **100**.

km² — 100 — ha — 100 — a — 100 — m² — 100 — dm² — 100 — cm² — 100 — mm²

Beispiele: $1230\,a = 12{,}3\,ha = 0{,}123\,km^2$
$0{,}975\,dm^2 = 97{,}5\,cm^2 = 9750\,mm^2$

Aufgaben Trainieren Anwenden Verknüpfen

1 In welchen Einheiten gibst du den Flächeninhalt bei diesen Gegenständen sinnvollerweise an?
Die Einheit dm² ist dabei sehr unüblich.

a) Heftseite
b) Stadt
c) CD
d) Herdplatte
e) Kinderzimmer
f) Hemdknopf
g) Bundesland
h) Kopfkissen

2 Wandle um.

a) 17 cm² = ☒ mm²
b) 2,4 a = ☒ m²
c) 888 km² = ☒ ha
d) 1,3 ha = ☒ m²
e) 3,5 m = ☒ cm
f) 0,3 km = ☒ m
g) 12 345 a = ☒ ha
h) 17 m² = ☒ cm²

3 Change the measurement.

a) 2 dm² 5 cm² = ☒ dm²
b) 1 km² 90 a = ☒ m²
c) 25 000 m² = ☒ ha
d) 8,0105 a = ☒ m² ☒ dm²
e) 10,03 ha = ☒ m² ☒ dm²

4 Runde auf die angegebene Einheit.

Beispiel: $19\,375\ cm^2 = 1{,}9375\ m^2 \approx 2\ m^2$

a) $157{,}1\ dm^2$ auf m^2 **c)** $2680\ m^2$ auf a
b) $9182\ m^2$ auf ha **d)** $7\ m^2\ 66\ cm^2$ auf m^2

5 Wandle in die nächstkleinere und in die nächstgrößere Einheit um.

a) $9\ m^2$ **d)** $85{,}2\ cm^2$ **g)** 6,2 ha
b) 345 a **e)** 0,98 a **h)** 4,5 cm
c) 7,2 m **f)** $68\ dm^2$ **i)** $0{,}025\ m^2$

6 Berechne.

a) $1\ dm^2 - 95\ cm^2$
b) 4 m – 56 cm
c) $2\ km^2$ – 92 ha 83 a
d) $(1\ m^2 - 97\ dm^2\ 5\ cm^2) \cdot 40$
e) 2 km – 375 m

Lösungswort (nur Maßzahlen): 5 (m); 118 (h); 125 (b); 344 (a); 1625 (e); 3730 (l); 10717 (t)

7 Ergänze zur angegebenen Fläche. Gib das Ergebnis in gemischten Einheiten an.

Beispiel: $2435\ m^2$ zu 1 ha
$1\ ha - 2435\ m^2 = 10\,000\ m^2 - 2435\ m^2$
$= 7565\ m^2 = 75\ a\ 65\ m^2$

a) $46\ dm^2\ 80\ cm^2$ zu $1\ m^2$
b) 187 ha 25 a zu $3\ km^2$
c) $6574\ mm^2$ zu $1\ dm^2$
d) 73 a $91\ m^2$ zu 1 ha

8 Berechne.

a) $1\ m^2 : 25$ **e)** $1\ a : 50\ dm^2$
b) 2 ha : 160 **f)** 7,5 m : 300 mm
c) $12{,}3\ m^2 \cdot 45$ **g)** 3 kg : 125
d) $72\ a : 12\ m^2$ **h)** $24\ mm^2 \cdot 800$

Lösungswort (Maßzahlen): 2 (k); 4 (r); 24 (c); 25 (e); 125 (e); 200 (t); 553,5 (c); 600 (h)

9 Auf einem 3 ha großen Messegelände stehen zwölf Zelte mit einer Grundfläche von jeweils $1200\ m^2$. Die geteerten Wege haben eine Fläche von 24 a. Berechne den Flächeninhalt der freien Grünfläche.

Noch fit?

Aufgaben

I Zeichne in ein Koordinatensystem die Punkte $A\,(-3\,|\,-2)$, $B\,(7\,|\,3)$, $C\,(-1\,|\,4)$, $D\,(4\,|\,4)$ und $E\,(5\,|\,0)$ ein.

a) Zeichne eine Gerade p parallel zu AB durch D und die Lotgerade l zu AB durch C. Bestimme die Koordinaten des Schnittpunktes S von p und l.
b) Miss den Winkel $\gamma = \sphericalangle SCD$ und trage in D den Winkel $\varphi = 111°$ an $[CD]$ gegen den Uhrzeigersinn an.
c) Zeichne einen Kreis um D mit dem Radius $r = 3$ cm und einen um E mit $r = 2$ cm. Schraffiere die Menge der Punkte, die von D weiter als 3 cm und von E weniger als 2 cm entfernt sind.
d) Spiegle das Dreieck ABC an der x-Achse auf $A'B'C'$. Spiegle dann $A'B'C'$ an der y-Achse auf $A''B''C''$.

Trainieren **Anwenden** Verknüpfen

10 Ein rechteckiges Plakat ist 20 cm breit und 10 cm hoch. Es trägt den Aufdruck NULL. Jeder Buchstabe ist 4 cm breit und 6 cm hoch und passt in der Form zu H und N auf Seite 180. Berechne den Inhalt der freien Fläche auf dem Plakat.

11 Ein Quadrat wird durchlöchert:

a) Übertrage die Quadrate auf Millimeterpapier.
b) Wie entsteht eine Figur aus der vorhergehenden? Zeichne die vierte Figur.
c) Bestimme für die vier Quadrate den Flächeninhalt der orangen Fläche (ohne Löcher).

Aufgaben

12 Zeichne die Figur auf Millimeterpapier und bestimme ihren Flächeninhalt.

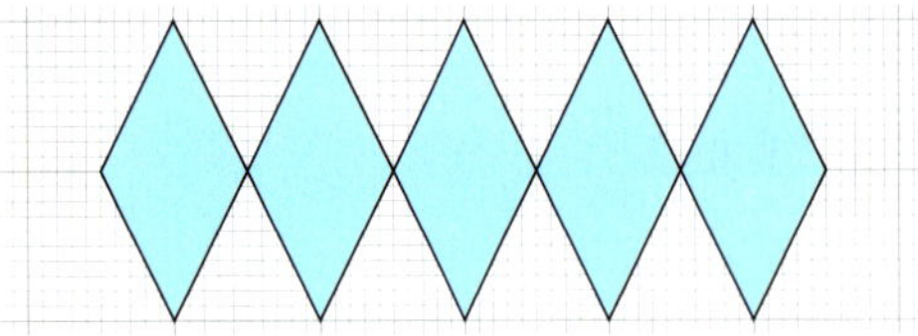

13 In einem Zeitungsinserat wird ein Reihenhaus mit Küche, Bad und fünf weiteren Zimmern für 245 000 € angeboten. Die Wohnfläche beträgt 123 m². Dies sind die Wohnflächen der Zimmer:
Wohnzimmer: 35 m²
Elternschlafzimmer: 15,8 m²
erstes Kinderzimmer: 13,2 m²
zweites Kinderzimmer: 12 m² 80 dm²
Arbeitszimmer: 14,9 m²
Das Grundstück ist 240 m² groß.
Formuliere Fragen, notiere die Lösungen. Stelle die Fragen deinem Nachbarn.

14 Für das Reihenhaus von Aufgabe 13 wird eine Wohngebäude-Versicherung abgeschlossen. Multipliziert man die Wohnfläche (in m²) mit 1950, so erhält man die Versicherungssumme (in €). Für je 1000 € Versicherungssumme müssen dann jährlich 44 Cent bezahlt werden. Wie hoch ist der Jahresbeitrag?

15 In der Gemeinde Eisingen wird ein 5,2 ha großes Neubaugebiet erschlossen. Für Straßen, Parkplätze und Gehwege werden 1600 m² benötigt.

a) Die Hälfte der restlichen Fläche wird in 35 gleich große Grundstücke aufgeteilt.
Wie groß sind diese Grundstücke?
b) Auf der übrigen Fläche sollen 630 m² große Grundstücke entstehen.

16 Erfrage den Flächeninhalt deines Wohnorts bzw. Stadtteils und der Nachbarorte. Sammelt die Ergebnisse in der Klasse und zeichnet ein Diagramm.

17 Wie oft passt die Fläche Bayerns in

a) die Fläche der Bundesrepublik,
b) die Fläche Europas,
c) die gesamte Landfläche der Erde?

18 Lege ein Kästchenraster über eine Nordafrika-Karte in deinem Atlas. Bestimme möglichst genau die Gesamtfläche von Ägypten, Libyen und Algerien.

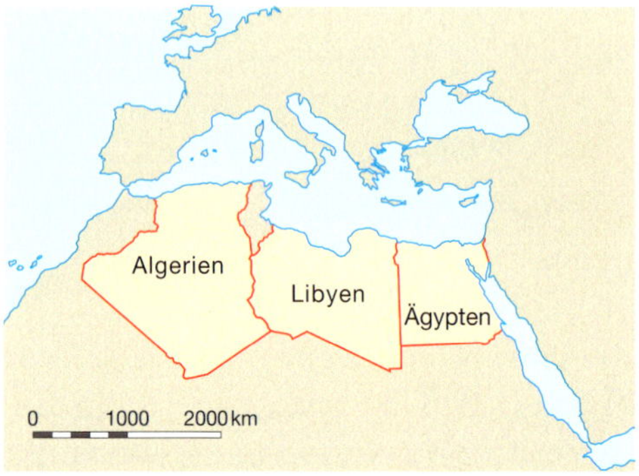

19 Die Lunge eines erwachsenen Menschen hat etwa 100 Millionen Lungenbläschen. Jedes Lungenbläschen hat eine (Ober-)Fläche von etwa 1 mm². Je größer die Oberfläche ist, umso mehr Sauerstoff kann die Lunge aufnehmen.
Berechne die Oberfläche aller Lungenbläschen und gib das Ergebnis in einer sinnvollen Einheit an.
Welche Seitenlänge müsste ein Quadrat mit gleichem Flächeninhalt haben?

Trainieren Anwenden Verknüpfen

20 Auf einer Flurbereinigungskarte im Maßstab 1 : 5000 findest du ein 2 cm langes Quadrat.

a) Welchen Flächeninhalt hat der dargestellte Acker in Wirklichkeit?
b) Wie lange braucht der Bauer etwa, um einmal am Rand des ganzen Ackers entlangzulaufen?

21 In einem Stadion soll die 130 m lange und 80 m breite Rasenfläche erneuert werden. Damit das Spielfeld nach der Sommerpause sofort benutzt werden kann, wird der Rasen nicht angesät, sondern mit gewachsenen Rasenstücken ausgelegt.
Wie viele quadratische Rasenstücke mit der Seitenlänge 1 m werden benötigt?

22 Als Kolumbus Amerika entdeckte (wann war das?), verwendeten die Indianer geometrische Muster für die Verzierung von Armbändern oder Taschen mit Perlenstickereien.
Das Bild zeigt ein Originalmuster für ein Lederarmband.

a) Die Perlen haben einen Durchmesser von 5 mm, das Armband ist genauso breit wie das Muster und 30 cm lang. Berechne die Anzahl der Perlen in den verschiedenen Farben.
b) Entwirf selbst ein Muster. Wie viele Perlen von jeder Farbe brauchst du?

23 Zeichne auf Millimeterpapier um einen Punkt drei verschieden große Kreise mit den Radien 1 cm, 2 cm und 3 cm.

a) Bestimme möglichst genau die Flächeninhalte der drei Kreise, gib sie in verschiedenen Einheiten an und vergleiche.
b) Berechne den Flächeninhalt der beiden äußeren Ringe dieser „Zielscheibe“.

Aufgabe der Woche

Das alte chinesische Formenspiel **Tangram** besteht aus sieben Steinen:

Ziel des Spiels ist es, mit diesen sieben Steinen neue Figuren zu legen, z. B. ein Quadrat oder Tierfiguren.

a) Skizziere im Heft, wie die sieben Steine zu einem Quadrat zusammengesetzt werden können.
b) Bei den kleinen Dreiecksteinen sind jeweils zwei Seiten 4 cm lang. Bestimme damit den Flächeninhalt der einzelnen Steine und bastle ein Tangram-Spiel.
c) Ist die Seitenlänge des gesamten Quadrats kleiner als 12 cm?
d) Teste dein Geschick für Tangram beim Legen folgender Figuren:

8.3 Flächenformeln

Auftrag 1 Terrassenplatten

Julians Eltern wollen neue Platten für ihre Terrasse kaufen und dafür höchstens 1000 € ausgeben.
Sie überlegen, ob sie die schöneren Platten für 22 € pro m^2 nehmen können oder ob das Geld nur für die einfachen Waschbetonplatten zu 12 € je m^2 reicht.

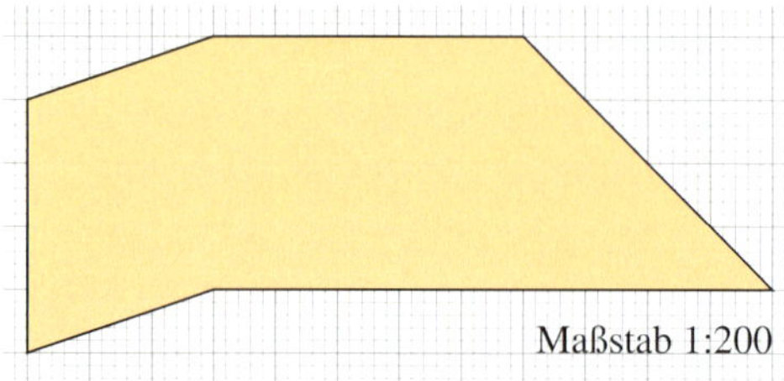

Während sie sich die Terrasse anschauen und überlegen, sehen sie ihren Nachbarn und bitten ihn: „Du bist doch Architekt und kannst sicher schnell die Größe unserer Terrasse berechnen." Er kommt gerne, misst an vier Stellen, rechnet kurz und sagt dann: „Die schöneren Platten kosten auch weniger als 1000 €."
Was hat der Architekt gemessen und wie hat er gerechnet?

Auftrag 2 Klassenzimmerwand

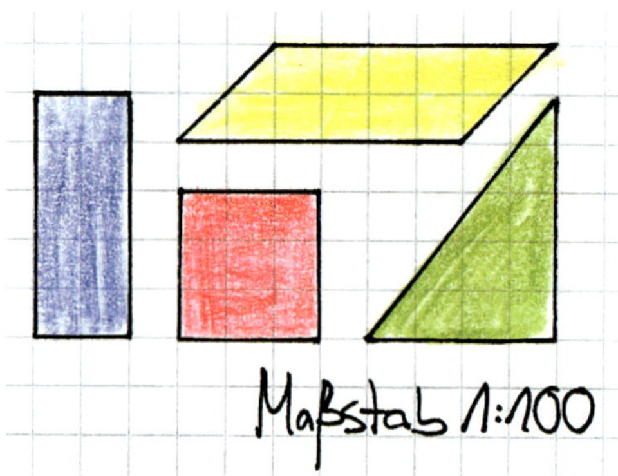

Die Klasse 5 a beschließt, die Rückwand ihres Klassenzimmers mit farbigen geometrischen Figuren zu verschönern. Auf einem Plan legen sie die Form und die Größe der Figuren fest. Jan, Katrin, Lisa und Michael erklären sich bereit, je eine Figur an die Wand zu malen. Aber jeder möchte sich die kleinste Figur aussuchen. Sind die Figuren überhaupt unterschiedlich groß? Wie lässt sich ihr Flächeninhalt ermitteln?

Auftrag 3 Parkplatz

In der Gemeinde Neudorf wird neben dem Rathaus ein neuer Parkplatz angelegt und gepflastert. Ein Architekt übernimmt die Planung und berechnet die voraussichtlichen Kosten. Als der Bürgermeister den Plan und die Kalkulation sieht, zweifelt er, ob der Parkplatz, wie vorgegeben, tatsächlich 240 m^2 groß ist.
Wie kann er kontrollieren, ob der Architekt richtig gerechnet hat?

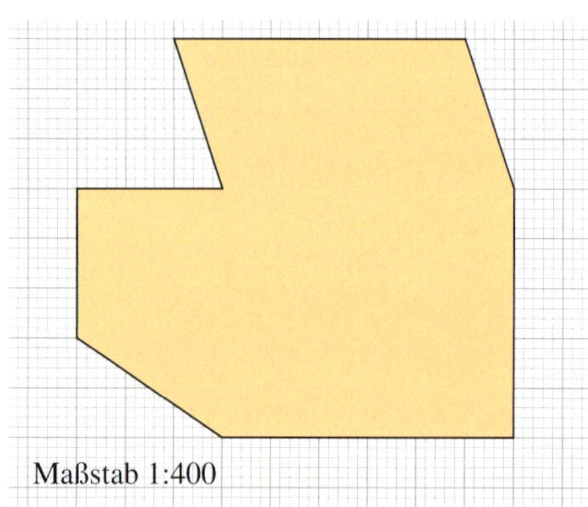

Auftrag 1 **Terrassenplatten** **Bearbeitung**

Waschbetonplatten sind meist quadratisch und haben 50 cm Seitenlänge. Vier Platten bilden ein Einheitsquadrat mit der Seitenlänge 1 m und dem Flächeninhalt 1 m².

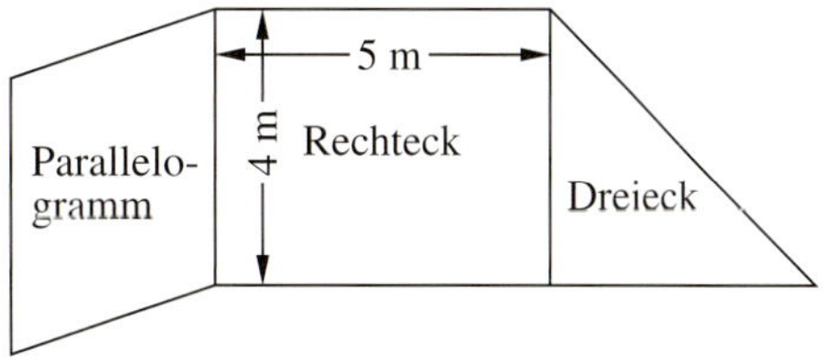

Der Architekt sieht, dass sich die Terrassenfläche aus drei Grundformen zusammensetzt.
Er misst zuerst die Länge und die Breite des Rechtecks in der Mitte der Terrasse und kann damit den Flächeninhalt des Rechtecks berechnen. Bei 5 m Länge und 4 m Breite setzt es sich aus vier Reihen mit je fünf Einheitsquadraten bzw. aus fünf Reihen zu je vier Einheitsquadraten zusammen. Das sind 20 Einheitsquadrate.

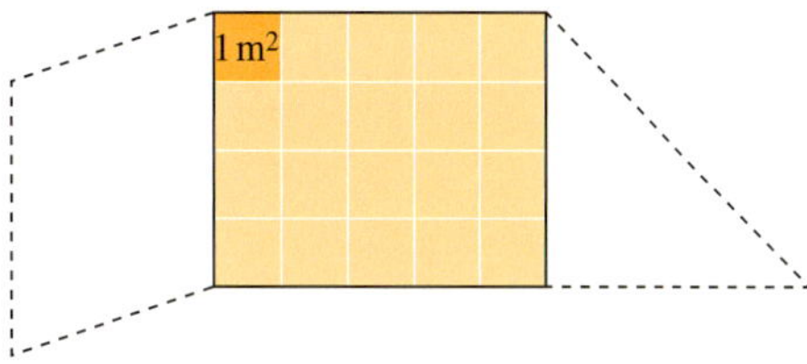

$A_R = 20\ \text{m}^2$

Man multipliziert die Maßzahl für die Länge der Terrasse mit der Maßzahl ihrer Breite, um die Maßzahl für den Flächeninhalt zu berechnen.

Flächeninhalt des Rechtecks = Länge · Breite, kurz: $A_R = l \cdot b$

Im Parallelogramm sind zwei Seiten 4 m lang und parallel zueinander. Als Abstand misst der Architekt 3 m. Schneidet man unten ein geeignetes Dreieck ab und setzt es oben an, so entsteht ein Rechteck. Der Flächeninhalt des Parallelogramms beträgt

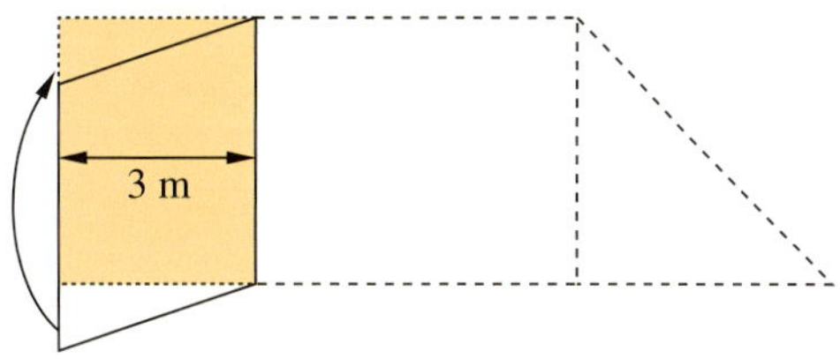

$A_P = 4\ \text{m} \cdot 3\ \text{m} = 12\ \text{m}^2$

Beim Dreieck rechts muss der Architekt nur die waagrechte Seite messen, sie ist 4 m lang. Die andere Seite ist so lang wie die Breite des Rechtecks. Das Dreieck ist rechtwinklig, deshalb ist es halb so groß wie ein Rechteck mit den entsprechenden Maßen, hier wie ein Quadrat mit $s = 4$ m.

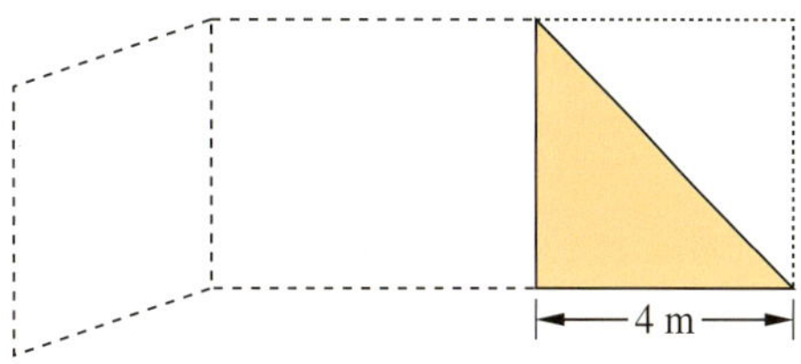

Für den **Flächeninhalt eines Quadrats** (abgekürzt A_Q) gilt:

A_Q **= Seitenlänge · Seitenlänge**, kurz: $A_Q = s \cdot s = s^2$

Der Flächeninhalt des Dreiecks beträgt dann

$A_D = (4\ \text{m} \cdot 4\ \text{m}) : 2 = 16\ \text{m}^2 : 2 = 8\ \text{m}^2$

Nun kann der Architekt den Flächeninhalt der gesamten Terrasse berechnen:

$$A_{Terrasse} = A_R + A_P + A_D = 20\,\text{m}^2 + 12\,\text{m}^2 + 8\,\text{m}^2 = 40\,\text{m}^2$$

Daraus ergibt sich schließlich der Preis für die teureren Platten, die 22 € pro m² kosten:

$$40 \cdot 22\,€ = 880\,€$$

Selbst wenn Julians Vater mehr Platten kauft, falls es beim Schneiden der Randplatten Bruch gibt, bleiben die Kosten auch bei den schöneren Platten sicher unter 1000 €.

Der Architekt hat für diese Berechnung nur die Länge und Breite des Rechtecks, den Abstand der parallelen Seiten im Parallelogramm sowie eine Dreiecksseite gemessen.

Zusammenfassung Flächenformeln

So berechnet man den **Flächeninhalt A_R eines Rechtecks** mit der Länge l und der Breite b:

$$\mathbf{A_R = \text{Länge} \cdot \text{Breite}}$$
$$\mathbf{A_R = l \cdot b}$$

Beispiel: $l = 12$ cm; $b = 8$ cm
$A_R = l \cdot b = 12\,\text{cm} \cdot 8\,\text{cm} = 96\,\text{cm}^2$

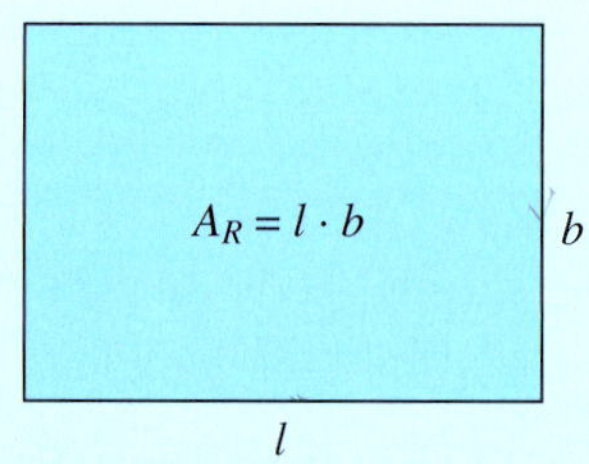

Für den **Flächeninhalt A_Q eines Quadrats** mit der Seitenlänge s gilt:

$$\mathbf{A_Q = \text{Seitenlänge} \cdot \text{Seitenlänge}}$$
$$\mathbf{A_Q = s \cdot s = s^2}$$

Beispiel: $s = 15$ cm
$A_Q = s \cdot s = 15\,\text{cm} \cdot 15\,\text{cm} = 225\,\text{cm}^2$

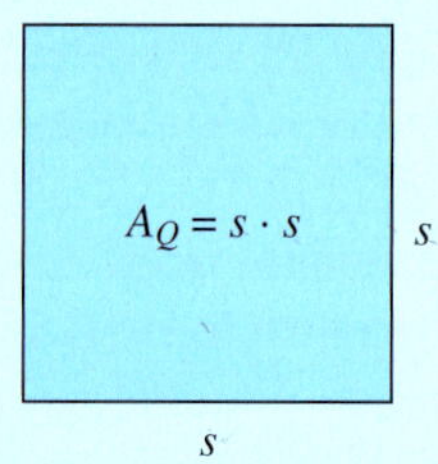

Der **Flächeninhalt eines rechtwinkligen Dreiecks** ist halb so groß wie bei einem Rechteck, dessen Seiten die beiden aufeinander senkrecht stehenden Dreiecksseiten sind.

Beispiel: $A_D = (4\,\text{cm} \cdot 2\,\text{cm}) : 2 = 8\,\text{cm}^2 : 2 = 4\,\text{cm}^2$

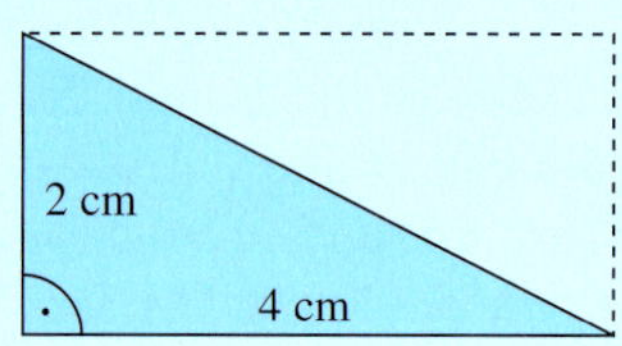

Ein **Parallelogramm** lässt sich zerlegen und zu einem Rechteck mit gleichem Flächeninhalt zusammensetzen.

Beispiel: $A_P = 3\,\text{cm} \cdot 2\,\text{cm} = 6\,\text{cm}^2$

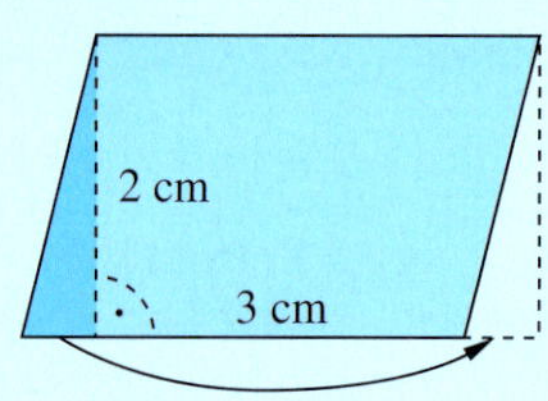

Trainieren **Anwenden** **Verknüpfen**

Aufgaben

1 Berechne den Flächeninhalt des Rechtecks.

a) $l = 35$ cm, $b = 12$ cm
b) $l = 5$ m 40 cm, $b = 3$ m 50 cm
c) $l = 124$ m, $b = 55$ m
d) $l = 5$ km 600 m, $b = 9$ m

Lösungswort: 18,9 (c); 37 (m); 54 (a); 324 (n); 420 (e); 682 (b); 6820 (k); 50 400 (e)

2 Berechne den Flächeninhalt des Quadrats.

a) $s = 12$ cm
b) $s = 1$ m 80 cm
c) $s = 25$ m
d) $s = 150$ m

Lösungswort: 24 (y); 50 (s); 144 (z); 225 (l); 300 (e); 360 (t); 625 (h); 3240 (x); 32 400 (a)

3 Berechne die fehlenden Größen für das Rechteck.

	Länge l	Breite b	A_R	u
a)	19 cm	9 cm	××××	×××
b)	7 cm	××××	84 cm²	×××
c)	××××	15 m	3 a	×××
d)	××××	35 cm	××××	1,4 m
e)	750 m	××××	××××	4 km
f)	××××	2,3 m	207 dm²	×××

Lösungswort: 0,9 (e); 6,4 (r); 12 (l); 19 (k); 20 (f); 35 (n); 38 (e); 56 (e); 70 (o); 171 (t); 1225 (h); 1250 (ö); 9375 (r)

4 Enter the points $A(-2|-1)$, $B(6|-1)$ and $C(6|4)$ in a coordinate system and calculate the area of the triangle ABC.

5 Trage die drei Punkte $A(-2|-1)$, $B(5|-1)$ und $C(8|3)$ in ein Koordinatensystem ein. Die Parallele p zu AB durch C und die Parallele q zu BC durch A schneiden sich im Punkt D.
Welche Form und welchen Flächeninhalt hat das Viereck $ABCD$? Bestimme auch seinen Umfang.

6 Zeichne ein Parallelogramm $ABCD$, bei dem die beiden 6 cm langen, parallelen Seiten $[AB]$ und $[DC]$ den Abstand 3,5 cm haben.
Verwandle es in ein flächengleiches Rechteck und berechne den Flächeninhalt.

7 Welchen Flächeninhalt haben diese Flächen im Klassenzimmer? Welche sind größer als 1 m²? Miss und berechne.

a) Tischplatte
b) Fensterscheibe(n)
c) Fensterbank
d) Tafel(-flügel)
e) Tür
f) Tafellappen

8 Wie lang und breit ist ein DIN-A4-Blatt? Berechne den Flächeninhalt und gib ihn in verschiedenen Einheiten an.

9 Zeichne ein Rechteck, das 16 cm lang und 9 cm breit ist. Welche Seitenlänge hat ein Quadrat mit gleich großem Flächeninhalt? Vergleiche die Umfänge.

Noch fit?

I Rechne möglichst geschickt.

a) $1408 \cdot 2345$
b) $219\,090 : 2010$
c) $125 \cdot 25 \cdot 44 \cdot 8$
d) $64\,260 : 630$

II Bestimme die gesuchte Zahl.

a) Welche Zahl musst du mit 15 multiplizieren, um 360 zu erhalten?
b) Durch welche Zahl musst du 120 dividieren, damit das Ergebnis 8 lautet?
c) Wie oft musst du 2 mit sich selbst multiplizieren, um 32 zu erhalten?
d) Welche Zahl ergibt viermal mit sich selbst multipliziert die Zahl 81?
e) Welche Quadratzahlen liegen zwischen 200 und 300?

III Berechne.

a) $264 : 3 - 12 \cdot 864$
b) $(17^2 - 19^2) \cdot (-15)$
c) $3794 - [3221 - (849 + 578)]$

10 Zeichne die Figuren, schneide sie aus und ermittle ihren Flächeninhalt.
Suche verschiedene Lösungswege.

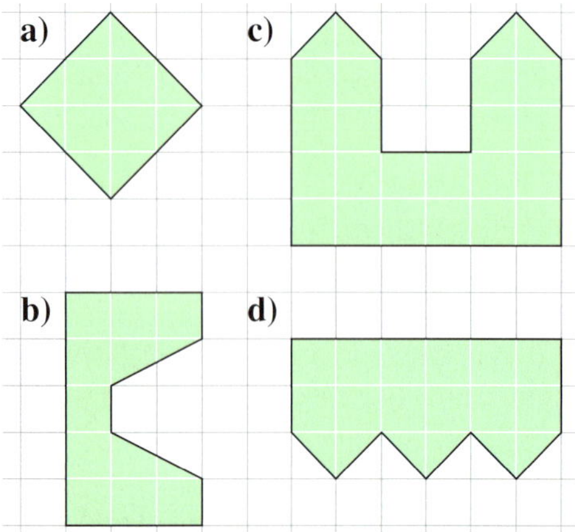

Zeichne zwei ähnliche Figuren für deinen Banknachbarn.

11 Ein rechteckiger Bauplatz ist 28 m lang und 18 m breit. Er kostet 68 040 €.
Berechne den Preis pro m^2.

12 Wie groß ist die Grundfläche dieses Hauses?

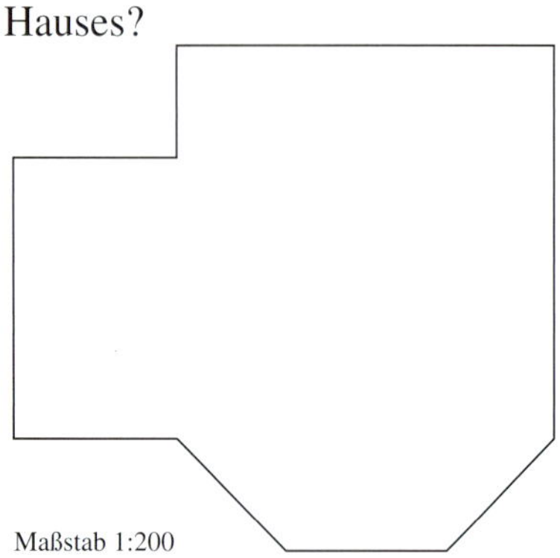

Maßstab 1:200

13 A rectangle is 5 m 20 cm long and 3 m 60 cm wide.
Using a scale of 1 : 40 draw a diagram of the rectangle and calculate its area.
How many times larger is the area of the real rectangle compared with the area of the drawing?

14 Pia zeichnet drei Quadrate ineinander. Jeder Streifen ist 5 cm breit. Wie groß ist die weiße, wie groß die rote Fläche?

15 Schätzungen am Schulgebäude:

a) Schätze zunächst und bestimme dann die Fläche aller Fenster in deinem Klassenzimmer. Runde sinnvoll.
b) Wie groß ist ungefähr die gesamte Fensterfläche des Schulgebäudes?

16 Wie viele solche Formsteine müssen mindestens bestellt werden, um eine Fläche von 42 m^2 zu pflastern?

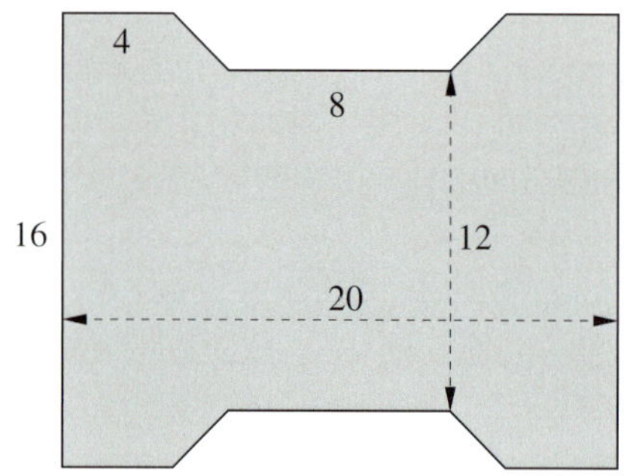

Maße in cm

17 Ein rechteckiger Saal, der 7,5 m lang und 5,9 m breit ist, soll mit Parkett ausgelegt werden.

a) Die Parketthölzchen sind 30 cm lang und 5 cm breit. Reicht eine Lieferung mit 3000 Holzteilen aus?
b) Die Hölzchen werden aus 25 cm breiten Brettern gesägt.
Wie lang ist ein solches Brett, wenn es für 60 Teile reicht?

18 Auf einer Karte mit dem Maßstab 1 : 10 000 ist ein Wald skizziert. Wie groß ist sein Flächeninhalt ungefähr in Wirklichkeit?

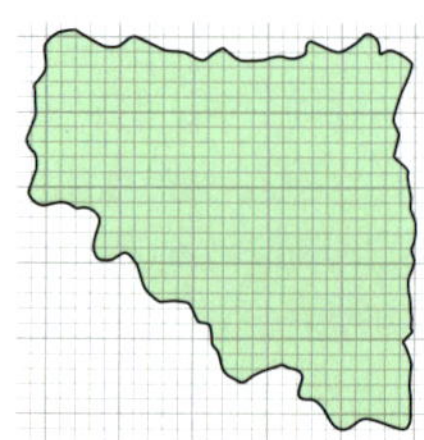

19 Ein Boxring muss nach den internationalen Regeln quadratisch sein und rundum von jeweils 3 Seilen begrenzt werden. Der Ringboden wird vollständig mit einem elastischen Belag ausgelegt, der auf allen Seiten 50 cm über die Seile hinausreicht.

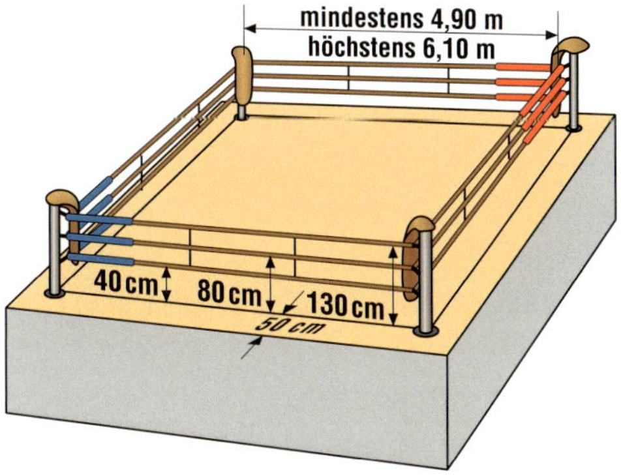

a) Wie groß ist der Flächeninhalt des Belags mindestens, wie groß ist er höchstens?

b) Für die Halterungen an den Eckpfosten, die senkrechten Teile und die Knoten sind zusätzlich ca. 20 m nötig. Wie viel Meter Seil benötigt man bei der kleinsten bzw. bei der größten erlaubten Ringgröße insgesamt?

20 Bei einer Flurbereinigung erhält ein Landwirt für seine drei rechteckigen Äcker einen neuen, gleich großen Acker mit gleicher Bodenqualität.
Feld 1: 200 m lang, 50 m breit
Feld 2: 150 m lang, 75 m breit
Feld 3: 125 m lang, 100 m breit

a) Berechne den Flächeninhalt für jeden der drei Äcker.

b) Der neue Acker ist 250 m lang. Wie breit ist er?

c) Der Landwirt hätte gerne einen annähernd quadratischen Acker. Geht das?

21 Bestimme den Flächeninhalt eines 5-€-Scheins, eines 10-€-Scheins, eines 20-€-Scheins und wenn möglich eines 50-€-Scheins.

Trainieren Anwenden Verknüpfen **Aufgaben**

22 Welchen Umfang hat ein 3,5 m langes Rechteck mit einem Flächeninhalt von 420 dm^2?

23 Berechne den Umfang eines Quadrats mit folgendem Flächeninhalt:

a) 144 cm^2 **c)** 225 m^2 **e)** 2,56 a
b) 1,44 m^2 **d)** 2,25 ha **f)** 2,56 km^2

24 Finde die Maße für fünf Rechtecke, bei denen die Maßzahl des Flächeninhalts genauso groß wie die des Umfangs ist.

25 Gib die Maße von sechs Rechtecken mit einem Flächeninhalt von 36 m^2 an. Wie sieht das Rechteck mit möglichst kleinem Umfang aus?

26 Verkehrsschilder

a) Vorfahrtstraße
Vergleiche den Flächeninhalt des weißen Randes mit dem der gelben Fläche.

b) Stoppschild
In einer geschlossenen Ortschaft ist dieses Schild 42 cm breit und hoch. Die waagrechten und senkrechten Randseiten sind jeweils 18 cm lang. Steht das Schild an der Autobahn, müssen alle Maße doppelt so groß sein.
Vergleiche die beiden Flächeninhalte.

c) Bahnübergang
Vergleiche den Flächeninhalt der weißen Flächen mit dem Inhalt der roten Flächen.

Aufgaben

27 Zerlege die Zahl auf drei verschiedene Arten in zwei Faktoren.
Welchen Zusammenhang zum Flächeninhalt von Rechtecken findest du?

a) 24 **b)** 30 **c)** 42 **d)** 64

28 Wie ändert sich der Flächeninhalt eines Quadrats, wenn du die Seitenlänge verdoppelst, verdreifachst, … verzehnfachst? Probiere es an einem Beispiel aus.

29 Ein Rechteck ist dreimal so lang wie breit und hat einen Flächeninhalt von 363 cm^2. Wie lang und wie breit ist es?

30 Knobeleien mit Flächen:

a) Die fünf Teilstücke sollen gleichen Flächeninhalt haben. Finde ihre Maße.

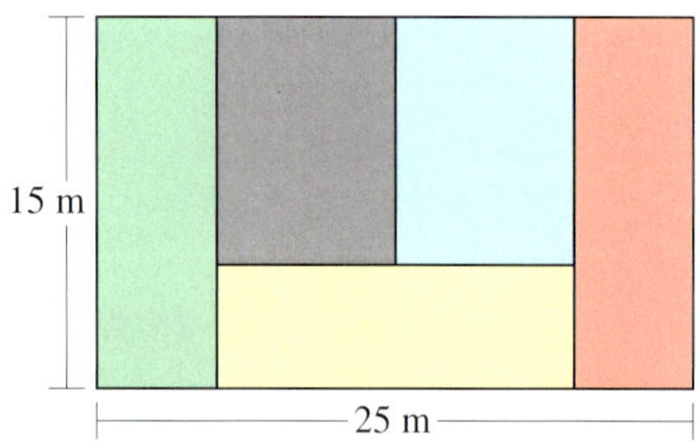

b) Ersetze den grauen und den blauen Streifen durch drei gleich breite Streifen. Berechne ihre Maße, wenn wieder alle Teilstücke gleichen Flächeninhalt haben sollen. Runde sinnvoll.

31 Hänschen zeichnet eine Figur und rechnet.

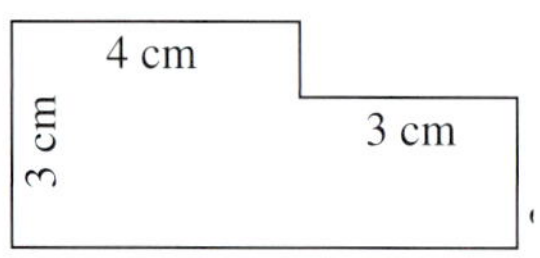

$A = 4\ cm \cdot 3\ cm$
$= 12\ cm^2 + 3\ cm \cdot 2\ cm = 6\ cm^2$
$= 18\ cm^2$
$u = 4\ cm + 3\ cm$
$= 7\ cm \cdot 2 + 3\ cm + 2\ cm = 5\ cm \cdot 2$
$= 14\ cm + 10\ cm = 24\ cm$

Korrigiere seine Berechnungen.
Welche Fehler hat er gemacht?

32 Eine Rechteck wird aufgeteilt.

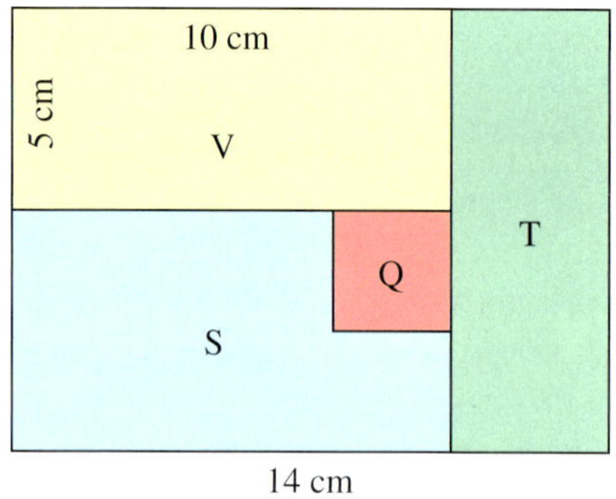

V, *T* und *S* sollen gleich groß sein.
Welche Maße haben *T* und *S*?
Wie lang ist eine Seite des Quadrats *Q*?

Aufgabe der Woche

Die Skizze zeigt die ersten beiden Windungen und den Anfang der dritten Windung einer „Quadrat-Spirale“, die beim Punkt *S* beginnt.

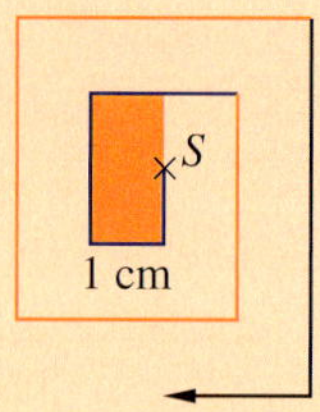

a) Zeichne die Spirale mit fünf Windungen in dein Heft.
b) Wie lang sind die einzelnen Windungen? Finde eine Regel.
c) Klappt man das letzte Zentimeterstück einer Windung nach unten, wird von jeder Windung ein Rechteck eingeschlossen. Wie groß ist der Flächeninhalt des ersten, zweiten, … fünften Rechtecks?
d) Berechne die Länge der 10. bzw. 100. Windung und den Inhalt des 10. bzw. 100. Rechtecks.
e) Welcher Zusammenhang besteht zwischen der Nummer der Windung, ihrer Länge und dem Flächeninhalt?

8.4 Der Oberflächeninhalt eines Quaders

Gartenzaun

Auftrag 1

Sebastian verdient sich etwas Geld, indem er den Gartenzaun streicht. Dazu will er mit seinem Vater Farbe einkaufen. Auf dem Farbeimer mit einem kleinen Rest vom letzten Jahr liest er:
Inhalt 2,5 l reicht für 50 m^2
Er schaut sich den Zaun mit insgesamt 6 Abschnitten an und überlegt:
Wie groß ist der Flächeninhalt, der hier gestrichen werden muss?

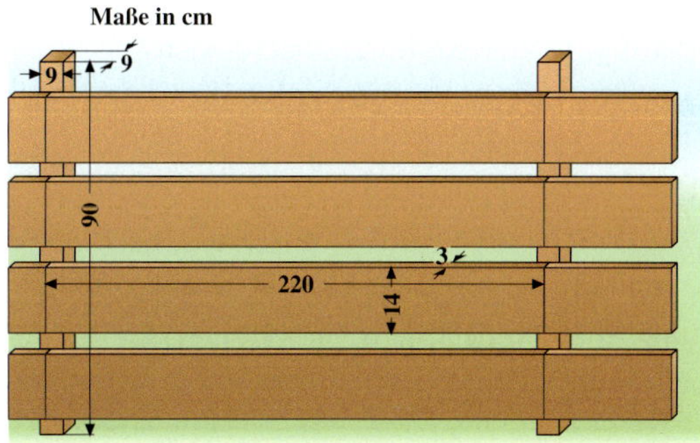

Riesenwürfel

Auftrag 2

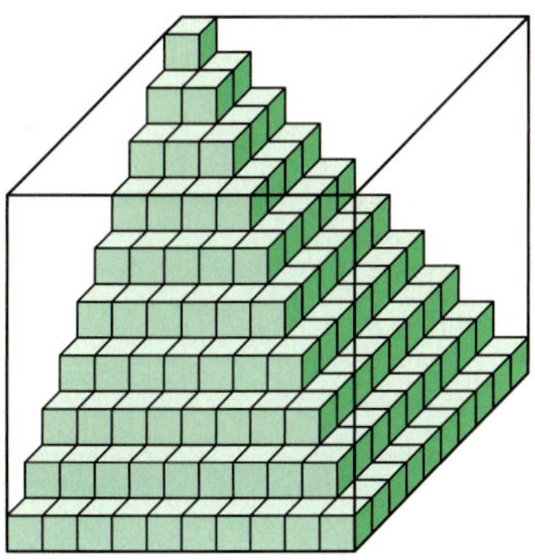

Für ihr Schulfest wollen zwei Schülergruppen je einen großen Würfel mit 1 m Seitenlänge aus Würfeln bzw. Quadern zusammenbauen.
Die erste Gruppe bastelt dazu kleine Würfel mit 10 cm Seitenlänge.
Die andere Gruppe versucht es mit 20 cm langen, 10 cm breiten und 5 cm hohen Quadern.

Welche Gruppe braucht weniger Papier?
Wie schwer wird der große Würfel, wenn sie Papier nehmen, das 135 g pro m^2 wiegt?

Theaterkulissen

Auftrag 3

Die Theatergruppe braucht Kulissen für ihre Aufführung. Bei einem Treffen ist Folgendes zu hören:
„Als Tisch nehmen wir eine Platte auf einem Sockel aus Pappe und bauen noch zwei Hocker aus Styropor."
„Dazu können wir aus Pappkarton Stücke zurechtschneiden und zusammenkleben."
„Zum Schluss verkleiden wir alles mit Stoff, damit es einheitlich aussieht."

Wie viel Stoff brauchen sie?

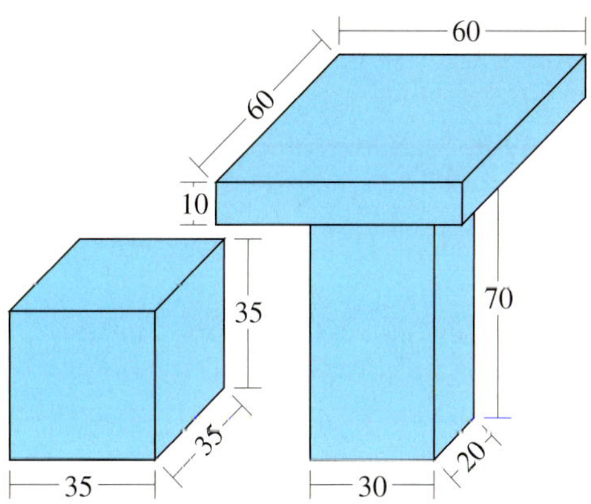

Bearbeitung

Auftrag 3 Theaterkulissen

Nachdem die Theatergruppe große Stücke Pappkarton besorgt hat, beginnen einige Schüler damit, die Teile für den Tischsockel zurechtzuschneiden.

Für den Boden und die Oberseite des Tischsockels brauchen die Schüler zwei 30 cm lange und 20 cm breite Rechtecke. Die Seitenflächen sind jeweils 70 cm lange und 30 cm bzw. 20 cm breite Rechtecke. Nachdem sie alle Stücke ausgeschnitten haben, kleben sie die Teile zum Netz zusammen.

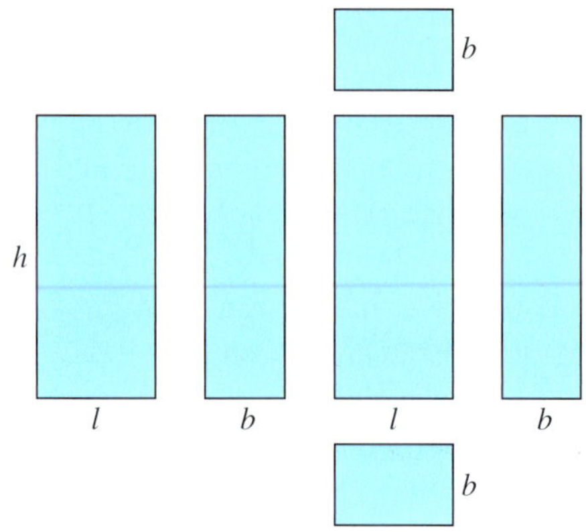

Bevor sie das Netz zum quaderförmigen Tischsockel verkleben, messen sie aus, wie viel Stoff sie für die Verkleidung des Sockels brauchen.

Das Netz wie auch die Oberfläche eines Quaders besteht aus sechs Rechtecken, von denen immer zwei Flächen (oben/unten, vorne/hinten, links/rechts) gleiche Maße und gleichen Flächeninhalt haben. Zur Berechnung des Oberflächeninhalts kann man die Flächenformel für das Rechteck verwenden.

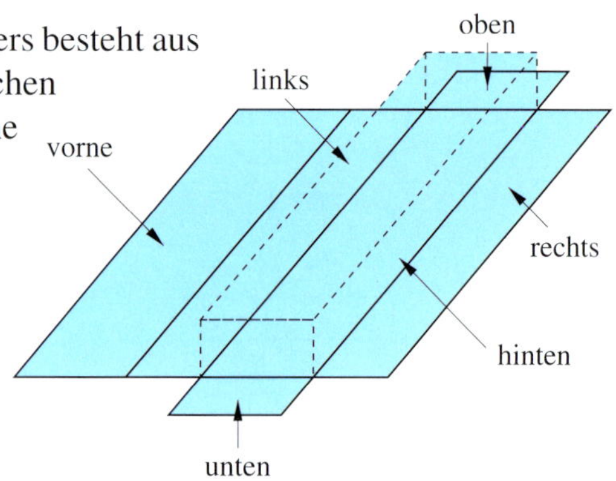

$$A_{oben} = A_{unten} = l \cdot b$$
$$A_{vorne} = A_{hinten} = l \cdot h$$
$$A_{links} = A_{rechts} = b \cdot h$$

Die Summe aus den Flächeninhalten der sechs Begrenzungsflächen eines Quaders nennt man **Oberflächeninhalt des Quaders** und schreibt dafür kurz O_Q.

$$\boldsymbol{O_Q = 2 \cdot l \cdot b + 2 \cdot l \cdot h + 2 \cdot b \cdot h}$$
$$\boldsymbol{= 2 \cdot (l \cdot b + l \cdot h + b \cdot h)}$$

Der Oberflächeninhalt des Sockels beträgt

$$O_Q = 2 \cdot 30\,\text{cm} \cdot 20\,\text{cm} + 2 \cdot 30\,\text{cm} \cdot 70\,\text{cm} + 2 \cdot 20\,\text{cm} \cdot 70\,\text{cm}$$
$$= 1200\,\text{cm}^2 + 4200\,\text{cm}^2 + 2800\,\text{cm}^2 = 8200\,\text{cm}^2 = 0{,}82\,\text{m}^2$$

Weil die Tischplatte quadratisch ist, gilt hier $l = b$.
Deshalb ist $A_{vorne} = A_{hinten} = A_{links} = A_{rechts}$.

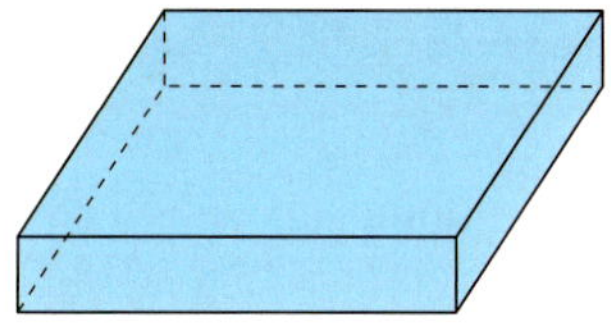

$$\begin{aligned} O_{Platte} &= 2 \cdot 60\,\text{cm} \cdot 60\,\text{cm} + 4 \cdot 60\,\text{cm} \cdot 10\,\text{cm} \\ &= 7200\,\text{cm}^2 + 2400\,\text{cm}^2 \\ &= 9600\,\text{cm}^2 = 0{,}96\,\text{m}^2 \end{aligned}$$

Damit sie die Platte und den Sockel fest verbinden können, überziehen die Schülerinnen und Schüler die (obere) Deckfläche des Sockels und ein gleich großes Rechteck an der Unterseite der Platte nicht mit Stoff. Auch die Standfläche des Sockels wird nicht beklebt.

$$O_{Tisch} = 8200\,\text{cm}^2 + 9600\,\text{cm}^2 - 3 \cdot 30\,\text{cm} \cdot 20\,\text{cm} = 16\,000\,\text{cm}^2 = 1{,}6\,\text{m}^2$$

Die Berechnung des Oberflächeninhalts eines würfelförmigen Hockers ist einfacher. Ein Würfel hat an allen Seiten gleiche Begrenzungsflächen, nämlich sechs Quadratflächen.

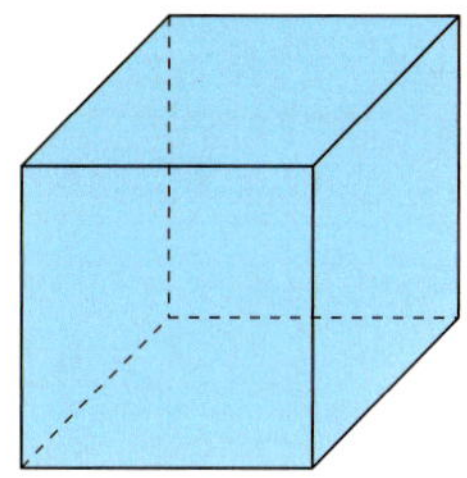

$$\begin{aligned} A_{vorne} &= A_{hinten} = A_{links} = A_{rechts} \\ &= A_{unten} = A_{oben} = s \cdot s = s^2 \end{aligned}$$

Der **Oberflächeninhalt O_W eines Würfels** beträgt:

$$\mathbf{O_W = 6 \cdot s \cdot s = 6 \cdot s^2}$$

Ein Hocker hat den Oberflächeninhalt

$$O_{Hocker} = 6 \cdot 35\,\text{cm} \cdot 35\,\text{cm} = 7350\,\text{cm}^2 = 0{,}735\,\text{m}^2$$

Alle Requisiten zusammen haben die Oberfläche, die mit Stoff beklebt werden soll:

$$\begin{aligned} O_{gesamt} &= O_{Tisch} + 2 \cdot O_{Hocker} \\ &= 16\,000\,\text{cm}^2 + 2 \cdot 7350\,\text{cm}^2 = 30\,700\,\text{cm}^2 = 3{,}07\,\text{m}^2 \end{aligned}$$

Stoffe sind auf Ballen gewickelt, die meist 140 cm breit sind. Wenn man sich den benötigten Stoff als Rechteck mit 140 cm Breite und einem Flächeninhalt von 3,07 m² vorstellt, so erhält man die Länge der Stoffbahn, wenn man den Flächeninhalt durch die Breite dividiert. Dazu nehmen die Schüler einen Taschenrechner:

$$l = 30\,700\,\text{cm}^2 : 140\,\text{cm} = 219{,}285\ldots\,\text{cm} \approx 219\,\text{cm} = 2{,}19\,\text{m}$$

Beim Schneiden der einzelnen Stoffteile kann nicht die gesamte Fläche ausgenutzt werden. Deshalb probieren sie auf Skizzen aus, wie sie mit möglichst wenig Stoff auskommen. Dann beschließen sie, insgesamt 2,6 m Stoff zu kaufen.

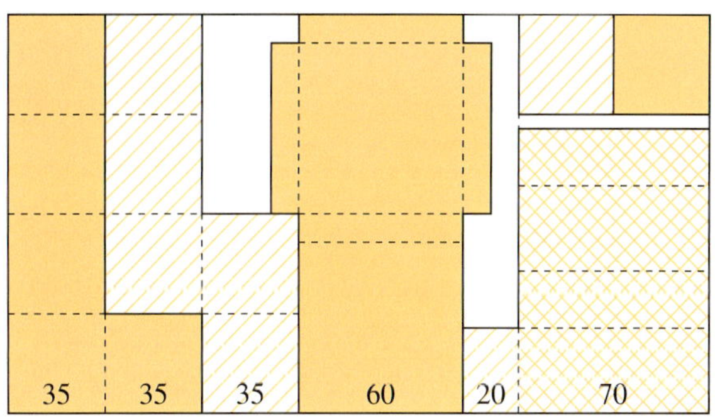

Zusammenfassung Der Oberflächeninhalt eines Quaders

Die Summe aus den Flächeninhalten der sechs Begrenzungsflächen eines Quaders mit der Länge l, Breite b und Höhe h nennt man **Oberflächeninhalt des Quaders**, kurz O_Q.

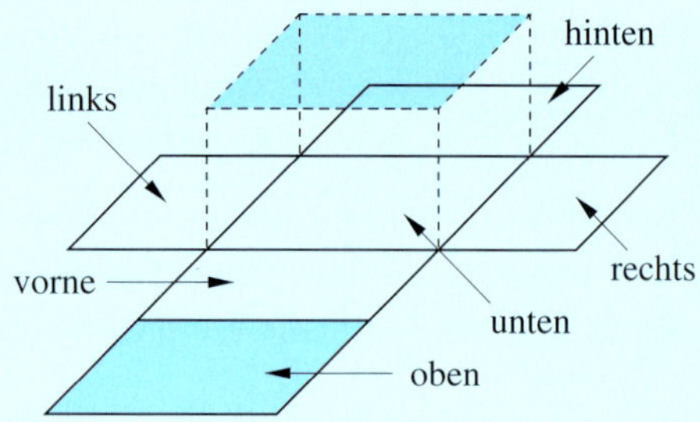

$$\mathbf{O_Q = 2 \cdot l \cdot b + 2 \cdot l \cdot h + 2 \cdot b \cdot h}$$
$$\mathbf{= 2 \cdot (l \cdot b + l \cdot h + b \cdot h)}$$

Beispiel: $l = 5\,\text{cm}, b = 4\,\text{cm}, h = 3\,\text{cm}$
$Q_Q = 2 \cdot (5\,\text{cm} \cdot 4\,\text{cm} + 5\,\text{cm} \cdot 3\,\text{cm} + 4\,\text{cm} \cdot 3\,\text{cm}) = 94\,\text{cm}^2$

Für den **Oberflächeninhalt O_W eines Würfels** mit der Kantenlänge s gilt:

$$\mathbf{O_W = 6 \cdot s \cdot s = 6 \cdot s^2}$$

Beispiel: $s = 15$ cm
$O_W = 6 \cdot 15\text{ cm} \cdot 15\text{ cm} = 1350\text{ cm}^2 = 13{,}5\text{ dm}^2$

Bei der Oberflächenberechnung von Körpern, die aus Quadern oder Würfeln zusammengesetzt sind, muss man darauf achten, dass man manche Flächeninhalte nicht mitzählt, weil sich die Flächen berühren.

Aufgaben Trainieren Anwenden Verknüpfen

1 Wie groß ist der Oberflächeninhalt des Quaders?

a) $l = 5\,\text{cm}; b = 4\,\text{cm}; h = 2\,\text{cm}$
b) $l = b = 3\,\text{cm}; h = 8\,\text{cm}$
c) $l = 35\,\text{cm}; b = 2\,\text{dm}; h = 1{,}5\,\text{dm}$
d) $l = 5\,\text{m}\ 60\,\text{cm}; b = 4{,}2\,\text{m}; h = 25\,\text{dm}$

Lösungswort (Maßzahlen): 35 (h); 76 (n); 114 (u); 760 (m); 1390 (h); 3050 (l); 9604 (l)

2 Wie groß ist der Oberflächeninhalt des Würfels?

a) $s = 4\,\text{cm}$ **c)** $s = 2{,}5\,\text{dm}$
b) $s = 60\,\text{cm}$ **d)** $s = 1{,}5\,\text{m}$

Lösungswort (Maßzahlen): 13,5 (e); 37,5 (b); 96 (c); 375 (f); 216 (u); 960 (a); 2160 (d)

3 Berechne die Oberfläche des Quaders.

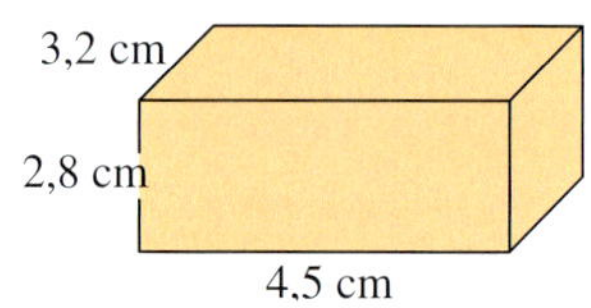

4 Wie groß ist die Seitenlänge des Würfels mit diesem Oberflächeninhalt?

a) $24\,\text{cm}^2$ **c)** $1{,}5\,\text{m}^2$ **e)** $13{,}5\,\text{m}^2$
b) $384\,\text{cm}^2$ **d)** $4{,}86\,\text{dm}^2$ **f)** $0{,}1734\,\text{m}^2$

5 Ein Quader hat eine quadratische Grundfläche mit 5 cm Seitenlänge und $210\,\text{cm}^2$ Oberflächeninhalt. Wie hoch ist der Quader?

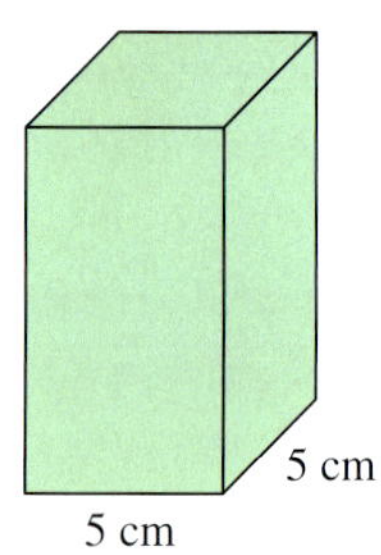

6 Berechne die Oberfläche des Körpers.

a)

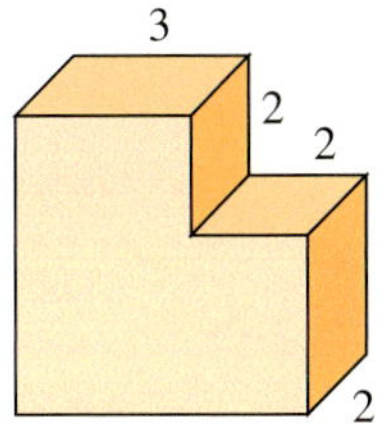

b)

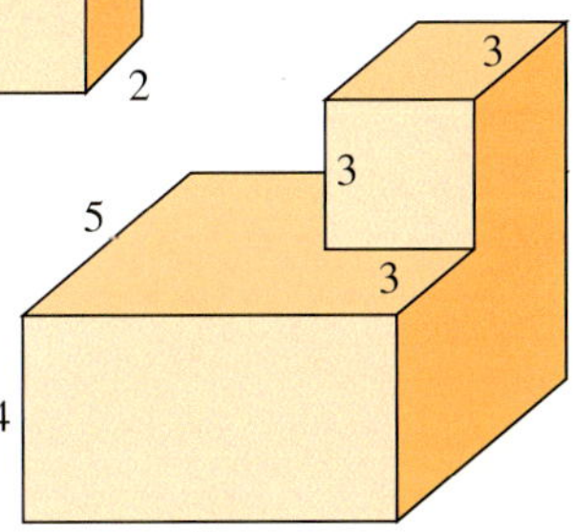

Maße in cm

7 Trage die Punkte $A(2|-1)$, $B(6|-1)$, $C(6|2)$, $D(2|2)$ und $E(-1|-1)$ in ein Koordinatensystem ein und verbinde A, B, C und D zur Grundfläche eines Quaders. E, A, D und H(?|?) bestimmen die linke Seitenfläche.

a) Ergänze die Punkte F bis N, so dass ein Quadernetz entsteht.
b) Wie lang, wie breit und wie hoch ist der Quader?
c) Berechne den Oberflächeninhalt.

8 Oberflächen von Verpackungen:

a) Schätze die Größe der Oberfläche
einer Milchpackung,
einer Streichholzschachtel,
eines Päckchens Papiertaschentücher,
eines Kaugummipäckchens,
eines Zuckerwürfels,
eines Stücks Butter
und einer Kaffeepackung.
Ordne sie der Größe nach.
b) Miss zur Kontrolle die Kantenlängen von mindestens drei der Gegenstände und berechne den Oberflächeninhalt.

9 Ein Würfel soll den gleichen Oberflächeninhalt haben wie ein 12 cm langer, 9 cm breiter und 4 cm hoher Quader. Wie groß muss die Seitenlänge sein?

Noch fit?

Aufgaben

I Berechne $-15\,000 : 12$ und erfinde eine Geschichte zur Rechnung.

II Berechne.

a) $17 \cdot (-4)$
b) $-65 : 5$
c) $-12 \cdot 5 - 2$
d) $-52 - 68 : (-4)$
e) $24 : (-3)$
f) $-15 \cdot (-16)$
g) $-70 : (-14) - 5$
h) $9 + 23 \cdot (-7)$

III Bestimme die Zahl.

a) Welche Zahl musst du mit 8 multiplizieren, um –1000 zu erhalten?
b) Durch welche Zahl musst du –2000 dividieren, um 50 zu erhalten?
c) Welche Zahl ist das 15fache von –6?
d) Wie oft passt –170 in die Zahl –9010?
e) Um wie viel ist –96 größer als –341?
f) Welcher Teil von –1500 ist die Zahl –60?

Trainieren **Anwenden** Verknüpfen

10 Zeichne das Netz auf drei verschiedene Arten.
Berechne den Oberflächeninhalt.

a) Der Quader ist 4 cm lang, 3 cm breit und 2 cm hoch.
b) Der Würfel hat eine Kantenlänge von 2,5 cm.

11 Baue ein „Kantenmodell“ für einen 6 cm langen, 8 cm breiten und 12 cm hohen Quader (z. B. aus Legosteinen).

Verkleide alle Quaderflächen mit Papier oder Stoff und berechne den gesamten Oberflächeninhalt.
Fertige ebenso einen Würfel mit 5 cm Kantenlänge an und berechne seinen Oberflächeninhalt.

Aufgaben

12 Gib an, welche dieser Figuren Würfelnetze sind.

a)
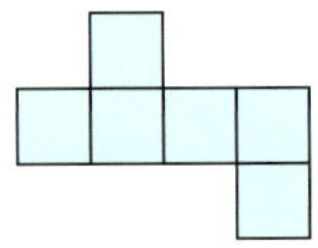

b)
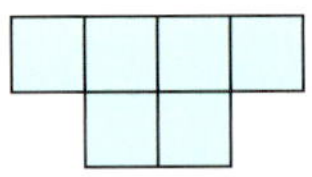

c)
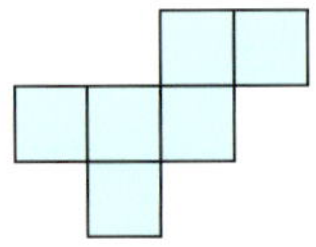

d)
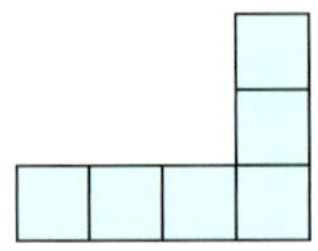

13 Welche Strecken fallen beim Zusammenbauen des Würfels zu einer Kante zusammen?

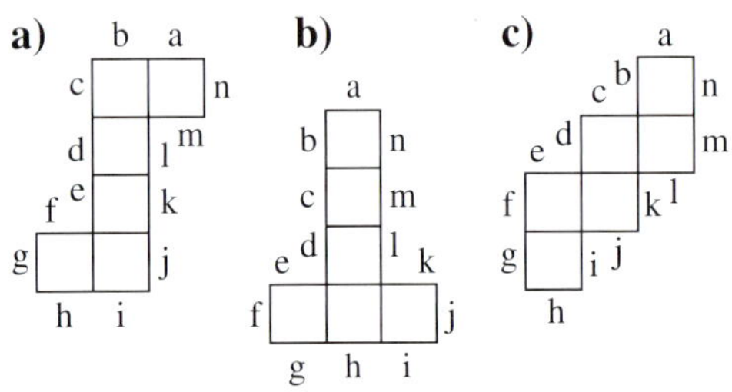

14 Ein Butterstück ist ca. 10 cm lang, 7,5 cm breit und 3,5 cm hoch.

a) Wie groß ist der Oberflächeninhalt eines Butterstücks?
b) Die Butterverpackung besteht aus einem 23,5 cm langen und 18,5 cm breiten Rechteck.
Wie groß ist der Flächeninhalt?
c) Erkläre den Zusammenhang zwischen a) und b).

15 Sarah möchte eine leere Diskettenbox als „Schatztruhe" verwenden und sie dazu außen mit goldener Bastelfolie bekleben.

a) Die Box ist 20 cm lang, 4,5 cm breit und 10 cm hoch.
Wie viel cm^2 Goldfolie braucht sie?
b) Benötigt sie genauso viel Goldfolie, wenn sie statt der großen Box zwei kleine, 10 cm lange, 4,5 cm breite und 10 cm hohe Boxen beklebt? Finde eine Begründung für dein Ergebnis.

16 Ein Siegertreppchen soll eine neue Glanzfolie erhalten. Der Boden wird nicht beklebt.
Wie groß ist die Fläche, die mit Folie beklebt werden muss?

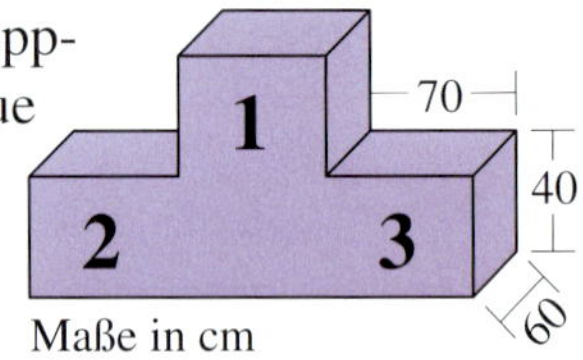

17 Eva malt alle Seiten eines Würfels an. Berechne den Flächeninhalt der gelben und der grünen Bereiche.

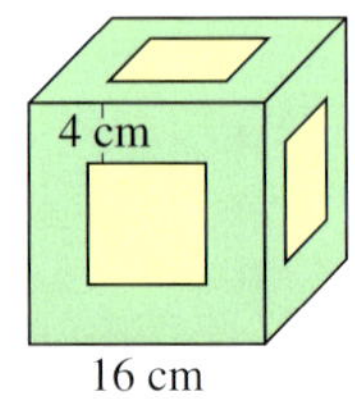

18 Berechne den gesamten Oberflächeninhalt des Körpers. Vergleiche mit dem Oberflächeninhalt „ohne Löcher".

a)
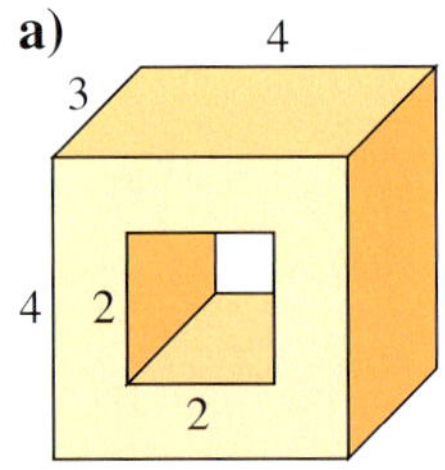

b)
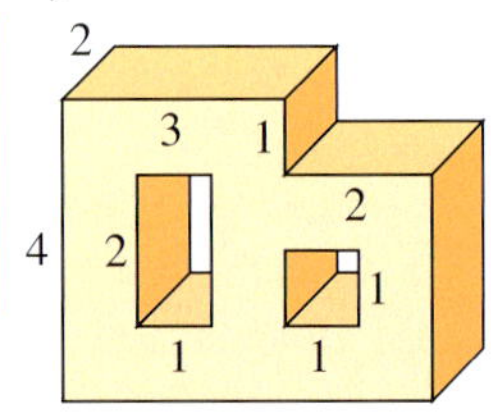

19 Ein Karton (50 cm lang, 32 cm breit, 16 cm hoch) soll als Geschenk verpackt werden.

a) Das Geschenkpapier liegt auf einer 70 cm breiten Rolle. Es wird in einem Stück um den Karton gewickelt.

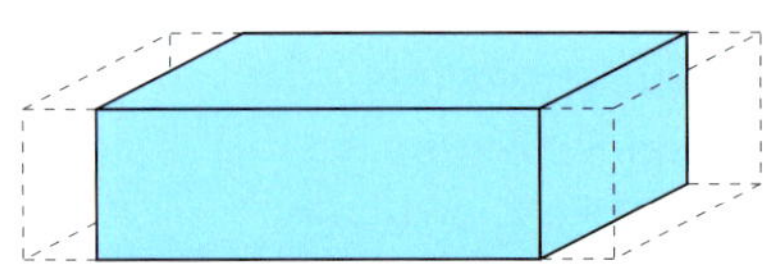

Wie lang muss die Papierbahn auf der Rolle mindestens sein?
Wie groß ist der Flächeninhalt dieses Papierstücks?
b) Berechne den Oberflächeninhalt des Kartons. Erkläre den Unterschied zwischen den Ergebnissen von a) und b).

Trainieren Anwenden Verknüpfen

20 Ein altes Fußballtor soll gestrichen werden. Es ist innen 7,32 m breit und 2,44 m hoch. Pfosten und Querlatte sind aus Holz und haben einen quadratischen Querschnitt mit der Kantenlänge 12 cm.

a) Wie groß ist die Fläche, die gestrichen werden muss?
b) Neue Fußballtore haben runde Pfosten und Latten aus Metall.
Ist die Oberfläche dort bei gleicher Dicke noch genauso groß? Begründe.

21 Tims Vater will ein Gewächshaus aus Plexiglas bauen. Es soll 3 m lang werden.

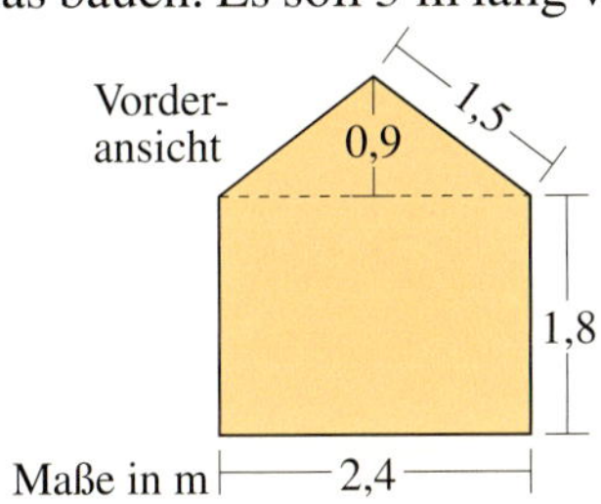

a) Zeichne die Vorderseite im Maßstab 1 : 60 und berechne den Flächeninhalt der Vorderseite. Wie viel m^2 Plexiglas werden insgesamt benötigt?
b) Um die Plexiglasplatten zu befestigen, will er zuerst alle Kanten aus Vierkantholz aufbauen. Für die Tür braucht er zusätzlich ca. 10 m Holz. Wie viel Meter Vierkantholz muss er insgesamt mindestens kaufen?

22 Annas Zimmer soll neu tapeziert werden. Es ist rechteckig, 4,25 m lang, 3,64 m breit und 2,48 m hoch.

a) Anna wählt eine Tapete, die auf 53 cm breiten Rollen verkauft wird. Eine Rolle ergibt eine 33,5 m lange Bahn. Wie viele Rollen müssen Annas Eltern mindestens kaufen?
b) Nach dem Tapezieren bleibt mehr als eine Rolle übrig. Warum?

23 Jan baut aus einem 180 cm langen Draht das Kantenmodell eines Würfels.

Aufgaben

a) Wie viel Stoff braucht er zum Bespannen des Würfels?
b) Bei einem anderen Würfel beträgt der Oberflächeninhalt 486 cm^2. Wie lang ist eine Kante dieses Würfels?

Aufgabe der Woche

Flechtmodelle
Mit Papierstreifen, die ineinander verflochten werden, kannst du stabile Modelle von geometrischen Körpern herstellen.

a) Schneide drei 24 cm lange und 4 cm breite Papierstreifen aus und knicke sie so, dass jeder Streifen in sechs Quadrate eingeteilt wird.

Flechte sie zu einem Würfel. Zwei Quadrate am Ende des Streifens überlappen sich dabei mit dem Streifenanfang und geben dem Modell Stabilität.

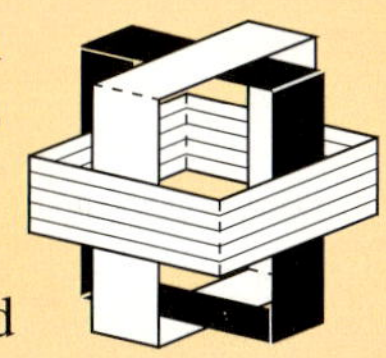

b) Das zweite Flechtmodell wird ein 5 cm langer, 4 cm breiter und 3 cm hoher Quader. Welche Maße müssen die drei Streifen haben? Überlege und probiere. Zeichne die Streifen auf Papier und stelle den Quader her.
c) Das dritte Modell soll schräge Seitenflächen haben wie ein Radiergummi. Dieser Körper heißt **Spat**.

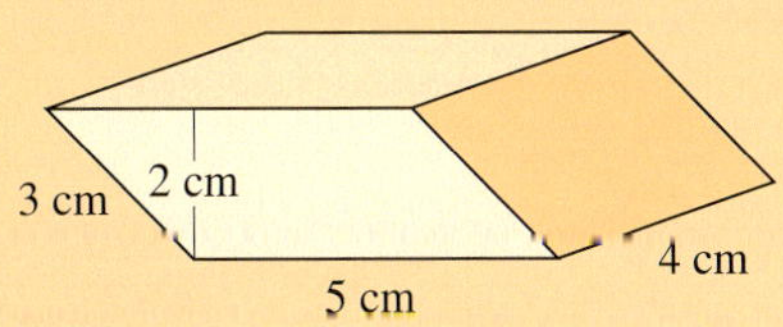

Zeichne die Streifen, schneide sie aus und stelle das Flechtmodell her.

1 Zeichne zwei Figuren mit $16\,\text{cm}^2$ Flächeninhalt, aber verschiedenem Umfang und gib jeweils den Umfang an. **4 P**

2 Wandle in die angegebene Einheit um: **6 P**

a) $45\,\text{cm}^2 = \boxtimes\,\text{mm}^2$
b) $19\,000\,\text{m}^2 = \boxtimes\,\text{ha}$
c) $5{,}79\,\text{m}^2 = \boxtimes\,\text{dm}^2$
d) $846{,}2\,\text{km}^2 = \boxtimes\,\text{ha}$
e) $98\,\text{m}^2\,75\,\text{dm}^2 = \boxtimes\,\text{a}$
f) $45\,\text{dm}^2\,60\,\text{cm}^2 = 0, \ldots \boxtimes$

3 Berechne. **3 P**

a) $1{,}5\,\text{m}^2 : 25$ **b)** $500\,\text{cm}^2 \cdot 24 = \boxtimes\,\text{m}^2$ **c)** $3\,\text{m}^2 : 50\,\text{cm}^2$

4 Wie groß ist der Flächeninhalt? **4 P**

a)

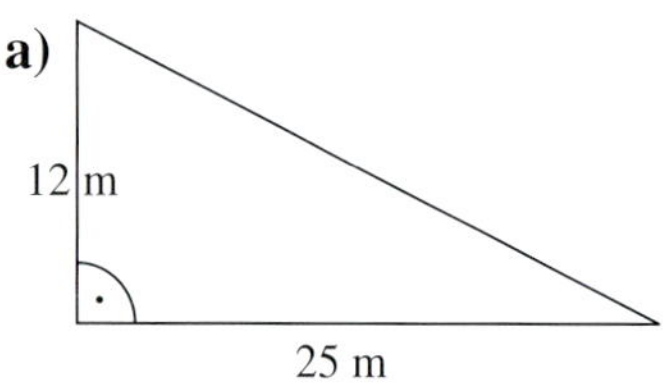

b)

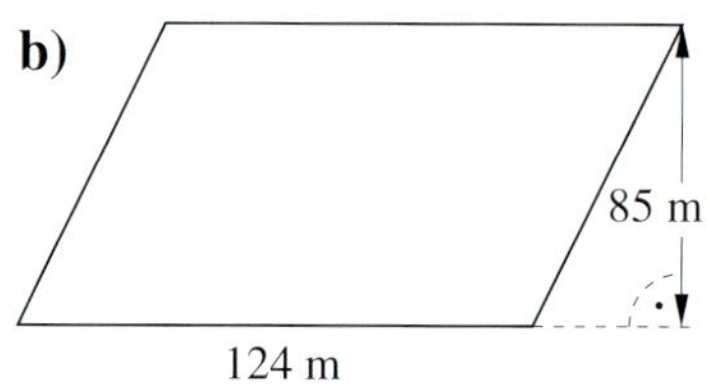

5 Wie groß ist der Oberflächeninhalt des Quaders? **4 P**

a) $l = b = 8{,}5\,\text{dm};\ h = 42\,\text{cm}$ **b)** $s = 14\,\text{mm}$

6 Bilde aus den Punkten $A(-2\,|\,-1)$, $B(3\,|\,-1)$, $C(3\,|\,3)$ und $D(\boxtimes\,|\,\boxtimes)$ die Grundfläche eines Quaders und ergänze sie mit $E(-2\,|\,-4)$ zum vollständigen Netz. **7 P**
Gib die Länge, Breite und Höhe des Quaders an und berechne seinen Oberflächeninhalt.

7 Ein rechteckiger Sportplatz ist 60 m lang und 30 m breit. Der Platzwart beginnt den Rasen zu mähen. Für einen 2 m breiten Streifen am äußeren Rand entlang braucht er 15 min. **6 P**

a) Zeichne den Platz mit dem gemähten Bereich, so dass dieser Streifen eine Kästchenreihe breit ist. Welchen Maßstab hat deine Skizze?
b) Wie groß ist der Flächeninhalt des gemähten Teils?

17 – 22 Punkte

23 – 28 Punkte

29 – 34 Punkte

Projekte: Rückblick und Zusammenschau

Planung einer Hütte

Projekt 1

Für die Bearbeitung des Projekts werden folgende Kenntnisse benötigt: mit dem Geodreieck zeichnen, Symmetrie erkennen, Längen messen und im Maßstab umrechnen, Winkel messen, Flächeninhalt schätzen und berechnen, Werte von Termen berechnen, Teiler bestimmen, Diagramme erstellen, mit großen Zahlen rechnen.

Auf einem Abenteuerspielplatz soll in den Ferien eine Hütte gebaut werden:

Grundriss

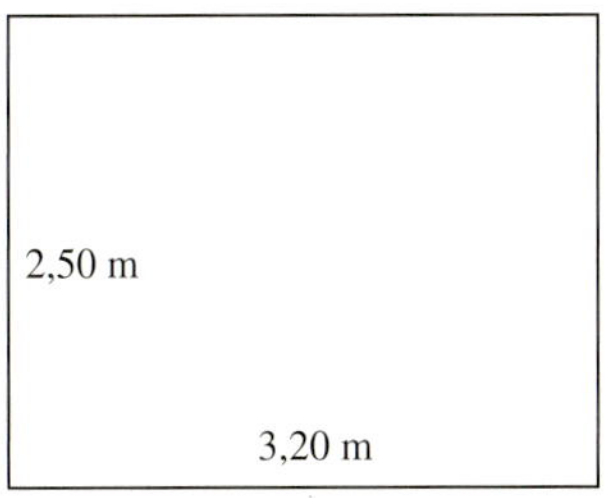

Seitenansicht von links

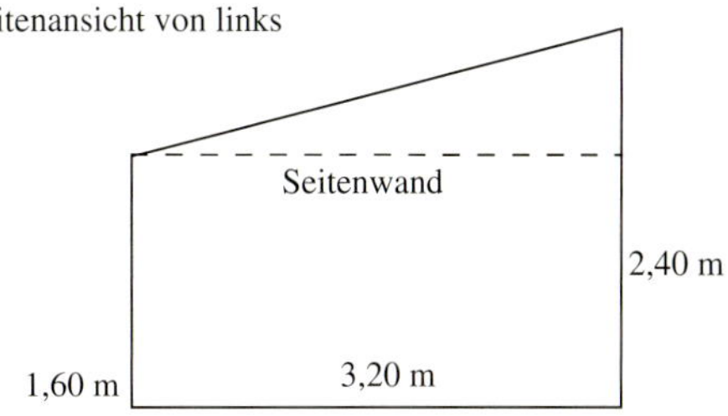

1 Zeichnet die Grundfläche, die Rückseite, die Vorderseite und beide Seitenwände im Maßstab 1 : 50 auf Pappe. Achtet auf die Symmetrie der Figuren.

2 Messt die Länge der Dachkante an der Seitenwand und berechnet ihre wahre Länge. Wie könnt ihr vorteilhaft berechnen, wie viel Holz ihr für alle Kanten besorgen müsst? Messt die Winkel zwischen der Dachkante und den senkrechten Kanten. Was fällt auf?

3 Die Vorder- und Rückwand und die Seitenwände sollen bis zu einer Höhe von 160 cm mit waagrechten Brettern verkleidet werden. Während einige schätzen, wie viel Quadratmeter Holz man dafür braucht, rechnet Tatjana:

$$O = 320 \cdot 160 + 250 \cdot 160 + 320 \cdot 160 + 250 \cdot 160$$

Was hat sie vergessen? Wie könnte sie vorteilhafter rechnen?

4 Probiert für verschieden breite Bretter aus, wie viele jeweils der Breite nach an einer Seitenwand nebeneinander passen. Stellt die Ergebnisse als Diagramm dar.

5 Das Dach der Hütte soll mit Dachpappe belegt werden, damit es wasserdicht wird. Dachpappe ist eine Schicht aus Teer und Sandkörnern. Schätzt, wie viele Sandkörner auf der gesamten Dachfläche sind, wenn ihr 12 Körner pro cm^2 seht.

6 Überlegt, was bei euren Planungen noch fehlt.
Schneidet zum Schluss die Flächen aus Pappe aus und baut daraus eine Papphütte.

Projekt 2 Wandertag

Für die Bearbeitung des Projekts werden folgende Kenntnisse benötigt:
Tabellen und Diagramme erstellen, Längen messen und im Maßstab umrechnen, mit Größenangaben rechnen, Flächeninhalt berechnen, mit negativen Zahlen rechnen.

1 Die 15 Jungen und 13 Mädchen der Klasse 5 c suchen ein Ziel für den Wandertag. So haben sie abgestimmt:

Fülle die Lücken und stelle das Ergebnis der Abstimmung in einem Diagramm dar.

	Jungen	Mädchen	Summe
Badesee	5	XXXXX	7
Museum	XXXX	1	XXXX
Wanderung	XXXX	3	9
Wildpark	3	XXXXX	XXXX

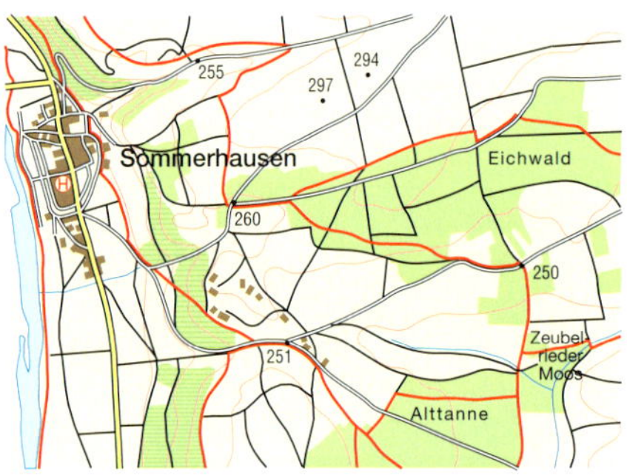

2 Auf einer Wanderkarte sehen sie, dass sie von Sommerhausen aus eine Wanderung zum Naturschutzgebiet mit dem Besuch im Wildpark verbinden können.
Wie lang ist der Weg von der Bushaltestelle (H) in Sommerhausen bis zum Naturschutzgebiet „Zeubelrieder Moos“ auf der Karte im Maßstab 1 : 50 000?
Wie lang ist er in Wirklichkeit?

3 Der Eingang zum Wildpark liegt an der Ecke gegenüber dem Parkplatz. Am Zaun entlang von *A* nach *B* zählen Lena und Sarah ihre Schritte.
Sarah braucht 750 Schritte. Sie weiß, dass ein Schritt von ihr etwa 55 cm lang ist. Lena braucht 625 Schritte.
Wie lang sind ihre Schritte?

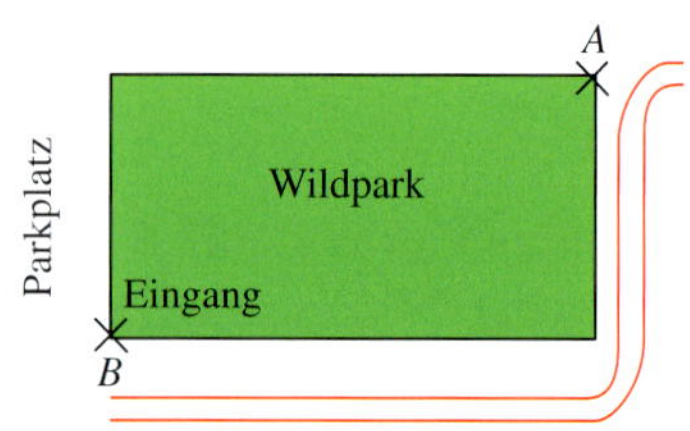

4 Im Wildpark erfahren die Besucher, dass der Park 4 ha groß ist und von einem 820 m langen Zaun begrenzt wird. Überprüfe mit verschiedenen Werten für Länge und Breite, ob der Wildpark rechteckig und genau 4 ha groß sein kann.

5 Christiane steht am Kiosk. Sie hat 3 € dabei.
Am liebsten hätte sie eine Bratwurst mit einer Dose Cola und später einen Eisbecher. Wie viel Geld fehlt ihr dafür?
Was könnte sie sich leisten?

Preistafel:
Bratwurst 1,90 €
Cola 0,80 €
Eisbecher 2,60 €

Das Eurozeichen und der Euro

Projekt 3

Für die Bearbeitung des Projekts werden folgende Kenntnisse benötigt: mit Geodreieck und Zirkel zeichnen, Winkel messen, mit großen Zahlen, negativen Zahlen und Größenangaben rechnen, mit Termen rechnen, Zählprinzip anwenden.

Das Euro-Zeichen ist vom griechischen Buchstaben Epsilon abgeleitet. Es deutet auf den Ursprung der europäischen Kultur und den Anfangsbuchstaben des Wortes „Europa" hin. Die beiden parallel verlaufenden Balken stehen für die Stabilität der Währung.

Mit Geodreieck und Zirkel kannst du selbst ein etwas vereinfachtes Eurozeichen konstruieren.

1 Zeichne ein Koordinatensystem mit der x-Achse von -8 bis 9 und der y-Achse von -6 bis 7. Trage die Punkte $A\,(2\,|\,2)$, $B\,(2\,|\,1)$, $C\,(2\,|\,0)$, $D\,(2\,|\,-1)$, $R\,(5\,|\,4{,}5)$, $U\,(2\,|\,-5{,}5)$ und M als Mittelpunkt zwischen B und C ein. Zeichne um M zwei Kreise mit 5 cm bzw. 6 cm Radius.
Die Balken werden von Parallelen zur x-Achse durch A, B, C bzw. D begrenzt.
Den linken Rand der Balken bilden die Geraden q_1 und q_2. Sie sind parallel zu UR und gehen durch $N\,(-6\,|\,-1)$ bzw. $P\,(-6\,|\,1)$. Die Gerade s verläuft senkrecht zur x-Achse durch den Punkt R und schneidet die beiden Kreise unterhalb der x-Achse in T und V.
Die Gerade UR schneidet die Balken in den Punkten E, F, G und H, den kleineren Kreis in R und den größeren in S.
Male das Eurozeichen farbig aus und miss die Winkel $\alpha = \sphericalangle TMR$ und $\beta = \sphericalangle RUM$.

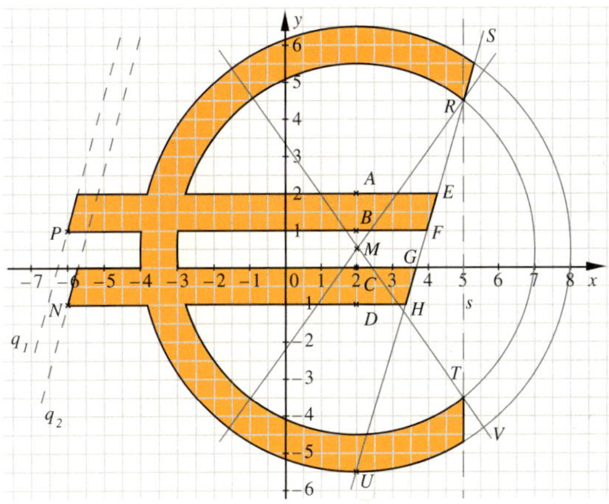

2 Berechne aus den Koordinaten der Punkte N und H die Länge der beiden Balken. Wie groß ist ihr Flächeninhalt? Schätze den Flächeninhalt des gesamten Eurozeichens.

3 Von den 3 g schweren 2-Cent-Münzen wurden zur Einführung des Euro 1 100 000 000 Stück geprägt. Welchen Betrag ergaben sie? Wie viele Tonnen mussten bei ihrer Verteilung an die Banken transportiert werden? Wie viele solche Münzen hätte man an jeden der 85 Millionen Bundesbürger verteilen können?

4 Auf welche verschiedenen Arten lässt sich der Betrag 5,67 € aus Münzen zusammensetzen, wenn von jeder Sorte nur höchstens drei Münzen vorhanden sind?

Mathematik-Olympiade

Nicht nur im Sport gibt es große Wettbewerbe. Auch die Mathematik hat eine eigene Olympiade, in der Schülerinnen und Schüler schnell und clever schwierige mathematische Probleme lösen.
Es gibt eine Schulrunde, eine regionale Runde, eine Landesrunde, eine Bundesrunde und zum Schluss treffen sich die Besten aus etwa 80 Ländern zur Internationalen Mathematik-Olympiade.
Hier kannst du dich an einigen Aufgaben aus den ersten beiden Runden für deine Klassenstufe probieren.

Olympiade Schulrunde

1 Man kann zwei gleich große Rechtecke (3 cm × 5 cm) so aufeinander legen, dass drei getrennte Gebiete entstehen. Dabei sollen die Rechteckseiten jeweils parallel bleiben.
Hier zwei Beispiele:

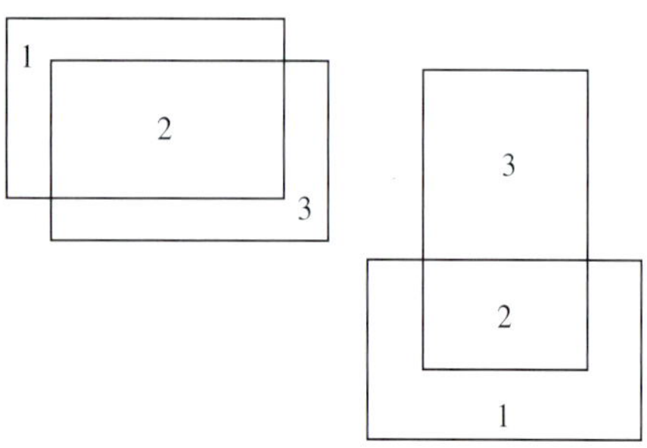

a) Kann man die Rechtecke auch so zeichnen, dass vier, fünf oder sechs Gebiete entstehen?
Wenn ja, dann gib jeweils eine Zeichnung an. Wenn nicht, dann begründe, dass es nicht geht.

b) Nun sollen drei gleich große Rechtecke übereinander gelegt werden.
Wie kann man 5, 6, 7, 8, 9, 10, 11 Gebiete erhalten? Gib jeweils eine Zeichnung an. (2002)

2 Ziffernspiel mit der Fünf:

a) Nimm die Ziffer 5 jeweils viermal und bilde Aufgaben, die als Ergebnis die Zahlen 1, 2, 3, 4, 5, 6, 7, 9 und 10 haben. Beachte dabei die Rangfolge der Rechenoperationen und setze Klammern, wenn es erforderlich ist.
Du darfst auch aus zwei Fünfen z. B. die Zahl 55 bilden und benutzen.
Hier ein Beispiel für das Ergebnis 11:
$5 + 5 + 5 : 5 = 11$

b) Gib das Ergebnis 8 mit möglichst wenigen Ziffern 5 an. Wie viel sind mindestens erforderlich? (2002)

3 Das Nimm-Spiel
Annika und Rebecca spielen mit 22 Hölzchen das folgende Spiel: Jede nimmt abwechselnd ein, zwei oder drei Hölzchen weg. Wer als Letzter Hölzchen wegnehmen kann, hat gewonnen. Annika fängt an.

a) Zeige einen Spielverlauf, bei dem Rebecca gewinnt.

b) Annika hat aufgepasst, sie spielt jetzt so, dass sie gewinnt. Schreibe auch so einen Spielverlauf auf.

c) Wie muss Annika spielen, um immer zu gewinnen? (2001)

Regionalrunde

4 Anke, Bastian und Clemens haben an einem Wettbewerb teilgenommen. Dabei hat Anke mehr Punkte erzielt als die beiden anderen, Clemens hat weniger Punkte erreicht als die beiden anderen. Wenn man die Punktzahlen der drei miteinander multipliziert, ergibt sich das Produkt 120.

a) Wie viele Punkte können sie erreicht haben? Gib alle Möglichkeiten an.
b) Der Punktabstand zwischen Anke und Bastian ist außerdem genauso groß wie der zwischen Bastian und Clemens. Gib wieder alle Möglichkeiten der Punktverteilung an. (2000)

5 Zwei Räuber stahlen ein Gefäß mit 8 Litern wertvollem Balsam. Auf ihrer Flucht kauften sie von einem Händler zwei leere Kannen. In ihrem Versteck wollten sie den Balsam aufteilen, aber sie stellten zu ihrer Enttäuschung fest, dass ihre Kannen 3 Liter und 5 Liter fassten.

a) Gib an, wie es die Räuber durch Umschütten schaffen konnten, dass sich in einem der drei Gefäße 6 Liter und im anderen 2 Liter befanden.
b) Wie konnten die Räuber es schließlich erreichen, die wertvolle Flüssigkeit gerecht zwischen sich aufzuteilen? (2000)

6 In Katharinas Bücherregal stehen 84 Bücher. Sie nimmt vom oberen Brett 9 Bücher und vom mittleren 5. Diese stellt sie auf das untere Brett. Nun stehen auf dem mittleren Brett doppelt so viele Bücher wie oben und unten doppelt so viele wie in der Mitte.

a) Wie viele Bücher standen vor dem Umräumen auf jedem der drei Bretter?
b) Wie viele Bücher standen nach dem Umräumen auf jedem der drei Bretter?

Überzeuge dich jeweils durch eine Probe, dass du richtig gerechnet hast. (2001)

7 Das innere Quadrat hat die halbe Kantenlänge des äußeren Quadrats.

Zerlege den Quadratring

a) durch zwei Geraden in vier gleich große Teilstücke.
b) durch drei Geraden in sechs gleich große Teilstücke.
c) durch vier Geraden in acht gleich große Teilstücke.
d) durch sechs Geraden in zwölf gleich große Teilstücke. (2000)

8 Beim Logik-Quiz:
Lara und Alexander sitzen zusammen in einem Raum.
Der Quizmaster kommt dazu und sagt: „Ich habe hier drei Scheiben, zwei blaue und eine rote. Ihr schließt nun die Augen. Ich hefte jedem von euch eine der drei Scheiben auf den Rücken, die dritte nehme ich an mich. Nun dürft ihr euch die Scheibe auf dem Rücken des anderen anschauen. Wer mir zuerst die Farbe der Scheibe nennt, die ich in meiner Tasche habe, hat gewonnen."
Lara und Alexander, die beide gut knobeln können, sagen zunächst nichts.
Schließlich sagt Alexander: „Ich kann das nicht entscheiden."
Daraufhin sagt Lara: „Nach Alexanders Antwort kann ich jetzt entscheiden. Die Scheibe in ihrer Tasche ist …"

a) Warum konnte Alexander nicht gewinnen?
b) Was hat Lara gesagt? Wie ist sie darauf gekommen? (2001)

Grundwissen anwenden und umsetzen

Grundwissen *Auf den nächsten Seiten findest du Aufgaben, an denen du üben und testen kannst, ob du die Inhalte aus der 5. Jahrgangsstufe gut beherrschst und umsetzen kannst.*
Du musst Fragestellungen und Lösungswege selbst finden, verschiedene Lösungsmöglichkeiten bewerten, Größenordnungen abschätzen und Strukturen erkennen.
Und du musst vieles wissen, zum Beispiel wie man mit den ganzen Zahlen rechnet, wie man das Geodreieck richtig benutzt und wie man mit Größen umgeht. Auch die neuen Begriffe aus der 5. Jahrgangsstufe solltest du gut kennen.
Falls du manchmal noch unsicher bist, so kannst du auf den Seiten 219 bis 221 nachschlagen.

1 Dara wurde am 27. Dezember 2000 geboren. An welchem Datum erreicht sie folgendes Alter?

a) 10 000 Tage **b)** 100 000 h **c)** 10 000 000 min **d)** 100 000 000 s

2 Was würdest du Xaver entgegnen?

a) „$2^{13466917}$ ist eine sehr große Primzahl!“
b) „Ich werde mindestens 1 Billion Sekunden alt!“
c) „Wenn eine Zahl durch 4 und 6 teilbar ist, dann ist sie auch durch 12 teilbar!“
d) „Wenn von drei Zahlen die zweite um 2 größer und die dritte um 4 größer ist als die erste, dann ist eine der Zahlen durch 3 teilbar!“
e) „Meine Haare wachsen insgesamt täglich etwa 30 Meter!“
f) „Die große Cheops-Pyramide in Ägypten ist 4503 Jahre alt. Als ich vor drei Jahren mit meinen Eltern dort war, sagten sie, die Pyramide sei 4500 Jahre alt.“

3 Moritz wird als Gewinner eines Preisrätsels mit 2-Euro-Münzen aufgewogen. Eine solche Münze hat einen Durchmesser von etwa 26 mm und ist 8,5 g schwer.
Hinweis: Suche bei Bedarf nach weiteren Informationen über die Euro-Münzen.

a) Wie groß ist sein Gewinn, wenn er 51 kg wiegt und 12 Jahre alt ist?
b) Wie hoch wäre dieser Geldstapel aus diesen Münzen? Vergleiche mit einer geeigneten Größe.
c) Wäre es günstiger, sich mit 20-Cent-Münzen aufwiegen zu lassen? Begründe.

4 Thomas erzählt seinem Vater von einer Idee, die er auf dem Nachhauseweg hatte:
„Auf der Uhr stehen doch nur 12 Zahlen. Wenn ich mir die Uhr als einen gebogenen Zahlenstrahl vorstelle, dann kann man dort ganz normal rechnen. Es gibt eben nur 12 Zahlen statt unendlich vieler. Zum Beispiel ist dann $6 + 8 = 2$ und $4 - 6 = 10$ und $4 \cdot 5 = 8$“.
„Gar nicht dumm, manchmal rechnen Mathematiker wirklich so, das nennt man dann Rechnen modulo 12. Stell doch mal für Addition und Multiplikation eine Tabelle auf. Da wirst du einige Überraschungen erleben!“

Grundwissen

5 Bei einer Befragung über ihre Fernsehgewohnheiten nahmen 85 Schülerinnen und Schüler aus der Unterstufe, 63 aus der Mittelstufe und einige aus der Oberstufe teil. Sie mussten angeben, wie viele Stunden sie pro Woche fernsehen:

5 Stunden: 4 Schüler	18 Stunden: 1 Schüler	30 Stunden: 14 Schüler
7 Stunden: 9 Schüler	20 Stunden: 22 Schüler	35 Stunden: 8 Schüler
10 Stunden: 17 Schüler	21 Stunden: 21 Schüler	36 Stunden: 2 Schüler
12 Stunden: 1 Schüler	24 Stunden: 5 Schüler	37 Stunden: 1 Schüler
14 Stunden: 15 Schüler	25 Stunden: 17 Schüler	40 Stunden: 3 Schüler
15 Stunden: 17 Schüler	28 Stunden: 13 Schüler	

a) Warum treten manche Stundenzahlen sehr häufig und andere gar nicht auf?
b) Stelle die Angaben in einem Diagramm dar.
c) Wie hoch war die durchschnittliche Fernsehdauer bei den befragten Schülern?

6 Der Schall breitet sich in der Luft mit einer Geschwindigkeit von 0,33 km pro Sekunde aus, das Licht legt pro Sekunde etwa 300 000 km zurück.

a) Wie kann man damit die Entfernung eines Gewitters bestimmen?
b) Wie viel Kilometer legt ein Überschallflugzeug pro Stunde zurück, wenn es mit zweifacher Schallgeschwindigkeit fliegt?
c) Die Sonne ist von der Erde $15 \cdot 10^7$ km entfernt. Wie viele Minuten und Sekunden ist das Licht der Sonne zu uns unterwegs?

7 Eine 40 m lange Eisenbahnschiene mit der Spurweite 1,44 m dehnt sich bei Erwärmung um 1° C jeweils um einen halben Millimeter aus.
Wie groß muss bei – 25° C die Lücke zwischen zwei Schienen mindestens sein, damit auch bei 45° C noch genügend Platz ist?

8 Konstantin liest regelmäßig den Pegelstand des Hamburger Hafenwassers in St. Pauli ab. Er notiert in sein Messtagebuch: „Im Moment steht das Wasser an der 180-cm-Marke, es ist gerade Ebbe. Vor zwölfeinhalb Stunden war das Wasser bei der 150-cm-Marke, da hatten wir Flut. Wir haben also einen Tidenhub von 330 cm.“
Können seine Angaben stimmen?

9 Ein Autoatlas stellt auf 36 Seiten Deutschland im Maßstab 1 : 600 000 dar.

a) Wie viele Seiten sind bei gleichem Format nötig, um Deutschland im Maßstab 1 : 300 000 darzustellen?
b) Schätze, bei welchem Maßstab man Deutschland auf einer Seite darstellen könnte.

Grundwissen **10** In einer kleinen Stadt gastiert zum ersten Mal ein Zirkus. Viele Zuschauer werden aus den umliegenden Dörfern erwartet. Das große Zelt bietet Platz für knapp 1000 Gäste. Da in der Nähe des Zirkusgeländes kaum Parkplätze zur Verfügung stehen, müssen angrenzende Weiden genutzt werden. Der städtische Koordinator ruft zunächst Bauer Jakob an, dessen Wiese direkt an den Zirkus grenzt.
„Ja, die Wiese könnt ihr schon hernehmen. Sie ist etwa so groß wie ein Fußballfeld."
Muss der Koordinator sich noch um eine zweite Wiese kümmern?

11 Von Adam Riese (1492 – 1559) stammt folgende Aufgabe:
Ein Wurm kriecht an einer Linde jede Nacht acht Ellen hoch und am folgenden Tag vier Ellen nach unten. Am Ende der zwölften Nacht erreicht er die Spitze und fällt herunter. Wie hoch ist die Linde? Eine Elle entspricht 0,56 m.

12 Dieses Spiel wird mit zwei Personen gespielt. Ihr braucht 40 Karten, auf denen die Zahlen 1 bis 40 stehen. Legt die Karten mit den Zahlen nach oben geordnet in Zehnerreihen auf den Tisch. Der erste Spieler nimmt eine Karte mit einer geraden Zahl.
Nun werden abwechselnd Karten vom Tisch genommen, wobei die gewählte Karte immer ein Teiler oder ein Vielfaches der zuletzt gewählten Zahl sein muss.
Wer keine Karte mehr wählen kann, hat verloren.
Muss der erste Spieler nicht mit einer geraden Zahl beginnen, so kann er seine erste Karte so wählen, dass sein Mitspieler nur eine Karte nehmen kann. Bei welchen Zahlen geht das? Begründe.
Gibt es auch gerade Startzahlen, mit denen der erste Spieler sicher gewinnt?
Finde Gewinnstrategien.

13 Welches Produkt wird hier berechnet?

1. Faktor	2. Faktor	
27	**18**	18
13	36	36
6	72	
3	144	144
1	288	+ 288
		486

Beschreibe, wie hier vorgegangen wird und warum dieses Verfahren funktioniert. Berechne ebenso drei andere Produkte. Vergleiche dieses Verfahren mit der bekannten schriftlichen Multiplikation.

14 Der iranische Mathematiker Ghiyath al-Din Jamshid Mas'ud al-Kashi (ca. 1380 – 1429) hat vor vielen hundert Jahren ein cleveres Rechenschema veröffentlicht:

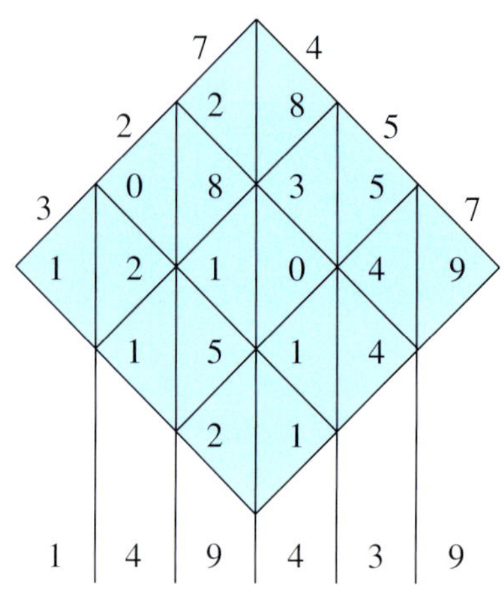

Grundwissen

15 Ein Dodekaederwürfel ist ein Würfel mit zwölf Seiten. Würfle dreimal mit einem solchen Würfel und notiere die Ergebnisse.
Alle geraden Augenzahlen bekommen ein negatives Vorzeichen, die übrigen ein positives. Berechne den Wert des Produkts aus den drei gewürfelten Zahlen.

Wie kann der Wert 180 erreicht werden? Welcher ist der größtmögliche Wert, den du erreichen kannst? Welcher ist der kleinste? Gibt es Zahlen zwischen dem kleinsten und dem größten Wert, die nicht erreicht werden können?

16 Jeder der 28 Dominosteine eines Spiels ist 4 cm lang, 2 cm breit und 5 mm hoch.

a) Finde alle möglichen Anordnungen, wie sich diese Dominosteine als Rand eines Rechtecks auslegen lassen. Berechne jeweils den Flächeninhalt und den Umfang dieser Rechtecke.
b) Wie musst du die Dominosteine anordnen, damit der Flächeninhalt der eingegrenzten Rechtecksfläche am größten ist?
c) Wie groß ist die Fläche, die die Dominosteine bedecken? Finde verschiedene Lösungswege und begründe, welcher für dich am einfachsten ist.
d) Welche Oberfläche hat ein Quader, der entsteht, wenn du alle 28 Steine in einer Reihe aneinander legst? Wie viele verschiedene Lösungen gibt es?

17 Zeichne die Figur in dein Heft.

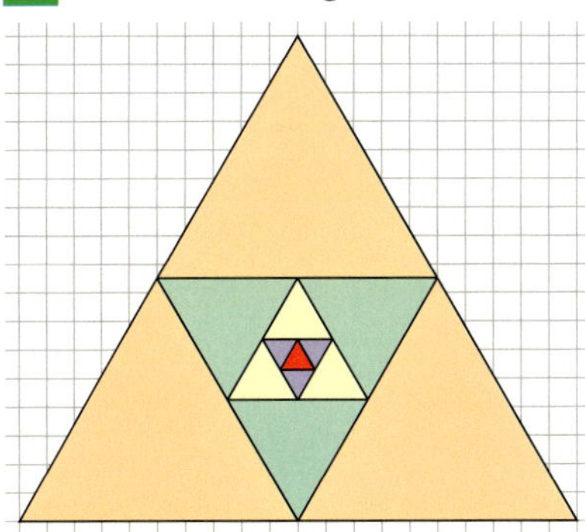

Schreibe an jede Ecke des äußeren Dreiecks die Zahl 1 oder die Zahl –1. Wie viele verschiedene Möglichkeiten gibt es dafür?
Schreibe nun an die Ecken des zweiten Dreiecks das Produkt der daneben liegenden Ecken des äußeren Dreiecks. Setze dies bis zum innersten Dreieck fort. Welche Zahlen stehen an seinen Ecken?
Stelle eine Vermutung auf und überprüfe sie, indem du beim äußeren Dreieck mit einer anderen Zahlenkombination beginnst.

Zeichne ein Quadrat mit der Seitenlänge 7 cm und trage dort nach dem gleichen System kleinere Quadrate ein. Untersuche die ineinander geschachtelten Quadrate.

18 Zeichne die Punkte $A\ (2\,|\,0)$, $B\ (2\,|\,1)$, $C\ (6\,|\,5)$, $D\ (4\,|\,5)$ und $E\ (0\,|\,1)$ in ein Koordinatensystem und verbinde sie zusammen mit dem Ursprung O zum Sechseck $ABCDEO$.
Spiegle das Sechseck an der y-Achse und anschließend sowohl das ursprüngliche Sechseck $ABCDEO$ als auch das Bild an der x-Achse.
Berechne den Flächeninhalt für das entstandene „X" auf verschiedene Arten und erkläre jeweils dein Vorgehen. Schätze den Umfang der Figur.
Zeichne durch die äußersten Punkte der Figur einen rechteckigen Rahmen. Berechne seine Länge und Breite mit Hilfe der Koordinaten der Eckpunkte.

Grundwissen **19** Zeichne die Punkte $A\ (0\,|\,0)$, $B\ (12\,|\,0)$ und $C\ (12\,|\,6)$ in ein Koordinatensystem und verbinde sie zu einem Dreieck.
Die Lote zu $[AB]$ bzw. $[BC]$ durch den Punkt $P\ (4\,|\,2)$ schneiden die Dreieckseiten in Q bzw. R. Berechne den Flächeninhalt des Rechtecks $PQBR$.
Verschiebe nun den Punkt P auf $[AC]$ und nenne ihn P'. Zeichne von P' aus wieder die Lote zu $[AB]$ und zu $[BC]$ und berechne den Flächeninhalt der neuen Rechtecke.
Bei welchen Maßen hat das Rechteck einen möglichst großen Flächeninhalt?

20 Formuliere Aufgaben und schreibe dir die Lösungen dazu auf.
Stelle dann die Aufgaben deinem Nachbarn.

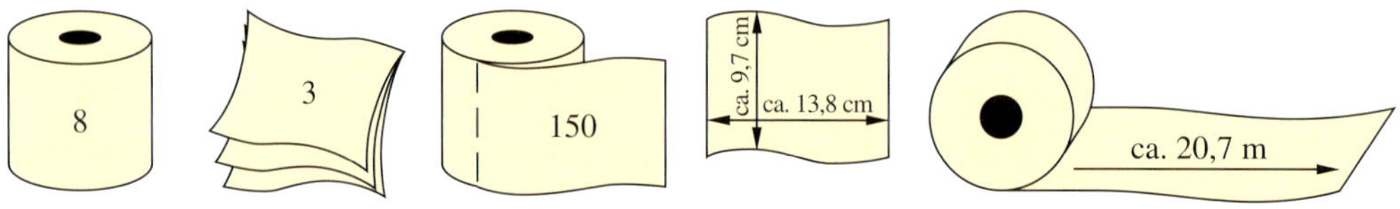

21 Bilde Summen aus je zwei der ganzen Zahlen –1, –3, –5, 7, 12, –14, –18, 19 und –22.

a) Finde alle Summen, deren Wert kleiner als –25 ist.
b) Welche Summen haben einen negativen Wert, der größer als –9 ist?
c) Welche einstelligen negativen Werte kommen nicht als Ergebnis vor?
d) Formuliere selbst drei passende Fragen.
e) Füge weitere ganze Zahlen hinzu, so dass alle einstelligen negativen Zahlen als Ergebnis vorkommen. Wie viele Zahlen musst du mindestens hinzufügen?

22 Formuliere zu jedem Ansatz eine passende Aufgabe.
Berechne dann den Wert des Terms.

a) 321 m – 328 m
b) –25 cm + 1 m 5 cm
c) 305 € – 722 € + 92 €
d) 15° C – 12° C – 7° C
e) 4 · 1,6 m · 1,6 m
f) 4 · 45 cm · 2,80 m – 42 cm · 59 cm

23 Jeder Pfeil bedeutet „… ist kleiner als …“.

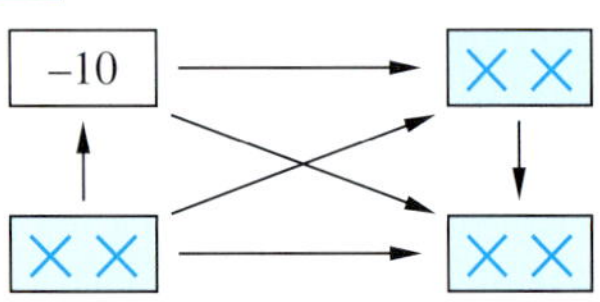

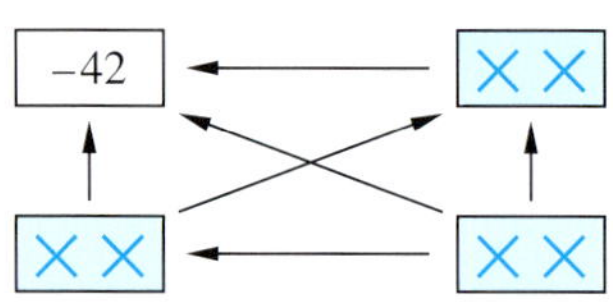

a) Zeichne die Figuren in dein Heft und setze in die freien Kästchen passende ganze Zahlen ein. Gib mehrere Lösungen an.
b) Setze in die zweite Figur eine weitere Zahl ein, so dass es nur eine Lösung gibt.
c) Verändere die Pfeile in der ersten Figur so, dass es keine Lösung gibt.
d) Entwirf solch eine Figur, die lösbar ist. Gib sie deinem Nachbarn zum Ausfüllen.

24 Füge negative Vorzeichen hinzu, so dass die Rechnungen stimmen.

a) 27 + 13 = 14
b) –25 – 69 = 94
c) 133 + 479 = –612
d) 102 – 74 = 176
e) –346 + 128 = –218
f) 86 + 26 – 213 = 273
g) –99 + 108 – 307 = –514
h) 783 – 217 + 1000 = 0

Kapitel 1 • Seite 28

1 a)

Monat	Fahrgäste
Januar	1400
Februar	1200
März	1300

3 P

b)

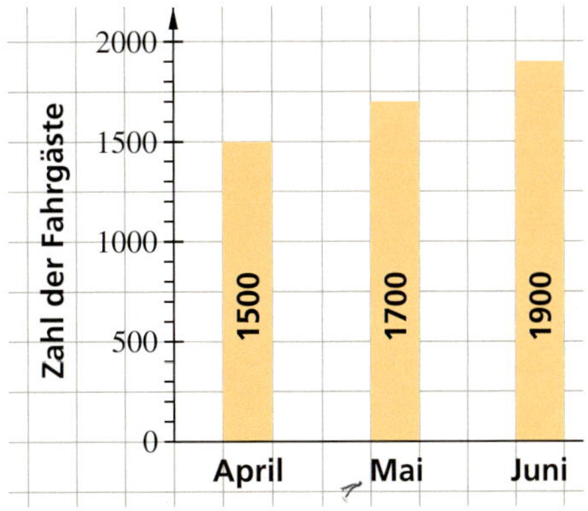

5 P

c) $1400 + 1200 + 1300 + 1500 + 1700 + 1900 = 9000$ **2 P**

d) Der Wert 1500 gibt die durchschnittliche Fahrgastzahl pro Monat an. **2 P**

2 a) 6 090 000 106 b) 23 000 050 064 011 c) 10 023 456 789 **je 2 P**

3 a) Vorgänger **je 2 P**
neunhundertneunzig Millionen neunhundertneuntausendachtundneunzig
Nachfolger
neunhundertneunzig Millionen neunhundertneuntausendeinhundert
b) Vorgänger
dreihundert Millionen zweihunderttausendneunundneunzig
Nachfolger
dreihundert Millionen zweihunderttausendeinhunderteins
c) Vorgänger: zweitausendsiebenhundertachtundachtzig
Nachfolger: zweitausendsiebenhundertneunzig

4 a) $10^{15} = 1\,000\,000\,000\,000\,000$ eine Billiarde **je 2 P**
b) 741 siebenhunderteinundvierzig
c) $7 \cdot 10^7 = 70\,000\,000$ siebzig Millionen
d) 444 vierhundertvierundvierzig

5 a) DCCLXXVII b) LXXXIX c) MCMXXIV **je 2 P**

6 Lösung siehe Zusammenfassung S. 26 **4 P**

Kapitel 2 • Seite 42

1 a) 580 245 b) 198 198 c) 196 142 d) 29 065 **je 1 P**

2 a) 89 630 b) 38 420 c) 97 949 **je 1 P**

3 **a)** 1000 **b)** 650 — **je 1 P**

4 **a)** 1445 **b)** 9919 **c)** 4849, 4850, …, 6420 — **je 2 P**

5 9999 + 99 998 = 109 997 — **3 P**

6 **a)** Der Term ist eine Differenz. Der Minuend ist die Zahl 334. Der Subtrahend ist die Summe aus den Zahlen 154 und 12. — **3 P**
b) Der Term ist eine Differenz. Der Minuend ist die Summe, deren erster Summand 125 und deren zweiter Summand 77 ist. Der Subtrahend ist die Differenz aus den Zahlen 66 und 44. — **4 P**

7 **a)** 29 500 **b)** 7655 — **je 3 P**

8 **a)** Die gesamte Fahrstrecke war 157 km lang. — **je 3 P**
b) Die Fahrstrecke am dritten Tag war 48 km lang.

Kapitel 3 • Seite 70

1 **a)** 3 °C **b)** 4 °C kälter **c)** 6 °C **d)** – 12 °C — **je 1 P**

2 **a)** $-3 < 2$ **b)** $-202 < -200$ **c)** $-1242 > -1424$ — **je 1 P**

3 **a)** – 10 **b)** – 5 **c)** – 15 **d)** – 2 **e)** 3 — **je 1 P**

4 **a)** – 4 **b)** 23 **c)** – 26 — **je 1 P**

5 **a)** – 7 **b)** 72 — **a) 1 P; b) 2 P**

6 **a)** $(-17-8)-(-35) = -25 + 35 = 10$ — **je 2 P**
b) $-17-[8-(-35)] = -17 - 43 = -60$

7 **a), b)** Die *y*-Koordinaten der neuen Eckpunkte wurden um 2 verringert, die *x*-Koordinaten blieben unverändert. — **8 P**

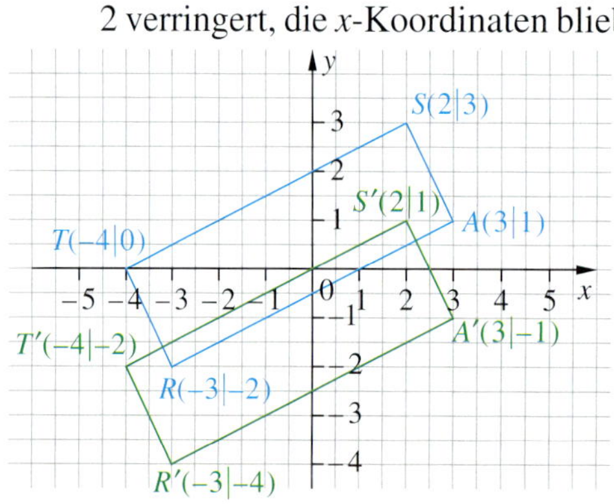

Kapitel 4 • Seite 94

1 **a)** $\overline{AB} = 6\,\text{cm}$; $\overline{BC} = 67\,\text{mm}$; $\overline{AC} = 67\,\text{mm}$ **je 3 P**
b) $\sphericalangle BAC = 63°$; $\sphericalangle CBA = 63°$; $\sphericalangle ACB = 54°$
c) $A'(-4|4)$; $B'(2|4)$; $C'(-1|-2)$
d) $A''(4|-4)$; $B''(-2|-4)$; $C''(1|2)$

2 **a)** **je 2 P**

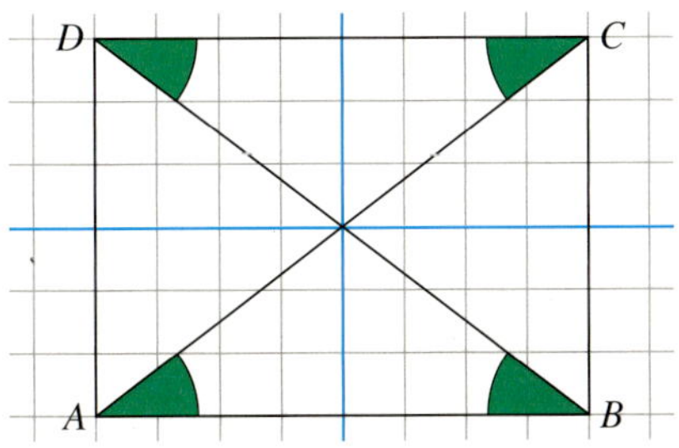

b) $\overline{AC} = \overline{BD} = 5\,\text{cm}$
c) Es gibt zwei Symmetrieachsen.
d) $\sphericalangle BAC = \sphericalangle BDC = \sphericalangle DCA = \sphericalangle DBA$, durch Spiegelung an den Symmetrieachsen können die Winkel zur Deckung gebracht werden.
e) Es ergibt sich ein Quadrat. Auch die Diagonalen sind Symmetrieachsen.

3 **4 P**

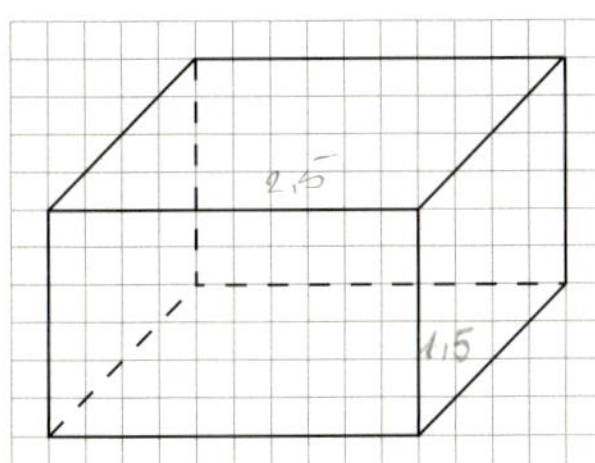

Die Zeichnung wurde auf die Hälfte verkleinert.
Beschreibung siehe S. 81 Nr. 22

4 **für a) b) c) d) e) je 1 P; für f) 2 P**

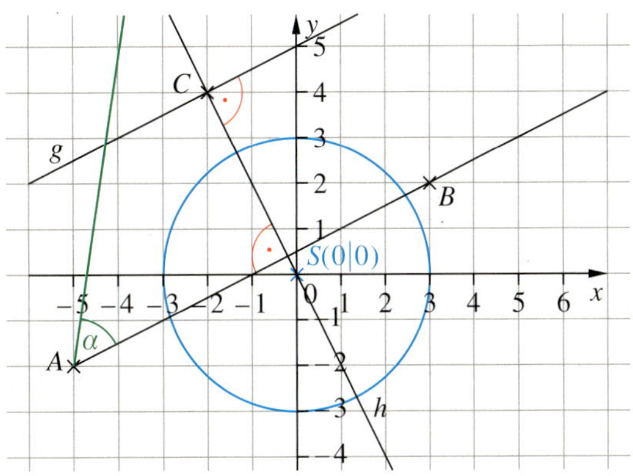

Die Zeichnung wurde auf die Hälfte verkleinert.

Kapitel 5 • Seite 126

1 **je 1 P**

a) 27 000 (Kommutativg.)
b) 14 (Distributivg.)
c) 99
d) 248

2 **je 2 P**

a) $2 \cdot 3 \cdot 59$
b) 1, 2, 3, 6, 59, 118, 177, 354
c) $3^4 \cdot 5^2$

LÖSUNGEN

3 **a)** …, 13, 17, 19, 23, 29, 31, 37, 41 (Primzahlen) **je 2 P**
b) …, 32, 64, 128, 256, 512, 1024, 2048, 4096 (Potenzen von 2)
c) …, 64, 81, 100, 121, 144, 169, 196, 225 (Quadratzahlen)

4 **a)**

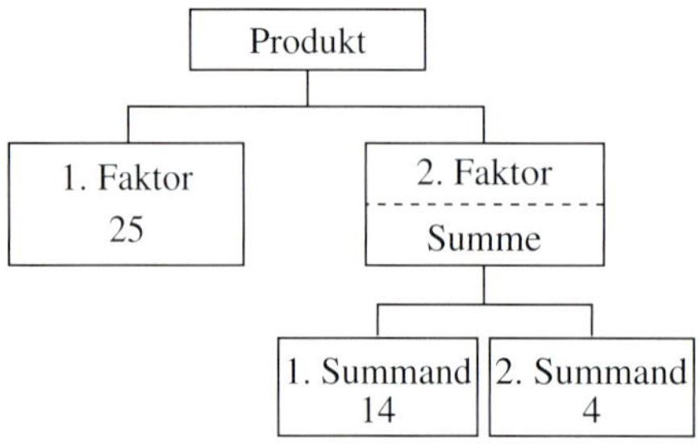

Der Term ist ein Produkt. **2 P**
Der erste Faktor ist 25.
Der zweite Faktor ist die Summe aus den Summanden 14 und 4.

b)

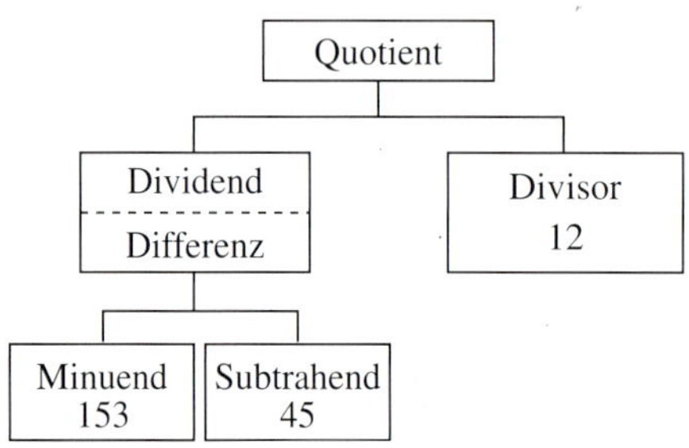

Der Term ist ein Quotient. **2 P**
Der Dividend ist die Differenz aus dem Minuenden 153 und dem Subtrahenden 45.
Der Divisor ist 12.

5 **a)** 184 992 **b)** 681 **je 2 P**

6 Der Wert des Produkts verdreifacht sich. **4 P**

Beispiel: $5 \cdot 6 \cdot 12 = 360$ und $10 \cdot 18 \cdot 6 = 1080 = 3 \cdot 360$

7 Mögliche Lösung: Wenn man den ersten Faktor vervierfacht und den zweiten halbiert, verdoppelt sich der Wert des Produkts. **4 P**
Die Vervierfachung des ersten Faktors bewirkt eine Vervierfachung des Ergebnisses, die Halbierung des zweiten Faktors halbiert diese Wirkung.

8 **4 P**

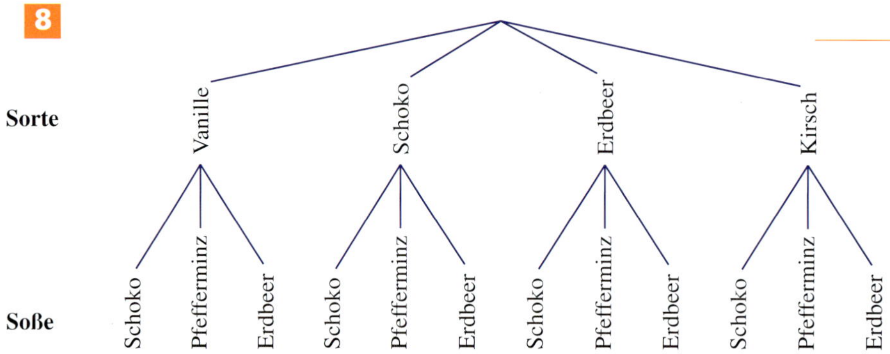

Es gibt $4 \cdot 3 = 12$ Möglichkeiten.

Kapitel 6 • Seite 140

1 **a)** – 42 **b)** 147 **c)** – 180 **d)** – 4 **e)** 13 — **je 1 P**

2 **a)** – 208 **b)** 8 **c)** – 9 **d)** 110 — **je 1 P**

3 — **je Eintrag 1 P**

	–108		
	–18	6	
–6	3	2	
2	–3	–1	–2

4 **a)** 3400 **c)** – 65 **e)** – 4444 — **je 1 P**
b) 550 **d)** – 100 **f)** – 12 974

5 **a)** $-9 \cdot 4 + (-7) \cdot 4 = -64$ **b)** $-7 \cdot (5 + 22 + 9 + 14) = -350$ — **je 1 P**

6 **a)** Welche Zahl muss man mit – 24 multiplizieren, um 144 zu erhalten? Lösung: – 6 — **je 2 P**
b) Durch welche Zahl muss man 112 dividieren, um – 8 zu erhalten? Lösung: – 14
c) Welche Zahl muss man durch – 12 dividieren, um – 15 zu erhalten? Lösung: 180

7 **a)** – 11 **b)** – 60 — **je 2 P**

8 Mögliche Lösungen: $-25 \cdot 219 \cdot (-4)$ oder $125 \cdot (-17) \cdot (-8)$ — **3 P**
Erster und dritter Faktor müssen „gut zusammenpassen".

Kapitel 7 • Seite 171

1 **a)** 230 m **c)** 840 min **e)** 0,034 t — **je 1 P**
b) 200 kg **d)** 0,15 m **f)** 9 min

2 **a)** 6,12 kg **c)** – **e)** – 13,47 € — **je 1 P**
b) 6,925 kg **d)** 68,4 m **f)** 1 t

3 **a)** $u = 20{,}4\,\text{m}$ **b)** $u = 5{,}38\,\text{m} = 53{,}8\,\text{dm}$ — **je 2 P**

4 **a)** $s = 8{,}2\,\text{cm}$ **b)** $l = 56\,\text{mm}$ — **je 2 P**

5 **a)** 210 km **b)** 8 cm **c)** 1 : 20 000 — **je 2 P**

6 **a)** 129 600 Bilder **b)** ca. 43 min 24 s **c)** 2,4 m — **je 2 P**

7 Ein Basketball wiegt 0,62 kg. — **3 P**

Kapitel 8 • Seite 202

1 Mögliche Beispiele: **je Beispiel 2 P**

Quadrat mit $s = 4\,\text{cm}$; $u = 16\,\text{cm}$;
Rechteck mit $l = 8\,\text{cm}$; $b = 2\,\text{cm}$; $u = 20\,\text{cm}$;
rechtwinkliges Dreieck mit $\overline{AB} = 4\,\text{cm}$; $\overline{BC} = 8\,\text{cm}$; $\overline{AC} \approx 9{,}8\,\text{cm}$; $u \approx 21{,}8\,\text{cm}$

2 **je 1 P**

a) $4500\,\text{mm}^2$ **d)** 84 620 ha
b) 1,9 ha **e)** 0,9875 a
c) $579\,\text{dm}^2$ **f)** $0{,}456\,\text{m}^2$ (= 0,00456 a)

3 **a)** $0{,}06\,\text{m}^2 = 6\,\text{dm}^2$ **b)** $1{,}2\,\text{m}^2$ **c)** 600 **je 1 P**

4 **a)** $150\,\text{m}^2$ **b)** $10\,540\,\text{m}^2$ **je 2 P**

5 **a)** $28\,730\,\text{cm}^2 = 287{,}3\,\text{dm}^2$ **b)** $1176\,\text{mm}^2 = 11{,}76\,\text{cm}^2$ **je 2 P**

6

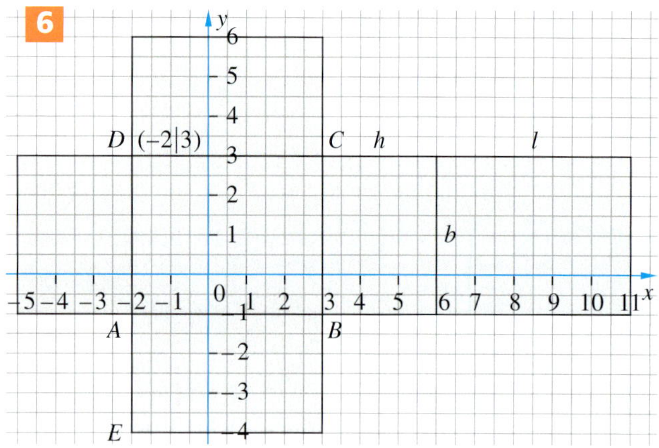

Zeichnung 3 P;
Maße und Berechnung je 2 P

Die Zeichnung wurde auf die Hälfte verkleinert. Verschiedene Netze sind möglich.

Maße des Quaders:
$l = 5\,\text{cm}$; $b = 4\,\text{cm}$;
$h = 3\,\text{cm}$; $O = 94\,\text{cm}^2$

7 Zeichnung auf die Hälfte verkleinert. **Zeichnung 2 P;**
a), b) je 2 P

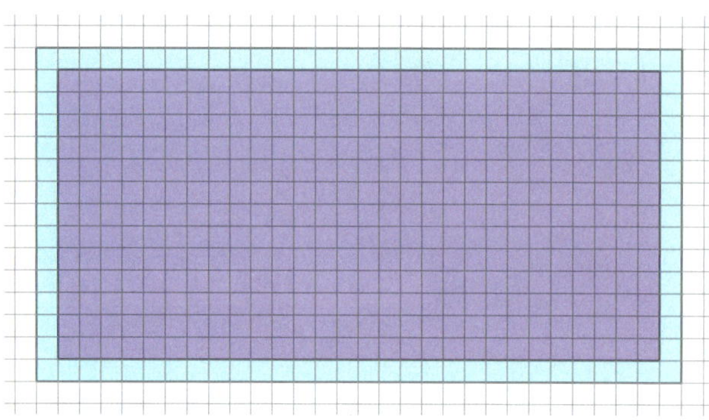

a) Maßstab 1 : 400
b) $344\,\text{m}^2$

Grundwissen – Überblick

Grundwissen

Darstellung von Zahlen

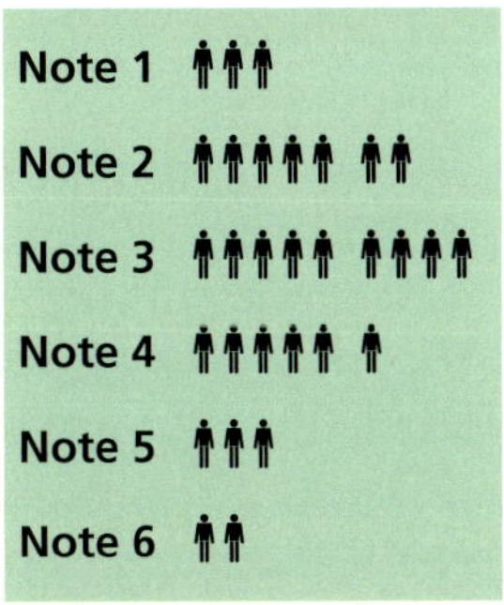

Figurendiagramm

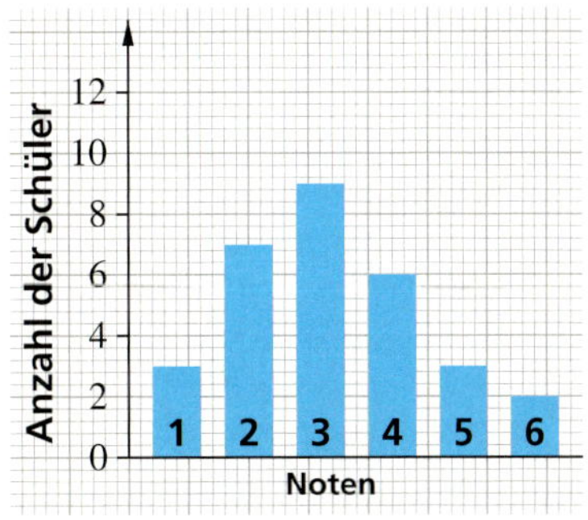

Säulendiagramm

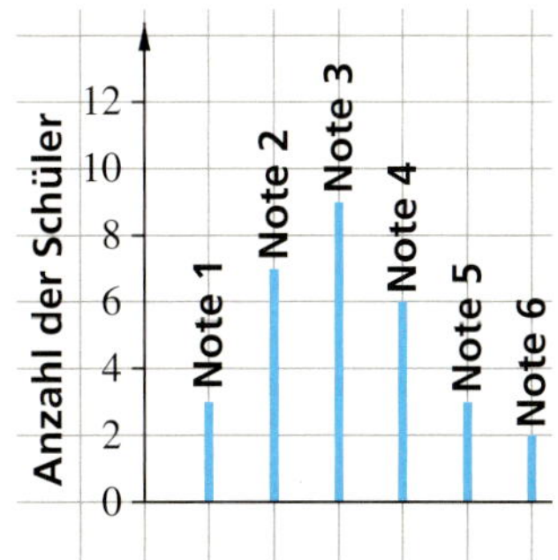

Strichdiagramm

Unser Zehnersystem besteht aus den Ziffern 0 bis 9 und ist ein **Stellenwertsystem**, denn die Stelle einer Ziffer bestimmt ihren Wert innerhalb einer Zahl.
Die **römischen Zahlen** bilden ein **Additionsystem**. **M = 1000, C = 100, X = 10** und **I = 1** stehen höchstens dreimal hintereinander, **D = 500, L = 50** und **V = 5** dürfen höchstens einmal direkt hintereinander vorkommen.

Je weiter rechts auf der **Zahlengeraden** eine ganze Zahl steht, umso größer ist sie.

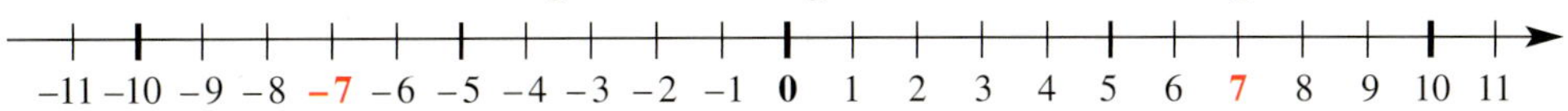

Rechnen mit ganzen Zahlen

Addition Summe

$\underbrace{24 + 6}_{} = 30$

1. Summand 2. Summand

Subtraktion Differenz

$\underbrace{30 - 6}_{} = 24$

Minuend Subtrahend

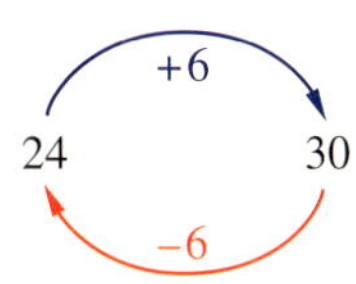

Multiplikation Produkt

$\underbrace{12 \cdot 4}_{} = 48$

1. Faktor 2. Faktor

Division Quotient

$\underbrace{48 : 4}_{} = 12$

Dividend Divisor

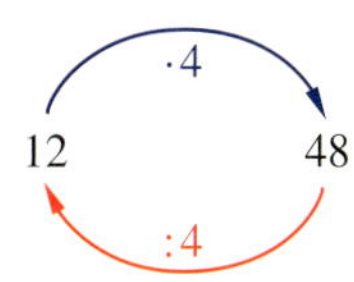

Potenz $5^3 = 5 \cdot 5 \cdot 5 = 125$

Basis Exponent

Quadratzahlen sind Potenzen mit 2 als Exponent: $1^2 = 1$; $2^2 = 4$; $3^2 = 9$; $4^2 = 16$ …

Grundwissen

Primzahlen wie 2, 3, 5, 7, … haben genau zwei Teiler, nämlich 1 und sich selbst.
Jede natürliche Zahl kann man in Faktoren zerlegen. Kommen nur Primzahlen als Faktoren vor, so heißt diese Zerlegung **Primfaktorzerlegung**: $1960 = 2^3 \cdot 5 \cdot 7^2$

Beim **schriftlichen Rechnen** kannst du nebeneinander oder untereinander rechnen:

$$\begin{array}{r} 1097 \\ +\,8316 \\ {\scriptstyle 11} \\ \hline 9413 \end{array} \qquad \begin{array}{r} {\scriptstyle 83} \\ 3947 \\ -\,2198 \\ \hline 1749 \end{array} \qquad \begin{array}{r} \underline{817 \cdot 36} \\ 2451 \\ 4902 \\ \hline 29412 \end{array} \qquad \begin{array}{l} 3692 : 71 = 52 \\ \underline{355} \\ \;\;142 \\ \;\;142 \end{array}$$

$1100 + 8300 = 9400$ $\quad 3900 - 2200 = 1700$ $\quad 800 \cdot 40 = 32\,000$ $\quad 3500 : 70 = 50$
Mit **Überschlagsrechnungen** kannst du Ergebnisse abschätzen und prüfen.

Eine **negative Zahl addiert** man, indem man ihre Gegenzahl subtrahiert.
Eine **negative Zahl subtrahiert** man, indem man ihre Gegenzahl addiert.

$19 + (-32) = 19 - 32 = -13$ $\qquad -23 - (-14) = -23 + 14 = -9$

Man multipliziert oder dividiert zwei ganze Zahlen zuerst ohne Beachtung des Vorzeichens und setzt dann im Ergebnis das Vorzeichen: Bei gleichen Vorzeichen ist das Ergebnis positiv, bei verschiedenen Vorzeichen ist das Ergebnis negativ.

Oft kannst du dir **Rechenvorteile** verschaffen, indem du die Rechengesetze nutzt:
Der Wert der Summe bzw. des Produkts verändert sich nicht, wenn du
- die Reihenfolge der Summanden bzw. Faktoren veränderst (**Kommutativgesetz**)
  $a + b = b + a$ $\qquad a \cdot b = b \cdot a$ $\qquad$ für a, b aus $\mathbb{N}$
- in der Summe bzw. dem Produkt Klammern setzt oder weglässt (**Assoziativgesetz**)
  $(a + b) + c = a + b + c = a + (b + c)$ $\qquad (a \cdot b) \cdot c = a \cdot b \cdot c = a \cdot (b \cdot c)$
  für a, b, c aus $\mathbb{N}$

Das **Distributivgesetz** kannst du zum Ausmultiplizieren oder Ausklammern nutzen.
$(a + b) \cdot c = a \cdot c + b \cdot c$ $\qquad$ für a, b, c aus $\mathbb{N}$

Werden keine Rechenvorteile genutzt, so gelten folgende **Regeln**:
- Behandle Klammern zuerst.
- Potenzen vor Punktrechnungen vor Strichrechnungen
- Rechne von links nach rechts.

Geometrische Grundbegriffe

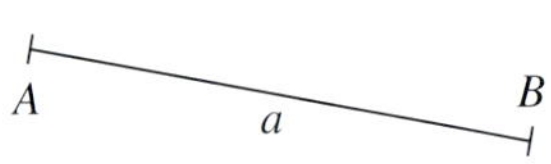

Strecke a oder $[AB]$

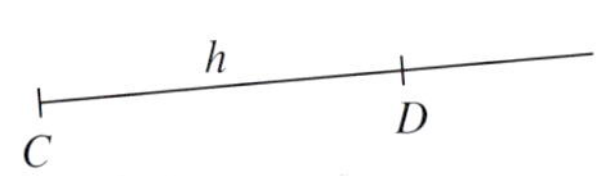

Halbgerade h oder $[CD$

Gerade g oder EF

zueinander parallel
$g \parallel h$

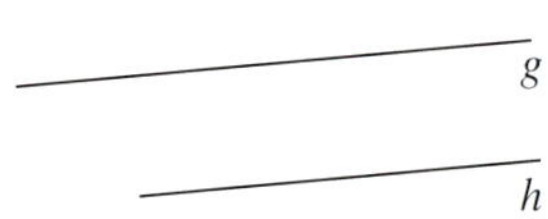

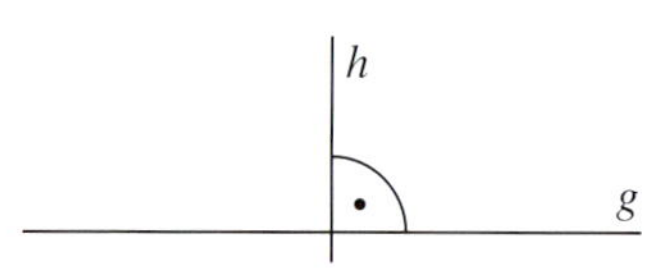

zueinander senkrecht
$g \perp h$

Achsensymmetrie

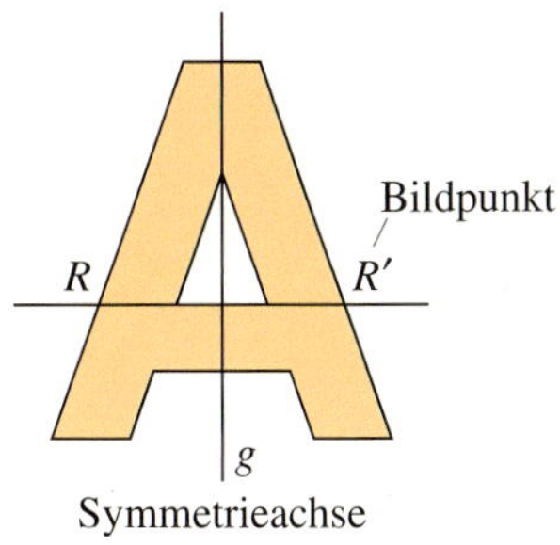

Koordinatensystem

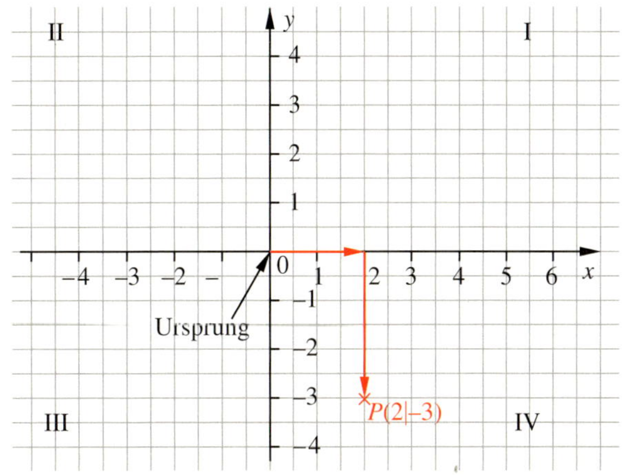

Größen

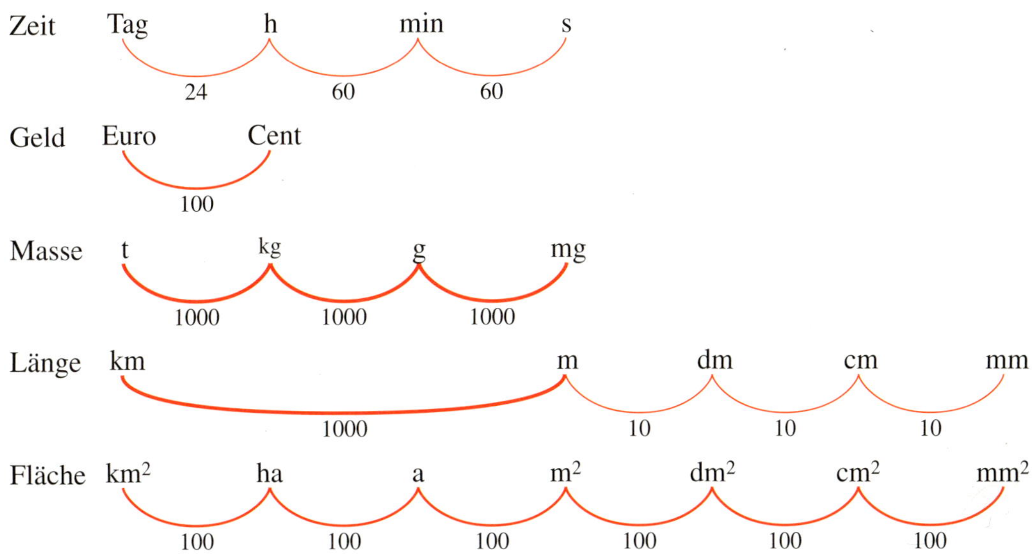

Der **Umfang *u*** einer Figur ist die Summe ihrer Seitenlängen, der **Flächeninhalt *A*** gibt die Größe der eingeschlossenen Fläche an.

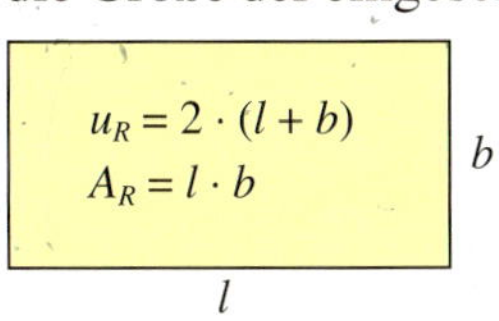

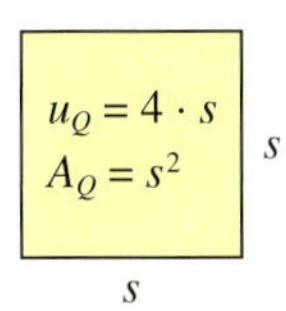

Der **Oberflächeninhalt *O*** eines Körpers ist die Summe aus den Flächeninhalten der Begrenzungsflächen.

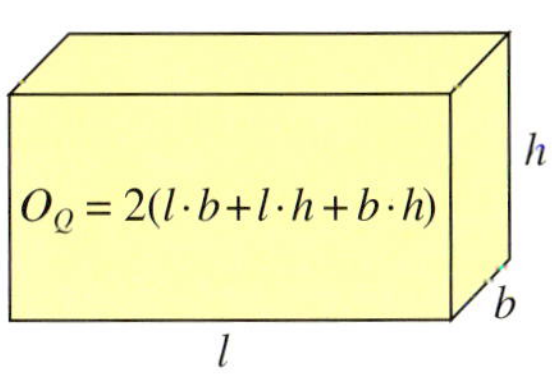

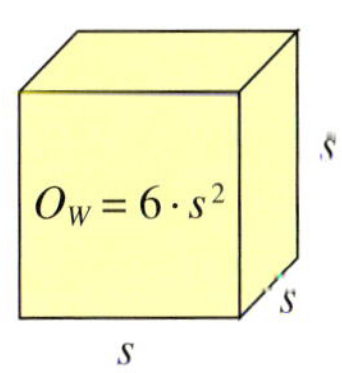

Stichwörter

Bildnachweis

ADAC Tour Set Karte RR 11 Deutschland Mitte: 209
© Airbus S.A.S., Hamburg: 142/2
Angermayer, Holzkirchen: 95/3 (Bienen)
© Antrix. SII, Euromap 2000, GAF 2001 (www.euromap.de): 172/1
Archiv für Kunst und Geschichte, Berlin: 36/2 (Gauß), 43 (Celsius), 50/3, 141/1 (Gans)
Astrofoto, Sörth: 19/1
Bayerisches Landesvermessungsamt, München: 172/2, 173/1, 173/2
Fritz Berger, Neumarkt: 157
Christoph Berten, Berlin: 27/1, 103/1
Dr. Volkhard Binder, Berlin: 37/1, 46, 62/4, 165/2, 166/1, 186/2, 204
Das Luftbild-Archiv, Kasseburg: 180/1, 180/2
Derby Cycle Werke GmbH, Cloppenburg: 88/5
Deutsche Presse-Agentur Berlin: 48/3 (Letikova Oy), 95/1 (Wolf Olm), 163 (Empics Mike Egerton)
Deutscher Tennis Bund e. V., Hamburg: 149/7
Paul Effert, Kaarst: 93/2
Gebr. Fleischmann, Nürnberg: 166/2
Germanisches Nationalmuseum, Nürnberg: 29 (Melancholie, Quadrat)
Matthias Hamel, Berlin: 24/1, 27/2, 89/3, 149 (Flaschen, Schokolade, Euro, Waage, Mädchen)
Volkmar E. Janicke, München: 169/1
Kammermeyer, Nürnberg: 7 (Foto)
Christina Kruse, Hamburg: 180/3
Stefan Kucinski (www.sk96.de): 87/5
Helga Lade, Berlin: 95/2 (Pölking)
Henning Lüders, Berlin: 57, 90/2, 92/1, 112/2, 119/3
Mathematik-Olympiaden e. V., Rostock: 206/1
Wolfgang Mattern, Bochum (Grafik): 24/2, 25/2 (Hände), 36/1 (Zettel), 44/2 (Pegel), 56/1, 56/2, 58/2–5, 127 (Spielfeld), 131
Okapia, Berlin: 102/1
Pfeiffer, A-Lenzing: 93/6, 93/7
Hendrik Pohl, Berlin: 122/2
Project Photos, Augsburg: 119/1
Silvia Rohling, Waltrop: Titelfoto
Jens Schacht, Düsseldorf: 30/3, 141/2 (Elle), 141/3 (Fuß), 148, 208
Prof. Heinz Schillinger, Nürnberg: 93/1
Ulrich Sengebusch, Geseke (Grafik): 14/2 (Tiere), 165/1
Sportimage, Hamburg: 124/1
Sport-Thieme, Grasleben: 175/2
Stadtarchiv Bamberg: 27/3 (J. Schraudner)
Stadtmuseum Tübingen: 113/1 (Nr. 6412aa), 113/2 (Nr. 4165)
Stockfood, München: 96/2 (Maximilian Stock Ltd.)
De Utrooper Verlag GmbH, Leer: 82/2 (Ernst Müller)
Verlagsarchiv: 16/1, 51/1, 67/2, 82/1, 91/5, 92/2, 97/1, 97/3, 97/4, 98/1, 119/2, 127, 149 (Schild), 159/1, 160, 164/1, 193/2 (Schilder)
Sabine Völkers, Berlin (Illustration): 8/1, 11, 20, 25/1, 28, 30/1, 31, 37/2, 42, 44/1, 45/2, 47, 52, 58/1, 64/2, 70, 72/1, 74/4, 83/2, 89/1 (Hund), 90/1, 90/3 (Hund), 94, 96/1, 97/2, 98/4, 104/2, 106, 113/3, 114, 120/1, 123, 126, 128/1, 129/2, 136/1, 140, 142/1, 142/3, 144, 150/1, 155, 160, 167, 171, 174, 176/1, 181/3, 184/1, 189/1, 196, 202, 214, 215, 216, 217, 218
Frank Welke, Berlin: 19/2, 19/3, 73/1, 96/3, 105, 135/1, 136/2, 154/3, 175/4 + 5 (Fotos), 199/2
Werner Wildermuth, Dachau (Grafik): 6, 7, 18, 29, 43, 63/1, 71, 89/2 (Mauer), 89/4, 104/1, 124/2, 129, 143, 154/2, 175/3 (Wiese), 187/1, 187/3, 193/1, 195/1
Carl Zeiss Jena GmbH, Jena: 95/4 (Blutkörperchen)
Gerald Zörner, Berlin: 211/1
Horst Zuse, Berlin: 112/1